液化天然气工业装备与技术

张周卫　汪雅红　代德山　张超　著

化学工业出版社

·北京·

内容简介

《液化天然气工业装备与技术》主要针对LNG(液化天然气)国际发展现状、国内发展现状、产业链、液化工艺、净化工艺、加气站、运输、汽化站、接收站等领域，重点讲述LNG装备与技术发展历程，包括LNG核心装备与技术研发及工业化尝试、示范及工业化开启、实施及工业化规模、快速及工业化成熟、优化及工业化提升等重要阶段，以及全球LNG市场现状、进出口贸易现状、汽化液化现状、生产能力现状等；聚焦LNG工厂、储运、接收站等产业链中的关键装备与技术环节，详细阐述LNG产业及核心装备与液化技术的发展情况，并重点分析介绍了LNG产、供、储、销产业发展现状，以及天然气液化装备、储存技术、基础设施建设等基本内容。

本书可供液化天然气、化工机械、石油化工等领域的研究人员、设计人员、工程技术人员等参考，也可供高等学校化工机械、能源化工、石油化工、能源与系统工程等专业的师生参考。

图书在版编目（CIP）数据

液化天然气工业装备与技术／张周卫等著. -- 北京：化学工业出版社，2025.3. --ISBN 978-7-122-47028-7

Ⅰ.TE626.7

中国国家版本馆CIP数据核字第2024VN4689号

责任编辑：卢萌萌　刘兴春
文字编辑：王云霞
责任校对：宋　玮
装帧设计：王晓宇

出版发行：化学工业出版社
　　　　　（北京市东城区青年湖南街13号　邮政编码100011）
印　　装：北京天宇星印刷厂
787mm×1092mm　1/16　印张16¼　字数361千字
2025年5月北京第1版第1次印刷

购书咨询：010-64518888
售后服务：010-64518899
网　　址：http://www.cip.com.cn

凡购买本书，如有缺损质量问题，本社销售中心负责调换。

定　　价：138.00元　　　　　　　　　　　　　　　　　　　版权所有　违者必究

前言 PREFACE

自 20 世纪 60 年代液化天然气（LNG）工业化生产以来，世界 LNG 产量和贸易量迅速增加，LNG 逐渐成为全球能源市场的新热点，在能源供应中的比例逐年增大，且以每年 12% 的速度高速增长，并成为近代全球增长最迅猛的新能源之一。2000 年之后，伴随着 LNG 能源装备与液化技术的规模化发展，LNG 的需求增长强劲，大部分国家加大了对 LNG 的开发和利用，LNG 相关产业取得了长足发展并呈现出了巨大的发展潜力。作为一种清洁能源，LNG 已成为新世纪的主要能源之一，在城镇管网调峰、区域燃气供应、交通工具燃料、LNG 发电等领域应用广泛，其清洁能源优势、远洋输运功能及大规模管网汽化增压调峰能力等已被全球用户认可。

全书共分为 10 章，具体内容如下：

第 1 章为绪论，简要讲述了 LNG 低温性质、液化工艺、能源优势、主要用途、国际贸易、发展经历等内容。

第 2 章主要针对国际发展现状，阐述 LNG 主要发展经历，包括研发、示范、实施、快速提升及优化发展等阶段；介绍 LNG 国际产业现状，包括典型国家 LNG 发展现状、全球 LNG 市场现状、LNG 进出口现状、LNG 汽化液化现状、LNG 生产能力现状等方面。

第 3 章主要针对国内发展现状，阐述中国 LNG 产业发展，包括 LNG 产业发展历程、行业监管体制、发展主要方向、汽车发展历程、产业发展形势、发展机遇挑战等；介绍中国 LNG 产业现状，包括 LNG 陆路生产现状、产业发展现状、发展现状分析、产业现状分析、市场消费现状等。

第 4 章主要针对液化天然气产业链，介绍 LNG 产业链的发展现状及趋势；LNG 产业链主要商业模式，包括 LNG 进口贸易、低温储运、经营管理、定价机制、分销渠道、盈利测算等内容。

第 5 章主要针对液化天然气液化工艺，论述五类主要天然气液化工艺，包括级联式液化工艺流程、混合制冷剂液化流程、带膨胀机的液化流程、阶式液化工艺流程、CII 液化工艺流程，以及液化过程主要程序及设备。

第 6 章主要针对液化天然气净化工艺，论述天然气预处理过程，包括水分、硫化氢、二氧化碳、硫氧化碳、重烃、微量汞等成分对液化的影响；论述天然气基本物性，包括天然气物性参数、预处理要求、酸性气体脱除、非饱和水分脱除等内容。

第 7 章主要针对液化天然气加气站，介绍 LNG 加气站类型，包括按加气站规模分类、按加气站功能分类；论述 LNG 加气站工艺流程，包括加气流程、低温管道、加气站设计原则、加气站运行原理、加气站经济分析及加气站安全生产等内容。

第 8 章主要介绍液化天然气运输，基本运输方式包括陆路运输、海上运输及管道运输，主要涉及 LNG 基本运输方式、公路运输槽车、移动加注槽车、铁路运输槽车、长输管道运输、远洋运输船舶等基本方式。

第 9 章主要介绍液化天然气汽化站的功能及作用，主要涉及汽化站设计、汽化站气源、汽化站工艺流程等几个主要方面。对汽化站设计标准、选址布置、储存过程、汽化过程、汽化站内主要设备及工作原理，以及卸车工艺、增压工艺、汽化工艺、回收工艺、泄放工艺、加臭工艺等进行了简单的描述。

第 10 章主要针对液化天然气接收站，着重介绍 LNG 接收站的主要类型及重要设备情况，涉及 LNG 接收站基本概况、接收站主要装备、接收站工艺、国内目前主要运行的接收站情况等。

本书第 1、2、3、4、8 章由张周卫负责撰写，第 5 章由代德山负责撰写，第 6 章由张超负责撰写，第 7、9、10 章由汪雅红负责撰写。全书由张周卫统稿，汪雅红编辑整理。韩孔良、冯瑞康、牛旭转、杨嘉琪、李重阳、何铭轩等参与了前期的资料整理工作及各章节的编排工作等。

本书受甘肃省拔尖领军人才项目（编号：6660030203），甘肃省高等学校产业支撑计划项目（编号：2025CYZC-D21），甘肃省科协创新驱动助力工程项目（编号：GXH20230817-2）等支持。

本书主要讲述 LNG 产业链、液化工艺、净化工艺、加气站、运输、汽化站、接收站等领域内相关知识，主要目的在于与相关行业内的设计人员、研发人员、管理人员共同分享，以促进 LNG 产业及核心装备及液化技术的发展进步。由于水平有限、时间有限及其他原因，书中部分内容及数据也有不精确或遗漏之处，希望广大读者能够理解并批评指正。

兰州交通大学
甘肃中远能源动力工程有限公司
张周卫　汪雅红　代德山　张　超

目录
CONTENTS

第1章 绪论 ··· 001
    1.1 LNG 低温性质 ·· 002
    1.2 LNG 液化工艺 ·· 003
    1.3 LNG 能源优势 ·· 004
    1.4 LNG 主要用途 ·· 004
    1.5 LNG 国际贸易 ·· 004
    1.6 LNG 发展经历 ·· 005
    1.7 本章小结 ··· 009
    参考文献 ··· 009

第2章 液化天然气国际发展现状 ··· 012
    2.1 LNG 主要发展经历 ·· 012
        2.1.1 LNG 研发及工业化尝试阶段 ······································ 012
        2.1.2 LNG 示范及工业化开启阶段 ······································ 012
        2.1.3 LNG 实施及工业化规模阶段 ······································ 014
        2.1.4 LNG 快速发展及工业化成熟阶段 ······························ 016
        2.1.5 LNG 优化及工业化提升阶段 ······································ 016
    2.2 LNG 国际产业现状 ·· 023
        2.2.1 典型国家 LNG 发展现状 ·· 023
        2.2.2 全球 LNG 市场现状 ·· 034
        2.2.3 LNG 进出口现状 ·· 035
        2.2.4 LNG 汽化液化现状 ·· 038
        2.2.5 LNG 生产能力现状 ·· 039
    2.3 本章小结 ··· 041
    参考文献 ··· 041

第3章 液化天然气国内发展现状 ··· 042
    3.1 中国 LNG 产业发展 ·· 042
        3.1.1 LNG 产业发展历程 ·· 042
        3.1.2 LNG 行业监管体制 ·· 048

3.1.3 LNG 发展主要方向 ………………………………………… 052
3.1.4 LNG 汽车发展历程 ………………………………………… 054
3.1.5 LNG 产业发展形势 ………………………………………… 061
3.1.6 LNG 发展机遇与挑战 ……………………………………… 063
3.2 中国 LNG 产业现状 …………………………………………………… 065
3.2.1 LNG 陆路生产现状 ………………………………………… 065
3.2.2 LNG 产业发展现状及分析 ………………………………… 068
3.2.3 LNG 市场消费现状 ………………………………………… 075
3.3 本章小结 ………………………………………………………………… 080
参考文献 ……………………………………………………………………… 081

第4章 液化天然气产业链 …………………………………………………… 082

4.1 LNG 产业发展概述 …………………………………………………… 082
4.2 LNG 产业链的发展现状及趋势 ……………………………………… 091
4.2.1 中国 LNG 产业链发展现状 ………………………………… 092
4.2.2 中国 LNG 产业链发展趋势 ………………………………… 094
4.3 LNG 产业链主要商业模式 …………………………………………… 097
4.3.1 LNG 进口贸易 ……………………………………………… 098
4.3.2 LNG 低温储运 ……………………………………………… 099
4.3.3 LNG 经营管理 ……………………………………………… 101
4.3.4 LNG 定价机制 ……………………………………………… 103
4.3.5 LNG 分销渠道 ……………………………………………… 103
4.3.6 LNG 盈利测算 ……………………………………………… 104
4.4 本章小结 ………………………………………………………………… 105
参考文献 ……………………………………………………………………… 105

第5章 液化天然气液化工艺 ………………………………………………… 106

5.1 天然气预处理过程 …………………………………………………… 106
5.1.1 脱除酸气 ……………………………………………………… 106
5.1.2 脱除水分 ……………………………………………………… 107
5.2 三类主要天然气液化工艺 …………………………………………… 107
5.2.1 级联式液化流程 …………………………………………… 108
5.2.2 混合制冷剂液化流程 ……………………………………… 109
5.2.3 带膨胀机的液化流程 ……………………………………… 116
5.3 其他天然气液化工艺介绍 …………………………………………… 120
5.3.1 阶式液化工艺流程 ………………………………………… 120
5.3.2 CII 液化工艺流程 …………………………………………… 122
5.4 LNG 液化过程中主要程序及设备 …………………………………… 124

5.5 本章小结 ·· 125
参考文献 ··· 125

第6章 液化天然气净化工艺 ·· 126

6.1 天然气预处理过程 ··· 126
    6.1.1 水分对液化的影响 ·· 126
    6.1.2 硫化氢对液化的影响 ··· 127
    6.1.3 二氧化碳对液化的影响 ·· 127
    6.1.4 硫氧化碳对液化的影响 ·· 127
    6.1.5 重烃对液化的影响 ·· 127
    6.1.6 微量汞对液化的影响 ··· 128
    6.1.7 其他成分对液化的影响 ·· 128
6.2 天然气基本物性 ·· 129
    6.2.1 天然气物性参数 ··· 129
    6.2.2 LNG 预处理要求 ·· 131
    6.2.3 酸性气体脱除 ·· 131
    6.2.4 非饱和水分脱除 ··· 134
6.3 本章小结 ·· 136
参考文献 ··· 136

第7章 液化天然气加气站 ·· 137

7.1 LNG 加气站类型 ·· 137
    7.1.1 按加气站规模分类 ·· 137
    7.1.2 按加气站功能分类 ·· 138
7.2 LNG 加气站工艺流程 ··· 139
    7.2.1 LNG 加气流程 ··· 141
    7.2.2 LNG 低温管道 ··· 143
    7.2.3 LNG 加气站设计原则 ··· 144
    7.2.4 LNG 加气站运行原理 ··· 145
    7.2.5 LNG 加气站经济分析 ··· 146
    7.2.6 LNG 加气站安全生产 ··· 147
7.3 本章小结 ·· 148
参考文献 ··· 148

第8章 液化天然气运输 ··· 150

8.1 LNG 基本运输方式 ·· 150
    8.1.1 LNG 陆路运输 ··· 150

  8.1.2　LNG 海上运输 ·················· 152
  8.1.3　LNG 管道运输 ·················· 152
 8.2　LNG 公路运输槽车 ························ 153
  8.2.1　LNG 运输槽车简介 ·············· 153
  8.2.2　LNG 运输槽车种类 ·············· 153
  8.2.3　LNG 运输槽车形式 ·············· 154
  8.2.4　LNG 槽车装载流程 ·············· 155
  8.2.5　LNG 槽车卸载模式 ·············· 157
  8.2.6　LNG 槽车卸载流程 ·············· 158
 8.3　LNG 移动加注槽车 ························ 159
  8.3.1　LNG 移动加注槽车简介 ········ 159
  8.3.2　LNG 移动槽车工作原理 ········ 159
  8.3.3　LNG 移动加注槽车工艺流程 ·· 160
  8.3.4　LNG 移动加注槽车市场现状 ·· 160
  8.3.5　LNG 移动加注槽车主要优点 ·· 161
 8.4　LNG 铁路运输槽车 ························ 161
  8.4.1　国外 LNG 铁路运输发展简述 ·· 161
  8.4.2　国内 LNG 铁路运输发展简述 ·· 162
  8.4.3　LNG 铁路运输优缺点对比 ····· 171
 8.5　LNG 长输管道运输 ························ 172
  8.5.1　LNG 管道保冷 ·················· 172
  8.5.2　LNG 管道参数 ·················· 173
  8.5.3　LNG 泄漏风险 ·················· 175
 8.6　LNG 远洋运输船舶 ························ 177
  8.6.1　LNG 运输船简介 ················ 177
  8.6.2　LNG 运输船发展 ················ 177
  8.6.3　LNG 运输船分类 ················ 181
  8.6.4　LNG 运输船储罐 ················ 184
  8.6.5　LNG 运输船附件 ················ 185
 8.7　本章小结 ··································· 188
参考文献 ··· 189

第9章　液化天然气汽化站 ··················· 190

 9.1　LNG 汽化站概述 ·························· 190
  9.1.1　LNG 汽化站简介 ················ 190
  9.1.2　LNG 汽化站发展现状 ············ 191
 9.2　LNG 汽化站设计 ·························· 193
  9.2.1　LNG 汽化站设计标准 ············ 193
  9.2.2　LNG 汽化站选址布置 ············ 193

9.2.3 LNG 存储过程 194
9.2.4 LNG 汽化过程 194
9.2.5 LNG 汽化站设备 194

9.3 LNG 汽化站气源 198
9.3.1 CNG 气源 198
9.3.2 LPG 气源 199
9.3.3 LNG 气源 199

9.4 LNG 汽化站工艺流程 200
9.4.1 LNG 卸车工艺 200
9.4.2 LNG 增压工艺 202
9.4.3 LNG 汽化工艺 203
9.4.4 BOG 回收工艺 204
9.4.5 LNG 泄放工艺 205
9.4.6 LNG 加臭工艺 205

9.5 LNG 汽化站发展前景 205
9.6 本章小结 206
参考文献 206

第 10 章 液化天然气接收站 207

10.1 LNG 接收站基本概况 207
10.1.1 LNG 接收站基本功能 208
10.1.2 LNG 全球贸易概况 208

10.2 LNG 接收站主要装备 209
10.2.1 LNG 运输船 209
10.2.2 LNG 拖轮 210
10.2.3 LNG 卸料臂 210
10.2.4 LNG 储罐 214
10.2.5 LNG 低压泵 221
10.2.6 LNG 高压柱泵 222
10.2.7 LNG 再冷凝器 222
10.2.8 LNG 汽化器 223
10.2.9 BOG 压缩机 223
10.2.10 LNG 火炬塔 224
10.2.11 FSRU 浮式平台 224

10.3 LNG 接收站工艺 225
10.3.1 LNG 卸船系统 226
10.3.2 LNG 储存系统 227
10.3.3 BOG 处理系统 227
10.3.4 LNG 外输系统 228

  10.3.5 LNG 火炬系统 ………………………………………………………… 228
 10.4 中国 LNG 接收站 ……………………………………………………………… 229
  10.4.1 广东大鹏 LNG 接收站 …………………………………………………… 229
  10.4.2 辽宁大连 LNG 接收站 …………………………………………………… 230
  10.4.3 河北唐山 LNG 接收站 …………………………………………………… 231
  10.4.4 中国海油天津 LNG 接收站 ……………………………………………… 232
  10.4.5 中国石化天津 LNG 接收站 ……………………………………………… 233
  10.4.6 山东青岛董家口 LNG 接收站 …………………………………………… 234
  10.4.7 山东龙口南山 LNG 接收站 ……………………………………………… 235
  10.4.8 江苏如东 LNG 接收站 …………………………………………………… 235
  10.4.9 江苏启东 LNG 接收站 …………………………………………………… 237
  10.4.10 上海五号沟 LNG 接收站 ……………………………………………… 237
  10.4.11 上海洋山港 LNG 接收站 ……………………………………………… 238
  10.4.12 浙江舟山 LNG 接收站 ………………………………………………… 239
  10.4.13 浙江宁波 LNG 接收站 ………………………………………………… 239
  10.4.14 福建莆田 LNG 接收站 ………………………………………………… 239
  10.4.15 福建漳州 LNG 接收站 ………………………………………………… 240
  10.4.16 广东粤东 LNG 接收站 ………………………………………………… 241
  10.4.17 广东深圳迭福 LNG 接收站 …………………………………………… 241
  10.4.18 广东九丰 LNG 接收站 ………………………………………………… 242
  10.4.19 广东珠海 LNG 接收站 ………………………………………………… 242
  10.4.20 广西北海 LNG 接收站 ………………………………………………… 243
  10.4.21 海南洋浦 LNG 接收站 ………………………………………………… 244
  10.4.22 广西防城港 LNG 接收站 ……………………………………………… 244
  10.4.23 浙江温州 LNG 接收站 ………………………………………………… 245
  10.4.24 浙江嘉兴 LNG 接收站 ………………………………………………… 245
  10.4.25 广东汕头 LNG 接收站 ………………………………………………… 246
  10.4.26 广东深圳 LNG 接收站 ………………………………………………… 246
  10.4.27 海南中油深南 LNG 接收站 …………………………………………… 247
 10.5 本章小结 ………………………………………………………………………… 248
 参考文献 ……………………………………………………………………………… 248

致谢 ……………………………………………………………………………………… 250

第1章

绪论

液化天然气（liquefied natural gas，LNG）无色、无味、无毒且无腐蚀性，其体积约为同质量气态天然气体积的 1/630，发热量为 548×10^8 J/t。LNG 的质量仅为同体积水的 45% 左右。主要成分为甲烷，通过将常压下气态的天然气压缩、冷却至 -162℃，使之凝结成液体而形成，也可以根据需求将 LNG 加热汽化。LNG 沸点为 -162℃，熔点为 -182℃，着火点为 650℃；液态密度为 0.425t/m^3，气态密度为 0.718kg/m^3（标准状况下）；气态热值为 9100kcal/m^3，液态热值为 12000kcal/kg（1kcal=4.186kJ）；爆炸上限为 15%，爆炸下限为 5%；华白指数为 44.94MJ/m^3（标准状况下）；燃烧势（CP）为 45.18。

天然气液化后可以大大节约储运空间，而且具有热值大、性能高、有利于城市负荷的平衡调节、有利于环境保护、减少城市污染等优点，并且燃烧后对空气污染非常小，而且放热量大，被公认是地球上最干净的能源（见表 1-1、表 1-2）。其制造过程是先将气田生产的天然气净化处理，经一连串超低温液化后，利用液化天然气船运送。用专用船或油罐车运输，使用时重新汽化。特立尼达大西洋 LNG 液化项目见图 1-1。

表 1-1 天然气各形态产品的形成条件及特点

主要形态	细分	形成条件	特点
气态	管道天然气、压缩天然气(CNG)	开采后净化加压	密度小，同等质量体积大，运输设施前期固定投资大，随着使用量的提升，经济性提升
液态	液化天然气(LNG)	冷却至 -162℃以下	密度大，同等质量体积小，便于运输，运输线路灵活，短期运输成本较低

表 1-2 主要能源的热值、碳排放系数及同等热量价格对比表

能源名称	单位热值/(kcal/kg)	碳排放系数	折合为同等热量后的价格/(元/kcal)
液化天然气	12496	0.4483	2.96
煤炭	5500	0.5714	1.15
柴油	10200	0.5921	4.17
燃料油	10000	0.6185	3.29

图 1-1 特立尼达大西洋 LNG 液化项目（1500 万吨/年产能，级联式制冷，Shell、BP 等投资）

1.1 LNG 低温性质

　　LNG 具有低温特性，LNG 的密度大约是气态天然气的 630 倍。一般环境条件下，天然气和空气混合的云团中，天然气含量（体积分数）在 5%～15% 范围内可以引起着火，其最低可燃下限（LEL）为 5%，即体积分数低于 5% 和高于 15% 都不会燃烧。甲烷性质比较稳定，纯甲烷的平均自燃温度为 650℃。LNG 系统的保冷隔热材料应满足热导率低，密度低，吸湿率和吸水率小，抗冻性强，并在低温下不开裂，耐火性好，无气味，不易霉烂，对人体无害，机械强度高，经久耐用，价格低廉，方便施工等。LNG 作为沸腾液体储存在绝热储罐中，外界任何传入的热量都会引起一定的液体蒸发［即变为 BOG（boil off gas）］。标准状况下 BOG 密度是空气的 60%。当 LNG 压力降到沸点对应压力以下时，将产生过热沸腾，同时 LNG 温度也随之降至该压力对应的沸点以下，即形成 LNG 闪蒸过程。由压力或温度的变化引起 LNG 蒸发，BOG 需要处理是 LNG 储存运输中经常遇到的问题。当 LNG 泄漏到水中会产生强烈的对流传热，在一定的面积内蒸发速度保持不变，随着 LNG 流动泄漏面积逐渐增大，直到气体蒸发量等于漏出液体所能产生的气体量为止。泄漏的 LNG 以喷射形式进入大气，同时进行膨胀和蒸发，与空气进行剧烈的混合。LNG 是多组分混合物，因温度和组分的变化引起密度变化，液体密度的差异可使储罐内的 LNG 发生分层。分层后的上层液体吸收的热量一部分消耗于液体表面蒸发所需的潜热，其余热量使上层液体温度升高。随着蒸发的持续，上层液体密度增大，下层液体密度减小，当上下两层液体密度接近相等时，分界面消失，液层迅速混合并伴有大量气体蒸发，此时蒸发率远高于正常蒸发率，出现翻滚，并在极短时间内通过复杂的链式反应机理以爆炸速度产生大量蒸气，造成储罐压力急剧上升，从而引起爆炸等危险。

1.2 LNG 液化工艺

典型的 LNG 液化工艺主要包括以下几种。

(1) 级联式（cascade）工艺

该工艺起源于 20 世纪 60~70 年代，是利用不同沸点制冷剂逐级降低制冷温度并实现天然气液化，常用的制冷剂为甲烷、乙烯和丙烷。若仅用丙烷和乙烯为制冷剂构成阶式制冷系统，制冷温度可达 −100℃，足以液化乙烷及分子量大于乙烷的其他气体。级联式液化工艺的特点是蒸发温度较高的制冷剂除将冷量传给工艺气体外，还将冷量传给蒸发温度较低的制冷剂，使其液化并过冷。分级制冷可减小压缩机功耗和冷凝器负荷，在不同温度等级下为天然气提供冷量。因此，级联式液化工艺的能耗低、气体液化率高（可达 90%），但所需设备多、投资多、制冷剂用量大、流程复杂。

(2) 混合制冷剂循环（mixed refrigerant cycle，MRC）工艺

该工艺是美国空气化工产品公司（APCI）于 20 世纪 60 年代末开发成功的一项专利技术。混合制冷剂由氮气、甲烷、乙烷、丙烷、丁烷和戊烷等气体组成，利用混合物各组分沸点不同，采用分凝预冷方式，进行逐级冷凝、逐级蒸发、节流膨胀得到不同温度制冷量，以达到逐步冷却并液化天然气的目的。其优点是机组设备少、流程简单、管理方便、投资小，比经典阶式液化工艺成本低 15%~20%；混合制冷剂组分可以部分或全部从天然气本身提取与补充。缺点是能耗较高，比起阶式液化流程高 10%~20%；混合制冷剂合理配比较难；流程计算必须提供各组分平衡数据与物性参数。

(3) 丙烷预冷混合制冷剂循环（propane-mixed refrigerant cycle，C_3/MRC）工艺

该工艺结合级联式和混合制冷剂循环工艺的优点，流程既高效又简单。所以自 20 世纪 70 年代以来，在基本负荷型天然气液化装置中得到广泛应用。目前世界上 80% 以上的基本负荷型天然气液化装置中，均采用了丙烷预冷混合制冷剂循环工艺。其具有工艺流程简单、效率高、运行费用低、适应性强等优点，是目前采用最广泛的天然气液化工艺。这种液化流程的操作弹性很大。当产能降低时，可通过调整制冷剂成分及降低吸入压力来保持混合制冷剂循环效率。当气源成分发生变化时，可通过调整混合制冷剂组成及压缩机进出口压力，也能使天然气高效液化。

(4) 混合级联式（integral incorporated cascade）工艺

该工艺兼具混合制冷剂及级联式工艺特点，如 CII 液化流程，由法国燃气公司的研究部门开发，目前有报道又有 CII-2 新工艺。该工艺既具有纯组分循环的优点，如简单、无相分离和易于控制，兼具混合制冷剂循环的优点，具有多级制冷循环和混合制冷剂配合较好、效率高、设备少等优点。混合级联式工艺吸收了国外 LNG 技术最新发展成果，代表天然气液化技术的发展趋势，具有高效、低成本、可靠性高、易操作等特点。

1.3　LNG 能源优势

天然气是优质、高效、清洁的能源，LNG 可以像石油一样安全便捷地储存及运输。作为对环境友好的能源，LNG 的地位日趋提高，市场前景广阔。以 LNG 汽车为例，具有污染物排量极低、噪声和震动较低等优点。LNG 发动机排放的氮氧化物只有柴油发动机排放的 25%，烃类化合物和碳氧化合物分别只有柴油发动机的 30% 和 12%，颗粒物的排放几乎为零，且 LNG 发动机的声功率只有柴油发动机的 36%。使用 LNG 做汽车燃料，其尾气中的二氧化碳含量比使用燃油燃料降低 98% 和 30%，更有利于环保。随着以低能耗、低污染、低排放为基础的经济发展模式在世界各国的开展，LNG 作为清洁能源越来越受到用户的青睐，全球天然气的生产和贸易日趋活跃，很多国家都将天然气列为首选燃料。近 20 年来，我国在 LNG 特别是车用 LNG 方面开展了很多研发工作，行业发展快速，前景广阔。

1.4　LNG 主要用途

LNG 作为一种清洁燃料，必将成为 21 世纪的主要能源之一。概括其用途，主要包括城市管网供气高峰负荷和事故调峰、城市管道供气气源、汽车加气燃料等。LNG 在工业领域应用广泛，如化工厂、锻造厂、铸造厂、耐火材料厂、机械加工厂、轧钢厂熔炉热处理等行业，其能源优势已被广大用户认可。LNG 汽车特别适合于城际间的中长途客货运输。通常可用 $20 \sim 50 m^3$ 的汽车槽车将 LNG 运到加气站，不受气源和管网限制。LNG 加注站占用土地少，投资少，不需要铺设管线，不需大型压缩机房，耗能比压缩天然气（CNG）加气站小，单车加注时间短。LNG 加注站的建设费用比 CNG 加气站低，日售 $1 \times 10^4 m^3$ 的 CNG 加气站投资需 700 万～900 万元，日售 $(3 \sim 4) \times 10^4 m^3$ 的 LNG 加注站投资为 300 万～400 万元。LNG 加注站具有投资小、环保、安全的特点。此外，LNG 在食品加工、粮食储备、陶瓷原料制备、商场冬季采暖等领域均有广泛应用。LNG 应用于工业企业有很多优点，可以提高企业生产效率，减轻劳动强度，提高模具使用效率，提高工件质量，降低废品率，综合降低生产成本等。

1.5　LNG 国际贸易

20 世纪 70 年代以来，世界 LNG 产量和贸易量迅速增加，LNG 贸易正成为全球能源市场的新热点。很多国家都将 LNG 列为首选燃料，在能源供应中的比例迅速增加。LNG 正以每年约 12% 增速的高速增长，成为全球增长最迅猛的能源行业之一。近年来，伴随着液化能力增强，亚太地区需求增长强劲，大部分中国能源企业加大了对天然气开发和利用的投入，LNG 在中国呈现出很大的发展潜力。2023 年全球 LNG 贸易量达 4.04 亿吨，比上年增长约 2.1%，与 2022 年的 5.6% 相比有所放缓，全球天然气贸易量依然保持增长态势。未来，全球 LNG 消费将快速增长，预计 2024~2035 年间年均增速将达 3%~4%，为同期天然气消费增速的 2 倍以上。全球天然气消费量约 3.86 万亿立方米，在一次能源消费中占比接近 1/4，未来将进一步上升。据预测，2025 年全球 LNG 的需求量约为 4.5 亿吨，2026 年为 4.8 亿吨，年均增长率约为 6.7%。近几年全球 LNG 发展非常快，各国在建的 LNG 设施占比均超过管道运输天然气，2025 年全球将有近 50 个国家进口 LNG，预计中国将超过日本成为全球第一大 LNG 进口国。

目前，中国已经迎来 LNG 工业发展的新时代。由于进口 LNG 有助于能源消费国实现能源供应多元化，保障能源安全，而出口 LNG 有助于天然气生产国有效开发天然气资源、增加外汇收入、促进国民经济发展，因而 LNG 贸易正成为全球能源市场的新热点。为保证能源供应多元化和改善能源消费结构，一些能源消费大国越来越重视 LNG 的引进，日本、韩国、美国、欧洲都在大规模兴建 LNG 接收站（图 1-2）。我国对 LNG 产业的发展也越来越重视，LNG 项目在我国天然气供应和使用中的作用尤为突出，其地位日益提升。

图 1-2 大型 LNG 接收站

1.6 LNG 发展经历

19 世纪中叶，英国物理学家、化学家 Michael Faraday 开始尝试各种气体的液化工作；同时，德国工程师 Karl von Linde 一直致力于工业规模的气体液化工作，其于 1895 年通过压缩与膨胀技术，获得了几乎纯净的液态氧；1914 年，Godfrey Lowell Cabot 获得了第一个有关天然气液化、储存和运输的美国专利，同年在美国的西弗吉尼亚州建起了世界上第一家液化甲烷工厂，进行甲烷液化生产。1941 年在美国克利夫兰建成了世界第一套工业规模的 LNG 装置，液化能力为 $8500 m^3/d$。从 20 世纪 60 年代开始，LNG 工业得到了迅猛发展，规模越来越大，基本负荷型液化能力在 $2.5 \times 10^4 m^3/d$。1964 年，法国 Air Liquide 公司设计开发了第一座大型的 LNG 生产装置，并在阿尔及利亚建成投产。此装置采用当时技术相对成熟的级联式液化流程，提出了世界上最早的级联式液化流程 TEALARC，该流程包含三个单独的制冷剂循环，制冷剂分别为丙烷、乙烯和甲烷，每个制冷剂循环中均含有三个换热器，级联式液化流程中较低温度级的循环将热量转移给相邻的较高温度级的循环。20 世纪 70 年代，在利比亚、阿尔及利亚等地开展应用了单级混合制冷剂液化流程,简化了级联式液化流程中所用的复杂设备。首个单级混合制冷剂液化流程由美国 APCI 公司设计开发,该流程采用了氮气与烃类(甲烷、乙烷、丙烷等)混合制冷剂单级循环,循环中采用了缠绕管式换热器作为主液化装备。美国博莱克威奇(Black & Veatch)设计的 PRICO 流程也属于单级混合制冷剂液化流程。1997 年,Phillips 石油公司开发优化级联式 LNG 工艺,并应用于大西洋(Atlantic)LNG 集团的 Trinidad 天然气液化装置上,在进料量和气体组成方面有较大变化时能保持装置操作稳定。2001 年,美国燃气技术研究院(GTI)受到美国能源部资助开发了产能为 $4\sim40\mathrm{m}^3/\mathrm{d}$ 的 LNG 装置。该装置采用氮气、甲烷、乙烷、异丁烷、异戊烷混合制冷剂液化流程。经净化后的原料天然气进入主换热器冷却至 $-45\sim-72℃$,去重烃分离器返回到主换热器,经换热冷却到 $-150\sim-159℃$ 后将液化成 LNG,在常压下输出至 LNG 储罐。混合冷剂由氮气、甲烷、乙烷及其他 C_5 以下烃类组成。俄罗斯是世界天然气第一生产大国,已建成的统一供气系统,主干线管道遍及俄罗斯欧洲部分。20 世纪 90 年代俄罗斯在列宁格勒州和圣彼得堡市进行小型 LNG 生产装置建设的试点,由列宁格勒输气公司(ЛЕНТРАСГАЗ)和 СИГМА 天然气公司协作建设,КРИОНОРД 公司负责设计(见图 1-3)。近年来,法国 Axens 公司与法国石油研究院(IFP)合作,共同开发的一种先进的 LNG 新工艺——Liquefin,首次实现工业化。其生产能力较通用的方法高 15%~20%,生产成本低 25%。使用 Liquefin 工艺之后,每单元装置产能可达 $600\times10^4\mathrm{t/a}$ 以上。采用 Liquefin 工艺生产 LNG 的费用每吨可降低 25%。该工艺使用翅片式冷箱和优化工艺,可建设超大容量 LNG 装置(见图 1-4)。Liquefin 工艺的安全、环保、实用性及创新点最近已被世界认可。随着世界 LNG 产业的百年快速发展,目前世界如德国林德(Linde)、美国(APCI)等多家公司已具备了规模工业化液化的能力,液化工艺复杂、设备多、投资高,如 Shell 及 BP 等公司投资的大型 LNG 液化系统,单套产能大都在 $100\times10^4\mathrm{m}^3/\mathrm{d}$ 以上,成套达到 $500\times10^4\sim1500\times10^4\mathrm{t/a}$ 的规模,如俄罗斯的亚马尔 LNG 项目,年产 $1650\times10^4\mathrm{t/a}$ LNG 和 $120\times10^4\mathrm{t/a}$ 凝析油。

图 1-3 俄罗斯 Sakhalin LNG 液化装置

与国外情况不同的是,国内天然气液化装置的研究都是以小型液化工艺为目标,以下就国内现有的天然气液化装置工艺作简单介绍。1992 年,由中国科学院北京科阳气

图 1-4　大型海洋 LNG 液化平台及 LNG 船

体液化技术联合公司与四川省绵阳市科阳低温设备公司合作研制的 300L/h 天然气液化装置,作为工业和民用气调峰和以气代油的示范工程。1996 年,由吉林油田、中国石油和中国科学院低温技术实验中心联合研制的 500L/h 撬装式试验装置整体试车成功,该装置采用以氮气为制冷剂的膨胀机循环工艺。该装置井口高压(11MPa)天然气经加热、节流后变成低压(1.0MPa)天然气,进行油、气、水分离,用分子筛对天然气进行深度脱水和脱二氧化碳处理。用气体轴承膨胀机制冷,将高纯度的氮气冷却至 $-157℃$,并在冷箱中使天然气温度降到 $-130℃$,然后节流降压至 0.35MPa($-145℃$)并液化。哈尔滨燃气工程设计研究院设计的天然气液化装置主要包括天然气预处理、天然气的低温液化、天然气的低温储存及天然气的汽化和输出等。经过处理的天然气通过一个多级单混冷凝过程被液化,制冷压缩机是由天然气发动机驱动。循环气体压缩机一般采用天然气驱动,可节省运行费用而使投资快速回收。压缩机一般采用非润滑式特殊设计,以避免天然气被润滑油污染。采用装有电子速度控制系统的透平机,而且新型透平机的最后几级叶片用铝合金制造,改善了机械运转。安装于透平压缩机上的新型离合器是挠性的,它们的可靠性比较高,还可以调整间隙。

1999 年 1 月,陕北气田 LNG 示范工程在长庆油田靖边基地建成投运,日处理天然气 $2×10^4 m^3$。原料气压力 25MPa,冷箱入口压力 4.1MPa。高压气体经氨蒸发器、第二预冷器冷却,一部分进入透平膨胀机膨胀降温,与返流气混合为第三、第二、第一预冷器提供冷量;另一部分经第三预冷器、深冷换热器冷却并节流后进入分离器,产生的气体返流冷量回收,产生的液体进入 LNG 储罐。该装置采用天然气膨胀制冷循环;通过低温甲醇洗和分子筛干燥联合进行原料气净化;采用气波制冷机和透平膨胀机联合进行低温制冷;以燃气发动机作为循环压缩机的动力源;利用燃气发动机的尾气作为加热分子筛再生气的热源。2001 年,中原油田兴建的我国首家 LNG 工厂竣工,并一次投料试车成功。装置日处理原料天然气 $10×10^4 m^3$。装置采用级联式循环,原料天然气进入装置后,首先进入分液罐除去原料气中的液体,然后进入过滤器过滤掉粒径大的液体和固体。过滤后的天然气进入脱 CO_2 塔,用一乙醇胺(MEA)法脱除 CO_2;脱 CO_2 后的天然气用分子筛干燥器进行脱水处理。预处理流程中有两台干燥器切换使用,其中一台干燥,另一台再生。净化后的天然气,首先利用丙烷制冷循环经过中压和低压丙烷换热器冷却,然后节流降温进入高压天然气分离器进行气液分离,液相返流,冷量回收,产生的气相经乙烯换热器和中压 LNG 换热器冷却,再节流降温进入中压天然气分离器,产生的液相进一步经低压 LNG 换热器冷却及节流后进入低压天然气分离器,气相返流冷量回收,液相流入 LNG 储罐储存。该装置充分利用天然气气井自身高压(12MPa)的特点,以气体压力为能量,采取分离、脱水、脱 CO_2、脱重烃等预处理后,经过分级制冷、部分液化工艺,使天然气在 0.3MPa、-145℃的条件下液化。该工艺与国外通常采用的"氮气+甲烷"混合循环制冷工艺相比,具有收率高、投资少、能耗低、运行费用低、运行可靠等特点。严格意义上来说,中原油田 $10×10^4 m^3/d$ 天然气液化装置开启了中国 LNG 装备工业化的先河,后因为各种原因,该装置停产。2002 年,新疆广汇整体引进德国林德(Linde)$50×10^4 m^3/d$ LNG 液化工艺装置,在新疆吐哈油田建成投产,开启了中国 LNG 商用的新里程,其生产的 LNG 远送至连云港。新疆的天然气资源丰富,其天然气储量达到了 $10.3×10^{12} m^3$。广汇能源先后在新疆建立了多套 LNG 液化装置,采用 LNG 罐式集装箱和 LNG 汽车运输槽将 LNG 运输到各个城市汽化站。罐式集装箱装卸比较方便,使用起来灵活、可运输、可储存。2008 年,泰安深燃 $15×10^4 m^3/d$ LNG 项目建成投产,采用膨胀机制冷工艺,膨胀制冷方案采用的是中压并联膨胀,运行稳定性好,生产周期短,没有防火防爆的问题。深燃 LNG 系统包括天然气净化系统、天然气液化系统、氮气循环制冷系统、天然气储存及装车系统、紧急停车系统(ESD)、数据集散式控制系统(DCS)等 12 个部分,共有静、动设备 190 余台,阀门及控制点 2000 多个。天然气在 3MPa 下,经计量后首先进入净化单元预处理脱掉杂质,然后进入液化单元进行液化冷却,在冷箱中降温到-138℃变成液态的天然气,之后进入储罐储存,最后启动 LNG 装车泵。2012 年 7 月,宁夏哈纳斯天然气有限公司引进的第一套大型工业化 $200×10^4 m^3/d$ LNG 液化工厂建成投产,标志着大型 SMR 混合制冷剂 LNG 液化工艺技术在中国开始实施。2020 年,中国石油泰安 60 万吨/年 LNG 装备国产化项目建成投产,是我国首个利用自主技术、国产设备建设的规模最大的 LNG 项目,是实现中国 LNG 工艺技术和关键设备国产化的重要工程,也是国家能源局和中国石油指定的国产化依托工程。

近 20 年来,全球 LNG 需求大幅增长,LNG 进口国由 10 年前的 20 个增加到 2023 年的 51 个,LNG 接收站也快速增加。截至 2023 年 4 月,全球共有 297 座已投产、在建和规划中的 LNG 接收站,2022 年合计接收及再汽化能力 10.1 亿吨;扩建及建设中的接收站 18 座,接收能力 7431 万吨;正在计划和拟建接收站 59 座,接收能力 2.1 亿吨。LNG 接收站主要集中在亚洲地区,其中,日本投运接收站达 37 座,拟建接收站 2 座。截至 2019 年 3 月,全球共有 64 个大型出口 LNG 液化工厂项目,产能 4.08 亿吨;有 11 个正在建设或扩建中的 LNG 液化工厂项目,产能 7975 万吨;有 49 个计划和拟建 LNG 液化工厂项目,合计产能 5.31 亿吨。全球 LNG 供应格局正在发生变化,澳大利亚 LNG 出口量在 2018 年超越卡塔尔位居第一。未来几年,美国、俄罗斯将是全球 LNG 供应量增长最快的国家。美国有多个 LNG 液化项目将投产,未来出口能力将增加 160%。国内 LNG 能源在工业及城镇燃气等领域发展迅速,目前中国已建成投产 LNG 液化工厂 120 多座,建成大型 LNG 接收站 21 座,25 座拟建或待建,已建成接收能力约 $7235×10^4 t/a$,折合气态为 $1260×10^8 m^3/a$,总罐容 $896×10^8 m^3$。在建和部分二期

扩建的能力为 $4395\times10^4\text{t/a}$，到 2022 年实现 LNG 接收能力 $11630\times10^4\text{t/a}$，折合天然气约为 $1628\times10^8\text{m}^3/\text{a}$。到 2030 年总接收能力将达到 $23530\times10^4\text{t/a}$，折合天然气约为 $3294\times10^8\text{m}^3/\text{a}$，预测到 2030 年接收站数量将达到 47 座。

1.7　本章小结

本章简要讲述了 LNG 低温性质、LNG 液化工艺、LNG 能源优势、LNG 主要用途、LNG 国际贸易、LNG 发展经历等内容。综上所述，我国 LNG 产业起步较晚，产业发展脚步较慢，装备技术开发迟缓，在 LNG 产业链领域的核心技术水平相对落后，尤其成套工艺技术及装备制造技术，无法满足 LNG 需求持续增长、进口总量逐年增加的市场需求，还存在很大的发展空间。随着沿海各大一线城市 LNG 接收站等项目的建设，也促使相关产业链得到迅速发展。此外，能源结构是 LNG 产业发展的基础，石油、煤炭在总能源消费中的比例也在逐年下降，作为清洁能源的 LNG 的消费比例也在逐渐升高。未来，当务之急在于提升能效，积极扩大清洁能源的应用，同时增加天然气在一次能源消费结构中的占比，并着力提升 LNG 在我国现有能源体系中的比重，从而加大对 LNG 产业规划与投资的力度，以推动相关产业的快速发展。LNG 作为国内新能源市场的有力补充条件，也符合我国可持续发展的战略要求，满足国内日益增长的 LNG 产业需求。

参 考 文 献

[1] 顾安忠，鲁雪生，汪荣顺，等 . 液化天然气技术 [M]. 北京：机械工业出版社，2003.
[2] 吴业正 . 制冷与低温技术原理 [M]. 北京：高等教育出版社，2004.
[3] 顾安忠，石玉美，汪荣顺，等 . 天然气液化流程及装置 [J]. 深冷技术，2003（1）：1-6.
[4] 林文胜，顾安忠，朱刚 . 天然气液化装置的流程选择 [J]. 真空与低温，2001（2）：43-47.
[5] 顾安忠，石玉美，汪荣顺 . 中国液化天然气的发展 [J]. 石油化工技术经济，2004，20（1）：1-7.
[6] 张周卫，郭舜之，汪雅红，等 . 液化天然气装备设计技术：液化换热卷 [M]. 北京：化学工业出版社，2018.
[7] 张周卫，赵丽，汪雅红，等 . 液化天然气装备设计技术：动力储运卷 [M]. 北京：化学工业出版社，2018.
[8] 曹文胜，鲁雪生，顾安忠，等 . 液化天然气接收终端及其相关技术 [J]. 天然气工业，2006（1）：112-115，169.
[9] 刘朝全 . 2018 年国内外油气行业发展报告 [M]. 北京：石油工业出版社，2019.
[10] 张周卫，苏斯君，张梓洲，等 . 液化天然气装备设计技术：通用换热器卷 [M]. 北京：化学工业出版社，2018.
[11] 张周卫，汪雅红，田源，等 . 液化天然气装备设计技术：LNG 低温阀门卷 [M]. 北京：化学工业出版社，2018.
[12] 孙文 . 2018 年全球液化天然气市场回顾与展望 [J]. 国际石油经济，2019，27（4）：78-87.
[13] 齐慧 . 亚马尔项目首条 LNG 生产线正式投产 [J]. 现代企业，2017（12）：40.
[14] 赵国洪 . LNG 国际供需发展格局及进口策略探析 [J]. 天然气与石油，2021，39（2）：124-128.
[15] 杨晶，刘小丽 . 2018 年我国天然气发展回顾及 2019 年展望 [J]. 中国能源，2019，41（2）：13-18.
[16] 张周卫，汪雅红，郭舜之，等 . 低温制冷装备与技术 [M]. 北京：化学工业出版社，2018.
[17] 郝洪昌，邢万里 . 中日韩印天然气贸易多元化和竞争关系研究 [J]. 中国矿业，2019，28（11）：1-8.

[18] 张周卫, 汪雅红等. 空间低温制冷技术 [M]. 兰州: 兰州大学出版社, 2014.

[19] 张周卫, 汪雅红等. 缠绕管式换热器 [M]. 兰州: 兰州大学出版社, 2014.

[20] 马杰, 高焕玲, 杜科林. 中国天然气产业国际贸易竞争力及其影响因素分析 [J]. 中国能源, 2019, 41 (8): 18-23, 8.

[21] 肖建忠, 王璇. 中国液化天然气现货价格的传导机制 [J]. 天然气工业, 2019, 39 (11): 117-125.

[22] 张周卫, 薛佳幸, 汪雅红, 等. 缠绕管式换热器的研究与开发 [J]. 机械设计与制造, 2015 (9): 12-17.

[23] 张周卫, 李跃, 汪雅红. 低温液氮用系列缠绕管式换热器的研究与开发 [J]. 石油机械, 2015, 43 (6): 117-122.

[24] 张宏, 丁昊, 张力钧, 等. 全球天然气贸易格局及中国天然气进口路径研究 [J]. 地域研究与开发, 2020, 39 (6): 1-5.

[25] 张周卫, 汪雅红, 李跃, 等. LNG混合制冷剂多股流板翅式换热器: 201510051091.6 [P]. 2016-10-05.

[26] 张爱国, 郑德鹏. 2016年全球LNG市场特点及前景展望 [J]. 国际石油经济, 2017, 25 (4): 66-72, 86.

[27] 张周卫, 薛佳幸, 汪雅红. LNG系列缠绕管式换热器的研究与开发 [J]. 石油机械, 2015, 43 (4): 118-123.

[28] 张周卫, 汪雅红等. LNG低温液化混合制冷剂多股流螺旋缠绕管式主换热装备: CN102564056A [P]. 2012-07-11.

[29] Zhang Z W, Wang Y H, Xue J X. Research and Develop on Series of LNG Coil-wound Heat Exchanger [J]. Applied Mechanics and Materials, 2015, 1070-1072: 1774-1779.

[30] Zhang Z W, Wang Y H, Li Y, et al. Research and Development on Series of LNG Plate-fin Heat Exchanger [C]. 3rd International Conference on Mechatronics, Robotics and Automation (ICMRA 2015), 2015.

[31] 徐亦宁. 五年后中国和美国将分别成为全球最大LNG进口国和出口国 [J]. 中国远洋海运, 2019 (8): 19.

[32] Zhang Z W, Xue J X, Wang Y H. Calculation and Design Method Study of the Coil-wound Heat Exchanger [J]. Advanced Materials Research, 2014, 1008-1009: 850-860.

[33] 张周卫, 薛佳幸, 汪雅红. 双股流低温缠绕管式换热器设计计算方法 [J]. 低温工程, 2014 (6): 17-23, 27.

[34] Xue J X, Zhang Z W, Wang Y H. Research on Double-stream Coil-wound Heat Exchanger [J]. Applied Mechanics and Materials, 2014, 672-674: 1485-1495.

[35] 张周卫, 张国珍, 周文和, 等. 双压控制减压节流阀的数值模拟及实验研究 [J]. 机械工程学报, 2010, 46 (22): 130-135.

[36] 张周卫, 厉彦忠, 汪雅红, 等. 空间低红外辐射液氮冷屏低温特性研究 [J]. 机械工程学报, 2010, 46 (2): 111-118.

[37] 姜潇, 李文博. 液化天然气 (LNG) 产业面临的机遇与挑战 [J]. 化学工程与装备, 2020 (5): 55-56.

[38] Zhang Z W, Wang Y H, Xue J X. Research on Cryogenic Characteristics in Spatial Cold-shield System [J]. Advanced Materials Research, 2014, 1008-1009: 873-885.

[39] 张周卫, 厉彦忠, 陈光奇, 等. 空间低温冷屏蔽系统及表面温度分布研究 [J]. 西安交通大学学报, 2009 (8): 116-124.

[40] 苏斯君, 张周卫, 汪雅红. LNG系列板翅式换热器的研究与开发 [J]. 化工机械, 2018, 45 (6): 662-667.

[41] 张周卫, 苏斯君, 汪雅红. LNG系列阀门的研究与开发 [J]. 化工机械, 2018, 45 (5): 527-532.

[42] 武颐峰, 冯陈玥, 张沛宇. 供需再平衡下的全球LNG贸易回顾及展望 [J]. 国际石油经济, 2021, 29 (2): 73-81.

[43] 丁亚林. 液化天然气 (LNG) 贸易面临的机遇和挑战 [J]. 化工管理, 2020 (27): 3-4.

[44] 张周卫, 张国珍, 周文和等. 双压控制减压节流阀的数值模拟及实验研究 [J]. 机械工程学报, 2010, 46 (22): 130-135.

[45] 陆家亮, 唐红君, 孙玉平. 抑制我国天然气对外依存度过快增长的对策与建议 [J]. 天然气工业, 2019, 39 (8): 1-9.

[46] 张周卫,厉彦忠,陈光奇,等.空间低温冷屏蔽系统及表面温度分布研究[J].西安交通大学学报,2009,43(8):116-124.

[47] Li H, Zhang Z W, Wang Y H, et al. Research and Development of New LNG Series Valves Technology [C]. International Conference on Mechatronics and Manufacturing Technologies, 2016.

[48] 张周卫,王军强,苏斯君,等.液化天然气装备设计技术:LNG板翅换热卷(上)[M].北京:化学工业出版社,2019.

[49] 徐文敏.国内液化天然气市场供需及2018年后期价格走势判断[J].中国物价,2018(9):48-49.

[50] 张周卫,汪雅红,耿宇阳,等.液化天然气装备设计技术:LNG板翅换热卷(下)[M].北京:化学工业出版社,2019.

[51] 苏航.论燃气企业LNG业务竞争战略[J].中国管理信息化,2020,23(15):122-123.

[52] 张周卫,殷丽,汪雅红,等.液化天然气装备设计技术:LNG工艺流程卷[M].北京:化学工业出版社,2019.

第2章

液化天然气国际发展现状

液化天然气（LNG）工业的发展至今已有100多年的历史，从开始时的局部需求发展到了遍及全球的全面工业化。虽说石油和天然气相伴相随，但直到20世纪40年代末，天然气的发展还远落后于石油的发展，主要原因是天然气的存储和运输十分困难，长距离管道输运还没有大规模建立。长距离管道输运天然气技术的发展，推进了天然气产业的快速发展，但跨洲跨洋长距离运输铺设天然气管道成本高、风险大，难以实现。由于天然气资源遍布世界各地，主要用户也遍布世界各地，为了解决这一困难，人们将目光投向了容易跨洲跨洋输运的LNG上。LNG技术及商业贸易经历了半个多世纪的前期探索性发展，直到20世纪60年代才进入了规模工业化发展阶段。

2.1 LNG主要发展经历

LNG作为清洁化石能源，燃烧后生成二氧化碳及水，对环境几乎没有污染，可通过海洋运输，到达陆地后即可变成天然气，并通过管道输运至目标地。近年来，全球LNG供给与需求实现了大幅增长，同时，LNG以其安全储存和易于运输的优势，进一步促进了LNG全球贸易的发展。

2.1.1 LNG研发及工业化尝试阶段

20世纪初，LNG进入工业化尝试阶段。美国是最早研究开发LNG装备并推进工业化的国家之一。1914年，美国G.L.卡波特（Godfrey L. Cabot）申请了驾驶和运输LNG河道罐船专利。1917年，美国在弗吉尼亚州建造了世界上第一座LNG工厂（见图2-1）。1957年，英国气体公司决定和美国康斯托克（Constock）签订合同，引进LNG补充供应城市煤气，并在英国坎威尔岛上建起世界上第一个LNG接收站，用于储存引进的LNG并用于调峰。

2.1.2 LNG示范及工业化开启阶段

20世纪60年代，LNG进入工业化开发阶段。1959年，美国康斯托克（Constock）

图 2-1　1917 年美国建设的第一座 LNG 工厂

将一艘货船改造成了世界上第一艘 LNG 运输船——"甲烷先锋号"。1960 年，英国气体局将装载 2200t LNG 的"甲烷先锋号"船（见图 2-2）从美国路易斯安那州查尔斯湖驶出，横跨大西洋开到了英国泰晤士河口的坎维岛（Canvey Island）接收站（见图 2-3），标志着 LNG 远洋运输进入了商业化国际贸易阶段。同时，LNG 船舶成功跨越大西洋，证明 LNG 可以通过跨洋输送至目标用户，从而揭开了 LNG 工业化序幕。1961 年，在"甲烷先锋号"获得成功的基础上，英国政府批准英国气体公司开始建造从坎维到里茨的输气干线，每年输入 70×10^4t LNG。1964 年 9 月 27 日，世界上第一座大型 LNG 工厂在阿尔及利亚建成投产。同年，"甲烷先锋号"船运载着 2200t LNG 开始了由阿尔及利亚至英国的运输业务，开启了 LNG 大规模远洋商业贸易的先河。

图 2-2　1960 年美国"甲烷先锋号"运载了 2200t LNG 从美国航行至英国

图 2-3　英国泰晤士河口的坎维岛（Canvey Island）接收站

阿尔及利亚液态甲烷公司（Compagnie Algerienne de Methane Liquide，CAMEL）初期生产能力为 $15\times10^8\text{m}^3/\text{a}$，其中约 2/3 以 LNG 形式出口到英国。1962 年，阿尔泽

拥有康奇（Conch）公司开发的世界上第一座"埋地式"LNG储存装置。1963年，康奇（Conch）公司设计并成功建造了世界上最早的两艘商业用LNG运输船"甲烷公主号"和"甲烷前进号"，每艘约装载$1.2×10^4$ t LNG。1964年，阿尔及利亚输送$4.2×10^8 m^3$/a 天然气至法国，相当于$33.5×10^4$ t/a，采用法国生产的LNG船运输，舱容为$25000 m^3$。同年，法国建造了第一艘LNG运输船"Jules Veme号"，舱容为$2.5×10^4 m^3$，采用七层绝热圆筒合金钢储罐，每年由阿尔泽到哈佛尔（Le Havre，法国北部的港口）行驶30个往返，共运输$33.5×10^4$ t。此后，法国开始设计$10×10^4 m^3$ LNG罐船。在1965~1970年之间，LNG运输船主要采用4种罐体结构设计技术，即Technigas和Gas-transport的隔板式罐、Moss Rosenberg和IHI-SPB的独立储罐。

1968年，壳牌文莱卢穆（Lumut）公司成为日本第一个LNG生产者，并从1971年起，供应$20×10^8 m^3$/a（即$6500×10^4$ t）LNG至日本大阪的两个接收站（Negishi和Sodegaura），气源来自诗里亚（Seria）海上油田的石油伴生气。主要签约日本的公司包括三菱（Mitsubishi）公司、东京电力株式会社、东京瓦斯株式会社、大阪瓦斯株式会社。1969年，根据马拉松（Marathon）和康菲（Conoco Phillips）与东京电力株式会社、东京瓦斯株式会社的贸易合同，Cargoes公司在阿拉斯加尼基斯基（Nikiski）港建成后开始跨太平洋开展LNG贸易，阿拉斯加的Kenai工厂向东京燃气公司和东京电力公司供应LNG。使用两艘由法国天然气运输公司设计并由瑞典制造的LNG"薄膜储罐"船，每艘船有6个LNG储罐，总舱容为$7×10^4 m^3$。该船首次采用非常薄的IVA合金板壳体储罐储存LNG。IVA合金钢含Ni 35%，在使用温度范围内不膨胀、不收缩。同年，第一批LNG船"Aristotle号"装载埃索（ESSO）公司生产的LNG离开利比亚卜雷加装运港驶往西班牙巴塞罗那（Barcelona）港，总量为$312×10^4 m^3$/a并供给15年，标志着利比亚作为当时少数几个能够生产LNG的国家开始出口LNG。1969年，共有9艘LNG运输船承担输运任务，其中日本增加4个点进口LNG，即从阿拉斯加、文莱、俄罗斯萨哈林岛、阿布扎比分别进口LNG。其中，桥石（Bridgestone）液化气公司、三菱公司与英国石油公司、法国石油公司（CFP）从阿布扎比进口LNG，基于达斯（Das）岛上的LNG工厂，在10年内进口$30×10^8 m^3$/a，使日本管网第一次使用中东巨大的天然气资源。同时，日本政府建造了大量的LNG发电厂，从而促使LNG进口量大规模增加。1970年，埃索公司的LNG工厂处理的天然气达到$977×10^4 m^3$/d或者$36×10^8 m^3$/a。

2.1.3 LNG实施及工业化规模阶段

进入20世纪70年代，LNG进入规模工业化发展阶段。1970年，利比亚LNG工厂开始向西班牙、意大利供应LNG。埃克森公司（Exxon Corp.）设在利比亚卜雷加LNG工厂开始运行（见图2-4）。卜雷加工厂首次使用的混合制冷剂液化（SMR）工艺由空气化工产品公司（Air Products & Chemicals InternationalInc, APCI）设计，可减少压缩机和换热器数量，即主压缩机及主换热器各1台就可完成液化任务。SMR工艺很快在阿尔及利亚斯基克达（Skikda）LNG工厂、蓬檀（Bontang）LNG工厂、婆罗乃LNG工厂得到运用。1970年11月，美国康菲/马拉松公司在阿拉斯加尼基斯基港考克湾（Cook Inlet）LNG 工厂投入运行，由"Polar Alaska 号"LNG 船装载首批 LNG 运往东京气体/东京电力株式会社建造在横滨（Yokohama）附近的接收站。1970 年，美国联邦动力委员会（FPC）从阿尔及利亚进口 $2837\times10^4\mathrm{m}^3$ 天然气。Gazocean 公司建造的 $5\times10^4\mathrm{m}^3$ 的"Descartes"运输船开始不定期运输 LNG 至美国东海岸。挪威首次使用 Gazocean 公司设计的球形 LNG 储罐。1972 年，世界上只有阿尔及利亚阿尔泽（图 2-5）、阿拉斯加南部和利比亚三座工厂出口 LNG，其总处理量只有 $1981\times10^4\mathrm{m}^3/\mathrm{d}$。同年，文莱作为亚洲第一个 LNG 生产国（见图 2-6），开始每年出口 $70\times10^8\mathrm{m}^3$ LNG 到日本发电厂、东京瓦斯株式会社和大阪瓦斯株式会社。

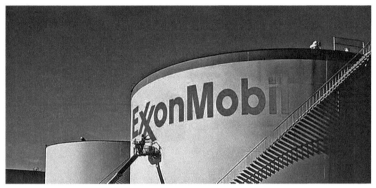

图 2-4　埃克森公司的 LNG 储罐

图 2-5　阿尔及利亚国家油气公司阿尔泽 LNG 工厂

1973 年，德国鲁尔气体公司和荷兰天然气联合公司开始进口阿尔及利亚 LNG。1976 年，日本东京电力公司开始进口阿布扎比 LNG，年进口 $300\times10^4\mathrm{t}$。1977 年，印度尼西亚开始从东加里曼丹［邦坦（Bontang）LNG 工厂］出口 LNG 到日本大阪瓦斯株式会社。1978 年，印度尼西亚阿鲁（Arun）LNG 工厂开始出口 LNG 到日本名古屋。

图 2-6 文莱达鲁萨兰国卢穆特 LNG 工厂

2.1.4 LNG 快速发展及工业化成熟阶段

进入 20 世纪 80 年代，LNG 贸易量增长迅速。到 1980 年时，LNG 贸易量达到 $313.4 \times 10^8 \mathrm{m}^3$，比 1970 年贸易量 $26.9 \times 10^8 \mathrm{m}^3$ 增长了近 11 倍。20 世纪 80 年代初，全球对 LNG 的需求量上升了 1/3，销售利润也提高了将近 60%。1982 年印度尼西亚开始向韩国、新加坡、中国台湾和香港出口 LNG。1983 年，马来西亚民都鲁（Bintulu）LNG 工厂开始出口 LNG 到日本。1984 年，日本购买的 LNG 占世界 LNG 的 72%，其中 3/4 用于发电。日本和法国的 LNG 消费量接近世界总出口量的 90%。1984 年，卡塔尔的 Fluor 公司开始开发第一期 $2264 \times 10^4 \mathrm{m}^3/\mathrm{d}$ 气田供给本国使用，第二期 $2264 \times 10^4 \mathrm{m}^3/\mathrm{d}$ 供邻国使用；第三期 $2264 \times 10^4 \mathrm{m}^3/\mathrm{d}$ 制成 LNG 出口（见图 2-7、图 2-8）。1985 年，澳大利亚伍德赛德（Woodside）石油公司投入 70 亿美元开发西北大陆架 LNG 项目。1986 年，韩国在汉城南部建成了第一座平泽 LNG 接收站，并接收了从印度尼西亚进口的第一船 59250t LNG。1987 年，比利时建成 $1700 \times 10^4 \mathrm{m}^3/\mathrm{d}$ 的泽布吕赫（Zeebrugge）接收港，接收从阿尔及利亚进口的 LNG。西班牙天然气公司（Enagas）在南部建成 2 座 LNG 接收站。1988 年，尼日利亚国家石油公司（NNPC）和壳牌公司合作，开始在尼日利亚邦尼（Bonny）建设 2 条 $400 \times 10^4 \mathrm{t/a}$ 的 LNG 生产线；西班牙建成第一座 LNG 接收站。1989 年，澳大利亚伍德赛德公司开始出口 LNG 至日本；委内瑞拉石油（PDV）公司开始建设 $500 \times 10^4 \mathrm{t/a}$ 的 LNG 工厂。

2.1.5 LNG 优化及工业化提升阶段

进入 20 世纪 90 年代，LNG 进入工业化优化提升阶段。如何更进一步降低成本并提高产量是 90 年代 LNG 工业面临的主要挑战，如优化生产工艺、将离心压缩机的动力极大化、扩大生产规模等。壳牌公司改进 C_3-MR 工艺并用于马来西亚 LNG 工厂，并于 1999 年在阿曼建造了当时全世界上最大的 LNG 生产线。1990 年中国台湾开始进口 LNG。台湾建有 $150 \times 10^4 \mathrm{t/a}$ 永安 LNG 接收站（图 2-9），第一艘 LNG 运输船从东

图 2-7 全球最大的 LNG 船舶"阿萨利"

图 2-8 卡塔尔 Ras Laffan 工业城（主要生产 LNG 及 LPG）

加里曼丹到达高雄。1992 年，西班牙天然气公司开始进口尼日利亚 LNG。1993 年，莫比尔（Mobil）公司入股卡塔尔 LNG 公司。1994 年，阿布扎比达斯岛上的第三条 LNG 生产线建成；印度尼西亚邦坦 200×10^4 t/a LNG 生产线投入运行。1994 年土耳其开始进口阿尔及利亚 LNG。1995 年，特立尼达·多巴哥 Atlantic LNG 公司出口 300×10^4 t/a 至西班牙天然气公司。1996 年，卡塔尔莱凡角（Rasgas）公司开启第二个 LNG 项目，其中，卡塔尔石油公司占股 70%，莫比尔公司占股 30%，由莫比尔公司管理工厂。同年，阿曼开始投资 22.5 亿美元建设两条 LNG 生产线。同年，中国台湾开始从马来西亚进口 220×10^4 t/a LNG 至永安接收站。1998 年，希腊和意大利分别建成 LNG 接收站。1999 年，特立尼达 LNG 工厂投产，产能 300×10^4 t/a。同年，卡塔尔 Ras Laffan 工厂投产，产能 300×10^4 t/a；尼日利亚 LNG 工厂投产，产能 560×10^4 t/a。

在亚洲，日本东京煤气公司从 1969 年起、大阪煤气公司从 1972 年起、东邦煤气公司从 1977 年起、西部煤气公司从 1988 年起各自分别从阿拉斯加、文莱、印度尼西亚、马来西亚、澳大利亚等地引入 LNG，至 1998 年全国实现了天然气转换。此时日本已建 LNG 接收站 22 座，每年使用 5600×10^4 t。韩国从 1986 年开始进口 LNG，中国台湾也从 1990 年开始进口 LNG，从而使亚洲 LNG 进口总量达到世界贸易量的 73%，而 LNG 生产量的 52% 来自亚太地区（见表 2-1～表 2-4）。

图 2-9 中国台湾永安 LNG 接收站

表 2-1 部分大型 LNG 工厂

地址或项目名称	所有者	生产线/条	生产能力/(×10⁴t/a)	投产年份
萨宾帕斯 LNG	康菲石油公司,马拉松石油公司,埃克森美孚,切萨皮克能源公司,雪佛龙公司	4	1800	2015 年
弗里波特 LNG	康菲石油公司,马拉松石油公司	2	1000	2016 年
查尔斯湖 LNG	康菲石油公司,马拉松石油公司,埃克森美孚,切萨皮克能源公司	3	1460	2019 年
Cameron LNG	康菲石油公司,马拉松石油公司,埃克森美孚	2	1200	2017 年
科珀斯克里斯蒂 LNG	康菲石油公司,马拉松石油公司,埃克森美孚,切萨皮克能源公司	3	1350	2019 年
墨西哥湾岸区 LNG	康菲石油公司,马拉松石油公司,埃克森美孚,切萨皮克能源公司	4	2040	2020 年
Gulf LNG	康菲石油公司,马拉松石油公司,埃克森美孚	2	1000	2019 年
Golden Pass LNG	康菲石油公司,马拉松石油公司	3	1560	2019 年
Eos F LNG	埃克森美孚,切萨皮克能源公司	2	1200	
Barca F LNG	埃克森美孚,切萨皮克能源公司	2	1200	
Magnolia LNG	埃克森美孚,西方石油公司	2	800	
Delfin LNG	埃克森美孚,切萨皮克能源公司	3	1300	
Calcassieu Pass LNG	埃克森美孚,切萨皮克能源公司	2	1000	2019 年
Main Pass Energy Hub F LNG	埃克森美孚,切萨皮克能源公司	4	2400	
Monkey Island LNG	埃克森美孚,西方石油公司,雪佛龙公司	2	1200	
亚马尔	诺瓦泰克,道达尔,中国石油,中国丝路基金	2	1100	2019 年
北极 2 号	诺瓦泰克,道达尔,中国石油,中国海油,日本 Arctic LNG 公司	3	1980	2020~2026 年
符拉迪沃斯托克(海参崴)	中国石油,中国海油,诺瓦泰克	1	1000	2019 年

表 2-2 国外部分国家 LNG 工厂数量

国家	工厂数量	国家	工厂数量
阿尔及利亚	6	墨西哥	2
阿曼	2	莫桑比克	2
澳大利亚	16	挪威	3
加拿大	22	卡塔尔	8
美国	37	俄罗斯	6

表 2-3 全球已投用部分 LNG 接收站统计

地址或项目名称	储罐容量 /m³	投用年份	所有者	LNG 来源
日本				
根岸（Negishi）	1250000	1969 年	东京电力，东京瓦斯	（美）阿拉斯加、文莱
袖浦（Sodegaura）	2660000	1973 年	东京电力，东京瓦斯	马来西亚、澳大利亚
韩国				
中国台湾				
永安	690000	1990 年	台湾中油	
台中	480000	2009 年	台湾中油	
印度				
达赫	640000	2004 年	印度液化天然气公司	
达波尔	480000	2009 年	印度燃气管理公司	
土耳其				
马尔马拉埃雷利斯	255000	1994 年	土耳其天然气进口公司	阿尔及利亚等现货交易
伊兹密尔	280000	2006 年	EGE GAZ	
美国				
埃弗里特（Everett）	155000	1971 年	苏伊士环能集团	阿尔及利亚
莱克查尔斯（Lake Charles）	286000	1982 年	南方联盟公司	阿尔及利亚
埃尔巴岛	351000	2001 年	南方液化天然气公司	
马里兰州科夫角	530000	2003 年	Dominion	
萨宾帕斯	420000	2008 年	谢尼埃能源公司	
自由港	320000	2008 年	谢尼埃能源及康菲公司	
卡梅伦	480000	2009 年	森普拉能源公司	
英国				
坎维岛（Canver Island）	57000	1964 年	英国天然气股份公司	阿尔及利亚
法国				
福斯苏蒙尔（Fos-Sur-Mer）	150000	1972 年	法国燃气公司	阿尔及利亚
蒙图瓦尔（Montoir）	360000	1980 年	法国燃气公司	阿尔及利亚

表 2-4　部分国家 LNG 进口接收站总数

国家	项目数	国家	项目数
中国	99	美国	10
印度尼西亚	12	俄罗斯	5
法国	4	意大利	6
德国	2	韩国	8
日本	48	印度	13
约旦	1	土耳其	5

全球 LNG 贸易量在 1998 年时已达到 $1132.4 \times 10^8 \mathrm{m}^3/\mathrm{a}$（$8153 \times 10^4 \mathrm{t/a}$），其中印度尼西亚生产量最大，占 31.8%，其次为阿尔及利亚，占 22%；进口量最大的是日本，占 58.5%，其次是韩国，占 12.6%。1999 年，LNG 运输船已经达到 108 艘，其中 15 艘小型船只（18000～50000m^3）、15 艘中型船只（60000～100000m^3）、78 艘大型船只（100000m^3 以上）。2001 年时，世界 LNG 生产能力达到 $13400 \times 10^4 \mathrm{t}$，贸易量 $10900 \times 10^4 \mathrm{t}$。2005 年世界 LNG 生产能力达到 $20400 \times 10^4 \mathrm{t}$。2004 年 LNG 年贸易量为 $1.32 \times 10^8 \mathrm{t}$。其中，英荷壳牌、法国道达尔、埃克森美孚和英国石油四大能源巨头拥有全球绝大部分天然气供应和 LNG 生产的份额。2017 年，全球 LNG 贸易达到 $2.97 \times 10^8 \mathrm{t}$（约 $3900 \times 10^8 \mathrm{m}^3$）（见表 2-5～表 2-8）。其中，澳大利亚和美国出口增加最多，占全球增量的 70% 以上。卡塔尔出口位居第一，全年出口 $8089 \times 10^4 \mathrm{t}$，占全球 27.26%。澳大利亚位居第二，全年出口 $5578 \times 10^4 \mathrm{t}$，占全球 18.80%。马来西亚、尼日利亚、印度尼西亚、阿尔及利亚、美国、俄罗斯和泰国的 LNG 出口量均超过 $1000 \times 10^4 \mathrm{t/a}$，位列全球 LNG 出口大国的第三位至第九位。2017 年，马来西亚 LNG 项目第 9 条生产线投产运行，PFLNG Satu 浮式项目出口首船 LNG，成为全球首个浮式 LNG 液化项目。俄罗斯亚马尔项目（Yamal LNG）1 号生产线出口首船 LNG，实现了俄罗斯 LNG 出口零的突破。同年，日本进口 LNG $8442 \times 10^4 \mathrm{t}$，占全球进口市场的 28.44%。中国大陆进口 $3952 \times 10^4 \mathrm{t}$，首次位居全球第二。韩国进口 $3859 \times 10^4 \mathrm{t}$，位居全球第三。中日韩三国的 LNG 进口总量已占全球 LNG 进口总量的一半以上。印度、中国台湾、西班牙、土耳其、法国、埃及、意大利紧随其后。中国受"煤改气"推进、冬季采暖期时中亚管道气进口削减、下游用户需求高涨等因素影响，LNG 进口量比上年增加了 $1244 \times 10^4 \mathrm{t}$，增幅高达 46%，首次超过韩国成为全球第二大 LNG 进口国。2018 年，卡塔尔天然气公司（Qatargas）和拉斯拉凡天然气公司（RasGas）合并，凸显了卡塔尔维持全球 LNG 出口霸主地位的雄心。

表 2-5　2017 年全球各地区 LNG 出口情况

地区	2017 年出口量/($\times 10^4 \mathrm{t/a}$)	2016 年出口量/($\times 10^4 \mathrm{t/a}$)	增长量/($\times 10^4 \mathrm{t/a}$)	增长率/%
亚太	12710	11400	1310	11.5
中东	9540	9630	−90	−0.9
非洲	4220	3460	760	22.0
北美	2350	1350	1000	74.0

续表

地区	2017年出口量/(×10⁴t/a)	2016年出口量/(×10⁴t/a)	增长量/(×10⁴t/a)	增长率/%
南美	410	400	10	2.5
欧洲	440	460	−20	−4.3
合计	29670	26700	2970	11.1

表2-6 2017年主要LNG出口国出口量及占比

出口国	出口量/(×10⁴t/a)	全球份额占比/%
卡塔尔	8089	27.26
澳大利亚	5578	18.80
马来西亚	2694	9.08
尼日利亚	2138	7.20
印度尼西亚	1891	6.37
阿尔及利亚	1280	4.31
美国	1253	4.22
俄罗斯	1107	3.73
泰国	1081	3.64
阿曼	843	2.84
巴布亚新几内亚	771	2.60
文莱	695	2.34
阿联酋	597	2.01
挪威	428	1.44
秘鲁	415	1.40
安哥拉	372	1.25
赤道几内亚	361	1.22
其他	84	0.28

表2-7 2017年全球各地区LNG进口情况

地区	2017年进口量/(×10⁴t/a)	2016年进口量/(×10⁴t/a)	增长量/(×10⁴t/a)	增长率/%
亚洲	21590	19350	2240	11.5
欧洲	4690	3860	830	21.5
中东	1680	1840	−160	−8.7
北美	900	830	70	−8.4
南美	810	820	−10	−1.2
合计	29670	26700	2970	11.1

表2-8 2017年主要LNG进口国家与地区进口量及占比

进口国与地区	进口量/(×10⁴t/a)	全球份额占比/%
日本	8442	28.44
中国(除台湾地区)	3952	13.32
韩国	3859	13.00

续表

进口国与地区	进口量/($\times 10^4$ t/a)	全球份额占比/%
印度	2079	7.01
中国台湾地区	1684	5.67
西班牙	1225	4.13
土耳其	784	2.64
法国	755	2.54
埃及	619	2.09
意大利	604	2.03
巴基斯坦	511	1.72
墨西哥	494	1.66
英国	490	1.65
科威特	432	1.46
泰国	391	1.32
约旦	343	1.16
智利	337	1.13
阿根廷	316	1.06
其他	2360	7.95

全球 LNG 进口总量在 2021 年时为 3.723×10^8 吨。中国首次超过日本成为领先的 LNG 进口国，达到 7930×10^4 t。美国 LNG 占全球供应量的 18%。全球再汽化能力达到 9.93×10^8 t/a，全球液化能力达到 4.62×10^8 t/a，有 44 个市场从 19 个出口国进口 LNG。LNG 运输船队达到 700 多艘。2021 年，全球 LNG 贸易总量同比上涨 6%，亚太地区贸易增长最快，其中，东北亚地区国家天然气需求增量占亚洲净增长量的 82% 以上。中国、日本、印度、韩国以及其他新兴经济体天然气消费量均出现了不同程度的上涨。另外，欧洲、北美、南美地区的天然气消费量也都出现了一定增长。其中，巴西天然气需求同比涨幅高达 23%，成为 2021 年里天然气消费增速最快的国家。世界主要经济体对 LNG 的需求继续保持增长态势。LNG 出口量位居前三位的仍然是澳大利亚、卡塔尔和美国，其中美国 LNG 出口增量位居世界第一，同比增长 2400×10^4 t，达到 7360×10^4 t。2022 年美国超过澳大利亚成为全球最大的 LNG 出口国。在需求方面，2021 年，中国、韩国和日本继续引领 LNG 需求增长。LNG 运输船总数达到 700 艘，包括 48 艘 FSRU 和 64 艘船舶（31 艘 LNG BV＋33 艘 LNG 运输船），舱容小于 50000 m^3。2021 年底总货运量为 1.041×10^8 m^3。其中，2005 年、2006 年、2015 年、2016 年全球 LNG 出口量数据见表 2-9。

表 2-9 全球 LNG 出口量   单位：$\times 10^4$ t/a

国家和地区	2005 年	2006 年	2015 年	2016 年
大西洋盆地	4340	5377	9830	
阿尔及利亚	1870	1788	2570	1160.7

续表

国家和地区	2005年	2006年	2015年	2016年
安哥拉	0	0	200	
埃及	510	1085	1870	
赤道几内亚	0	0	340	
利比亚	60	52	60	
尼日利亚	880	1274	2290	
挪威	0	0	420	459.9
特立尼达	1020	1178	2080	1043.9
中东地区	3170	3602	12850	
阿联酋	520	513	570	
阿曼	670	836	1080	
卡塔尔	1980	2253	7010	7621.2
也门	0	0	600	
伊朗	0	0	3600	
太平洋盆地	6260	7318	12720～13620	
美国	130	125	0	321.2
马来西亚	2080	3032	2200	
印度尼西亚	2300	2143	4150	1547.6
文莱	670	711	670	
澳大利亚	1080	1307	4740～5460	4146.4
俄罗斯	0	0	960	1022

2.2 LNG国际产业现状

2.2.1 典型国家LNG发展现状

2.2.1.1 日本LNG发展现状

日本是全球最大的LNG进口国之一，占到总贸易量的35%。日本的能源需求量在过去20年里稳步增长，而天然气消费的增长速度高于能源总消费的增长。由于日本政府鼓励天然气的消费，未来日本的天然气消费量会持续增长。2020年末，日本共建成LNG接收站34座（见图2-10～图2-13），储罐189个，储存能力达$1866.82\times10^4m^3$，LNG码头30座，共有LNG装卸船泊位38个，涉及管道、公路、铁路、水路等多种集疏运方式，建设规模居世界首位。2004年日本进口LNG 6000×10^4t，2010年进口LNG 6500×10^4t，2020年进口LNG 7443×10^4t，2022年进口LNG超过8000×10^4t。日本主要从印度尼西亚、澳大利亚、马来西亚、缅甸、卡塔尔等国家进口LNG。保障LNG供应成为日本政府的主要任务之一。日本的天然气需求主要分为工业用和民用两类，比例接近1:2，具体主要用于发电和城市燃气。日本城市燃气管道总长度为 $21.5×10^4$ km。该国城市燃气销售量2004年为$301×10^8 m^3$、2010年为$361×10^8 m^3$、2020年为$415×10^8 m^3$。由于日本引进LNG年代较早，LNG接收、汽化及管网系统较完善。近年来，由于人口递减，LNG的使用逐渐达到平衡。日本LNG年进口量虽然不断增加，但年均增速却在不断下降。日本的LNG进口价格主要为长期合同价格及早期采用的固定价格。现在为了减少原油价格对LNG的影响，日本的LNG进口主要采用S曲线。长期合同价格使日本获得了很好的收益。自近年LNG价格上涨后，日本的LNG进口价一直比美国和欧洲低，并没有过分受到油价影响，实现了进口商和供应商之间的互利。

图 2-10 日本北海道狩港 LNG 接收站

图 2-11 日本青森县野内宿 LNG 接收站

图 2-12 日本八户 LNG 接收站

图 2-13 日本仙台宫城县 LNG 接收站

2.2.1.2 美国 LNG 发展现状

美国是世界第一大天然气生产国和消费国，并正在成为世界重要的天然气出口国。2019年5月，已成为世界第三大LNG出口国，预计2025年将成为世界第一。2018年，美国天然气产量和消费量分别为$8318×10^8 m^3$、$8171×10^8 m^3$，天然气的净出口量为$72.8×10^8 m^3$，其中LNG的出口量为$284×10^8 m^3$，位居世界第四，排名在卡塔尔、澳大利亚和马来西亚之后。2020年，美国天然气产量和消费量持续增长，路易斯安那州萨宾帕斯LNG出口设施的产能增加以及马里兰州凹点LNG设施开始商业运营，使美国LNG的出口规模持续扩大。随着墨西哥湾沿岸的卡梅伦LNG、自由港LNG和佐治亚州的埃尔巴岛LNG设施的投产，LNG已成为美国天然气出口的重要组成部分。2018年，美国LNG的进口量为$20.66×10^8 m^3$（$2×10^8 ft^3/d$），管输天然气的进口量为

$800.54\times10^8\mathrm{m}^3$ ($77.5\times10^8\mathrm{ft}^3/\mathrm{d}$)。2019 年美国 LNG 的出口量上升到 $526.8\times10^8\mathrm{m}^3$ ($51\times10^8\mathrm{ft}^3/\mathrm{d}$),2020 年上升到 $702.41\times10^8\mathrm{m}^3$ ($68\times10^8\mathrm{ft}^3/\mathrm{d}$)。随着 2009 年页岩气的开采,美国本土天然气已供过于求,不再进口,价格也跌至 1 美元$/\mathrm{m}^3$ 以下。北美地区天然气除部分通过管道出口墨西哥外,主要通过 LNG 出口至拉丁美洲、欧洲和亚太市场。2015 年底,美国本土生产的第一船 LNG 将从 Sabine Pass 液化厂 1 号流水线下线,5 个 LNG 项目 2020 年前全部投产运行,产能为 $(8600\sim10600)\times10^4\mathrm{t}$。欧洲市场是美国 LNG 的主要出口市场。截至 2017 年 7 月美国在建与建成 LNG 出口站如表 2-10 所示。从美国 LNG 在欧洲地区的市场份额来看,2019 年上半年已从 2018 年的 2% 快速上升到 13%。到 2019 年 6 月,欧洲 LNG 进口市场中,美国 LNG 资源占比已达 34%,成为欧洲新增 LNG 供应的最大来源地。对于 2016 年才逐渐发展起来的 LNG 行业,美国 LNG 已迅速扩展到全球各个角落,2021 年出口达到 $6700\times10^4\mathrm{t}$,并成为继澳大利亚、卡塔尔之后的世界第三大 LNG 生产国。2023 年后,美国已成为世界出口 LNG 总量最大的国家。

表 2-10 截至 2017 年 7 月美国在建与建成 LNG 出口站一览表

序号	项目名称	状态	出口能力/($\times10^9\mathrm{ft}^3/\mathrm{d}$)	出口能力/($\times10^4\mathrm{t/a}$)
1	Kenai	建成	0.2	153
2	Sabine(T1,T2)	建成	2.1	1610
3	Sabine(T3,T4)	建成	0.7	537
4	Hackberry	建成	2.1	1610
5	Free Port	建成	2.14	1640
6	Cove Point	建成	0.82	629
7	Corpus Christi	建成	2.14	1640
8	Sabine Pass	建成	1.4	1073
9	Elba Island	建成	0.35	268

注:$1\mathrm{ft}^3=0.0283168\mathrm{m}^3$。

2.2.1.3 俄罗斯 LNG 发展现状

2023 年,俄罗斯成为世界第四大 LNG 出口国,仅次于卡塔尔、澳大利亚和美国。2019 年俄罗斯通过海运共出口了 $2860\times10^4\mathrm{t}$ LNG,占全球海运 LNG 的 7.7%。早在 2004 年,俄罗斯天然气工业股份公司(Gazprom,俄气)就提出建设什托克曼和波罗的海 LNG 项目,2006 年从壳牌公司和日本财团手中收购萨哈林-2 项目 51% 股权,2009 年萨哈林-2 第一条生产线投入生产。目前第二座 LNG 工厂 Artic LNG 2 地点位于 Gyda 半岛以东,与萨贝塔隔河相望。Artic LNG 2 项目建设 3 条 LNG 生产线,每条产能为 $660\times10^4\mathrm{t/a}$。随着其 LNG 产业的发展,俄罗斯有望成为世界最大的 LNG 生产和出口国之一。LNG 产业发展有助于巴伦支海、伯朝拉海、喀拉海、萨哈林岛等大陆架油气田加大开发力度。根据 2013 年《俄罗斯联邦天然气出口法》,赋予两类公司享有 LNG 出口权:第一类是持有 2013 年 1 月 1 日前颁发的联邦矿产资源开采许可证,并允许建立 LNG 工厂或将开采出来的天然气用于生产 LNG 的公司;第二类是持有开采大陆架区块许可证的国有资本超过50%的公司。此举结束了俄罗斯天然气工业股份公司（Gazprom，俄气）对天然气出口的垄断，使诺瓦泰克（Novatek）公司和俄罗斯石油公司（Rosneft，俄油）也享有了LNG出口权。包括极地LNG、波罗的海LNG、萨哈林-2扩建项目、伯朝拉LNG等项目，年产能达$6600×10^4$t。未来，俄罗斯在世界LNG市场所占份额有望从目前的4%～5%上升至15%～20%。这意味着俄每年将出口天然气$1000×10^8m^3$。俄罗斯于2018年出台2035发展战略，期待LNG产能达到$1×10^8$t/a（约$1320×10^8m^3$/a），约占全球增长需求的1/2。

（1）亚马尔LNG项目

亚马尔LNG公司包括诺瓦泰克（50.1%）、中国石油（20%）、道达尔（20%）、中国丝路基金（9.9%）4个股东。地处亚马尔半岛北极圈内。项目总投资270亿美元，融资190亿美元，该项目是俄罗斯政府增加LNG出口、推动北极地区发展的主要目标项目（见图2-14）。项目设计3条生产线，年产能$1650×10^4$t LNG和$100×10^4$t凝析油，后期增加第四条生产线，产能$100×10^4$t/a。气源来自为南塔贝斯克凝析气田，许可证有效期至2045年，主产区天然气可采储量为$1.38×10^{12}m^3$，气田的资源基础足以支持四条生产线的生产。2017年12月亚马尔LNG项目第一列工艺装置投产，2018年8月第二列工艺装置投产，2018年11月21日第三列工艺装置投产，标志着这个年处理$250×10^8m^3$（$1650×10^4$t）LNG和$100×10^4$t凝析油的中俄两国目前最大的经济合作项目全面建成投产。2019年，亚马尔LNG出口量达到$1860×10^4$t/a，已建造16艘冰级LNG运输船，83%运往欧洲，13%运往亚洲（主要是中国），占俄罗斯总出口量的65%。随着亚马尔LNG项目的成功，诺瓦泰克公司已成为一个真正的全球行业巨头，在未来，LNG产能接近全俄罗斯LNG产能的1/2，约为$5000×10^4$t/a。

图2-14 俄罗斯亚马尔LNG项目

（2）萨哈林-1 LNG项目

萨哈林-1区块位于俄罗斯东部萨哈林海域，包括柴沃、奥道普图和阿尔库图-达吉3个海上油气田，1996年签订产品分成合同，总投资超过120亿美元，共拥有$3.07×10^8$t石油储量和$4850×10^8m^3$天然气储量。区块面积179km²，离岸18～40km，水深7～63m，共计C1+C2级天然气储量$9610×10^8m^3$。项目一期产能为$500×10^4$t/a，可扩大到$1000×10^4$t/a（见图2-15）。截至2016年萨哈林-1累计产量超过$8200×10^4$t石油，天然气$190×10^8m^3$；2017年萨哈林-1区块生产天然气$18.9×10^8m^3$。2013年，俄油与埃克森美孚公司签署了建设萨哈林-1 LNG项目的协议,后被数次推迟,拟投资建设的时间是2019~2023年。萨哈林-1区块周边还可能有$1.76 \times 10^{12} \mathrm{m}^3$的勘探潜力,其中北柴沃(North Chaivo)气田ABC1级+C2级天然气储量为$129 \times 10^8 \mathrm{m}^3$,2014年开始投产,计划作为萨哈林-1 LNG项目的气源。

图2-15 俄罗斯萨哈林-1 LNG项目

(3) 萨哈林-2 LNG项目

萨哈林-2位于远东萨哈林岛东部大陆架,面积$945 \mathrm{km}^2$,水深50m,作业者是萨哈林能源投资有限公司,该公司的股权结构为俄气50%、壳牌27.5%、三井12.5%、三菱集团10%。该项目是俄罗斯第一个产品分成合同(1994年)项目,第一个向亚太与北美地区出口LNG的项目,也是俄境内最大的外资项目,第一个大型海上大陆架开发项目(见图2-16)。供气气田为龙斯克和皮里通-阿斯托赫斯克,这两个气田天然气可采储量为$5000 \times 10^8 \mathrm{m}^3$,石油可采储量为$1.5 \times 10^8 \mathrm{t}$。项目有3个海上开采平台,2个LNG工厂,最初设计年产$960 \times 10^4 \mathrm{t}$ LNG,后升级到$1080 \times 10^4 \mathrm{t/a}$。2009年第一条$480 \times 10^4 \mathrm{t/a}$的生产线投产,2011年第二条同样产能的生产线投产。2017年项目生产$1150 \times 10^4 \mathrm{t}$ LNG。2020年,俄罗斯"萨哈林-2"项目LNG产能为$1160 \times 10^4 \mathrm{t/a}$。该项目的LNG全部以长期合同形式销售,其中65%出售给日本,其余出售给韩国和北美等市场。

图2-16 俄罗斯萨哈林-2 LNG项目

(4) 北极LNG-2项目

该项目位于北极圈格丹半岛,是继亚马尔LNG项目后诺瓦泰克提出的第二个北极LNG项目(见图2-17),享受与亚马尔LNG项目同样的税收优惠政策,作业者为北极LNG-2公司。诺瓦泰克于2018年底完成该项目的预可行性研究,第一条生产线在

2022～2023年启动，第二条在2024年启动，第三条在2025年启动，每条生产线产能为$660×10^4 t/a$，总生产能力为$1980×10^4 t/a$。项目估计总投资240亿美元，测算内部收益率为16%，是一个有成本竞争力的项目。萨尔曼诺夫凝析气田为项目的气源地，该气田于1980年被发现，面积$2971 km^2$，许可证期限到2031年。气田ABC1+C2级天然气储量为$1.19×10^{12} m^3$，按照诺瓦泰克公司的设计，2026年达到高峰产能LNG $300×10^8 m^3/a$，凝析油$150×10^4 t/a$。

图2-17 俄罗斯北极LNG-2项目

(5) 符拉迪沃斯托克LNG项目

该项目位于符拉迪沃斯托克地区，规模达$1000×10^4 t/a$，原计划2018年第一条生产线（$500×10^4 t/a$）上线，2020年第二条（$500×10^4 t/a$）上线，受多种因素影响目前暂未上线。2014年，俄气（持股51%）曾与日本远东天然气公司（持股49%）商议成立合资企业，但谈判失败。俄气原计划于2018年开发萨哈林-3项目的南基林斯科耶气田，作为符拉迪沃斯托克LNG项目的气源之一，但由于南基林斯科耶气田列入受制裁清单，俄气搁置了该项目。未来潜在的稳定气源来自东西伯利亚的恰扬金和科维克金气田。恰扬金气田B1+B2级天然气储量超过$1.4×10^{12} m^3$，石油和凝析油约$7670×10^4 t$，是西伯利亚力量天然气管道的主要气源，方案产量$250×10^8 m^3/a$。科维克金气田C1+C2级天然气可采储量为$2.7×10^{12} m^3$，方案产量$250×10^8 m^3/a$，俄气可使用该气田的天然气作为符拉迪沃斯托克LNG项目和出口至中国的天然气管道气源，特别是项目后期或扩建阶段。

(6) 波罗的海LNG项目

该项目于2004年首次提出，工厂位于列宁格勒地区乌斯季-卢加港。2016年6月，俄气和壳牌公司签署了谅解备忘录，壳牌考虑收购该项目25%～35%的股份；2017年6月签署了建立合资企业的文件，项目再次延期至2023～2024年。天然气由俄统一供气系统提供，来自亚马尔半岛的鲍瓦年科气田，从西西伯利亚的古良佐夫输送到乌斯季-卢加港。来自西西伯利亚地区的原料气非常有竞争力，俄气LNG价格约为1.80美元/mmBtu❶，远低于2016年美国天然气平均价格（2.51美元/mmBtu）。2017年12月，俄能源部提出议案，允许俄气以协商价格向波罗的海LNG项目出售天然气，这将大大有助于提高项目的经济效益。2019年，壳牌退出波罗的海LNG项目。目前，德国林德和土耳其复

---

❶ mmBtu为百万英热单位，是英美等国家用来衡量热量的一种计量标准，$1mmBtu=1.055×10^9 J$。

兴重工已与俄气及其合作伙伴签署波罗的海 LNG 工程 EPC 合同。该天然气项目群包括 $450\times10^8\mathrm{m}^3/\mathrm{a}$ 天然气处理、$1300\times10^4\mathrm{t/a}$ LNG、$360\times10^4\mathrm{t/a}$ 乙烷和多达 $180\times10^4\mathrm{t/a}$ 的 LPG。该项目将成为俄罗斯最大的天然气处理厂，也是世界上产量最大的天然气处理厂之一（见图 2-18）。

图 2-18 俄罗斯波罗的海 LNG 项目

（7）伯朝拉 LNG 项目

伯朝拉 LNG 该项目位于俄西北部，靠近巴伦支海，最初由私人公司阿尔泰克运营，气源来自科姆金凝析气田和科诺维科什气田。这两个气田 C1+C2 级天然气储量为 $1643\times10^8\mathrm{m}^3$，凝析油为 $560\times10^4\mathrm{t}$。2015 年，俄油收购了该项目 51% 的股权，与阿尔泰克公司组成集团。该项目计划在因迪加港海上 3～5km 处使用浮式平台建设 LNG 工厂。如果该项目启动，则是俄罗斯欧洲部分最大的 LNG 工厂，具有国家战略意义。

2.2.1.4 澳大利亚 LNG 发展现状

澳大利亚天然气探明储量为 $11\times10^{12}\mathrm{m}^3$，居亚太地区首位，其中西澳占据 82%。2017 年 LNG 总产能达到 $5420\times10^4\mathrm{t}$。2020 年，澳大利亚对中国的 LNG 运输量上涨了 7.3%，达到 $3070\times10^4\mathrm{t}$。这同时推动 2020～2021 年澳大利亚对北亚的 LNG 出口创下了 $7240\times10^4\mathrm{t}$ 的纪录。在澳大利亚对北亚总价值 389×10^8 澳元的 LNG 贸易中，中国就包揽了约 156×10^8 澳元。近年来澳大利亚 LNG 项目蓬勃发展，除了 6 个已经建成的 LNG 项目以外，还有 9 个 LNG 项目处于规划与在建阶段。2021 年全部项目建成后，总产能达到 $1.2\times10^8\mathrm{t/a}$，目前已超越卡塔尔成为世界第一大 LNG 出口国。昆士兰有三个 LNG 项目进入生产状态，雪佛龙的 Gorgon 与 Wheatstone 两个项目已投产。埃克森美孚的澳大利亚 CNG 项目已于 2014 年第二季度启动。2017 年澳大利亚天然气产值为 3000 亿美元。2020～2021 年，LNG 出口为澳大利亚带来 440 亿美元的收入。Ustralia Pacific LNG（以下简称 APLNG）项目为中石化在澳大利亚投资的唯一一个 LNG 项目，该项目位于昆士兰州的柯蒂斯岛，原料气为煤层气，Origin 公司负责上游气源和输气管道的建设和运行，康菲公司负责 LNG 工厂的建设、运行、管理。项目初期计划修建两条液化生产线，液化技术采用康菲公司的流程，每条生产线产能为年产 $450\times10^4\mathrm{t}$ LNG。未来计划再修建两条液化生产线，最终达到年产 $1800\times10^4\mathrm{t}$ LNG。2011 年 4 月，中石化收购 APLNG 股份的 15%，参股该项目，并与 APLNG 签署为期 20 年、每年进口 $430\times10^4\mathrm{t}$ LNG 的购买协议。2012 年 7 月，中国石化斥资 11 亿美元增持

APLNG 股份至 25%。此外，中国石化承诺从 APLNG 进口 LNG 最终达到 760×10^4 t/a。中国石化在该项目投资总额为 850 亿美元。2017 年，澳大利亚最大煤层气生产商——箭头能源公司（Arrow Energy Company）宣布启动苏拉特（Surat）盆地亿吨天然气田开发项目，该天然气田是澳大利亚西北部最大的未开采气田之一，天然气储量 1416×10^8 m^3，而中国石油拥有箭头能源公司一半的股份，这表明中国石油将通过该项目开发扩大天然气进口。Ichthys LNG 项目的陆上处理设施是澳大利亚正在进行的最大建设项目之一。该陆上工厂位于北领地达尔文，预计每年生产 980×10^4 t LNG，每年生产 176×10^4 t LPG，峰值时每天生产超过 1.5 万桶凝析油。该装置由两列 LNG 列车（液化和 purif）组成。

（1）高更（Gorgon）项目

高更项目是世界上最大的 LNG 项目之一（见图 2-19），位于西澳大利亚西北海域的 Barrow 岛附近，距离西北海岸大约 130km。项目的股东由雪佛龙澳大利亚（47%）、壳牌澳大利亚（25%）、美孚澳大利亚资源（25%）、大阪天然气（1.25%）、东京天然气（1%）以及日本中部电力（0.417%）等公司组成，总投资为 540 亿美元。该项目于 2009 年 9 月开发建设，于 2017 年建成投产，产能为 1560×10^4 t/a LNG。项目共分三期完成，2016 年 3 月第一期投产，2016 年 10 月第二期投产，2017 年 4 月第三期投产。

图 2-19 澳大利亚高更（Gorgon）LNG 项目

（2）西北大陆架（Northwest Shelf）项目

西北大陆架 LNG 项目位于西澳大利亚州的鲁普半岛，于 1989 年第一次投产，2008 年 5 条生产线全部投产后总产能达到 1650×10^4 t/a。该项目是澳大利亚目前最大的 LNG 生产项目，由 6 个股东（伍德赛德、必和必拓、雪佛龙、日本三菱、日本三井和壳牌）分别持有 1/6（16.7%）的股份，伍德赛德（Woodside）为作业者。2003 年，该项目与韩国签订了 50×10^4 t/a 共计 7 年的中期供销合同。2006 年与中国广东省签订了 330×10^4 t/a 合同期为 25 年的供销合同，总价值约 25 亿澳元。

（3）普鲁托（Pluto）项目

普鲁托项目由 Pluto 和 Xena 气田组成，位于 Karratha 西北方向 190km 的海域，天然气储量约为 5×10^{12} ft^3，作业者为伍德赛德公司，股权为 90%，其他股份由东京天然气公司（5%）和日本关西电力公司（5%）持有。项目总投资约为 150 亿澳元。该项目规划三期。第一期于 2012 年 4 月份投产，年产量为 430×10^4 t，主要出口国家为日本、韩国和中国。由于缺乏足够的储量，第二期和第三期的扩建计划暂时搁置。

（4）惠斯通（Wheatstone）项目

惠斯通项目位于西澳大利亚州的皮尔巴拉（Pilbara）地区，Onslow 以西 12km 处，其天然气总储量约为 4.5×10^{12} ft^3，年产 890×10^4 t LNG。该项目的主要股东有雪佛龙（64.1%）、科威特国外石油勘探公司（13.4%）、伍德赛德石油公司（13.0%）、东京电力公司的非全资子公司 PE Wheatstone（8%）和九州电力（1.5%）。项目在 2011 年做出最终投资决定，截至 2016 年 2 月，项目总投资已上升至 330 亿美元，并于 2017 年正式投产。

（5）序曲（Prelude）FLNG 项目

壳牌序曲 FLNG 项目是世界在建的最大浮式 LNG 项目。气源为位于布鲁姆北部的 Prelude 和 Concerto 两个气田，预计天然气储量约为 3×10^{12} ft^3。项目的主要股东有壳牌（67.5%）、Inpex（17.5%）、韩国石油公司（10%）和海外石油投资公司（5%），总投资 120 亿美元。该项目采用了壳牌开发的浮式液化天然气（FLNG）技术，已于 2011 年完成最终投资决定，现已完成主要建设，并于 2017 年投产，年产 360×10^4 t LNG。该项目采用的 FLNG 装置长 488m、宽 74m，超过 60×10^4 t 排水量，预计船寿命为 25 年。

（6）布劳斯（Browse）项目

布劳斯项目位于西澳大利亚北部的布劳斯海洋盆地区域，距离布鲁姆（Broome）海岸北 425km，由三个气田（Torosa、Brecknok、Caliance）组成，约有 15.4×10^{12} ft^3 的天然气储量。伍德赛德石油公司是最大股东也是作业者（30.6%），其他合作伙伴有壳牌（27.0%）、BP（17.33%）、日本三菱三井合资公司（14.4%）以及中国石油（10.67%）。该项目初始计划采用在陆地建设 LNG 厂的方案，后经评估发现成本较高，加上环保组织反对，于是改用 FLNG 建设方案。2016 年该项目的前端工程设计结束后，伍德赛德公司宣布，鉴于目前世界经济形势低迷，油价过低，放弃 FLNG 方案。目前，该项目还在论证下一步的商业方案。

（7）Sunrise 项目

Sunrise 项目位于达尔文西北约 450km 的东帝汶海域，天然气储量约为 5.13×10^{12} ft^3。该项目的主要股东有伍德赛德公司（33.44%）、康菲公司（30%）、壳牌（26.56%）和大阪天然气公司（10%）。伍德赛德公司经过前期评估，认为东帝汶经济不发达，有经验的工人较少，基础设施匮乏，没有当地依托，若采用陆地建设 LNG 工厂的方式，费用较高，因此力主通过 FLNG 方案来开发该项目。但是东帝汶政府认为 FLNG 方案大部分工作量发生在第三国，对于东帝汶的经济和就业贡献有限，同时东帝汶政府担心 FLNG 船在海上容易成为恐怖分子的攻击目标，因此坚决反对 FLNG 方案。伍德赛德公司和东帝汶政府进行了多轮磋商，但是未就 Sunnise 项目开发方案达成一致，项目目前暂缓开发。

(8) 依稀（Ichthys）项目

Ichthys 项目位于布鲁姆（Broome）北部 440km 的 Browse 海洋盆地，天然气储量约为 $12.8 \times 10^{12} \mathrm{ft}^3$。日本国际石油开发公司（Inpex）担任作业者，股权为 62.245%，其他合作伙伴有道达尔公司（30%）、台湾中油股份有限公司（2.625%）、东京天然气（1.575%）、大阪天然气（1.2%）、日本关西电力公司（1.2%）、中部电力公司（0.735%）和东邦燃气公司（0.42%）。项目总投资达 340 亿美元。该项目开采的天然气通过一条长度为 889km 的管道运至达尔文陆上工厂进行生产，项目于 2012 年做出最终投资决定，于 2017 年投产，设计 LNG 产能为 $890 \times 10^4 \mathrm{t/a}$。

(9) 柏斯（Scarborough）项目

Scarborough 气田发现于 1979 年，位于 Carnarvon 盆地，距离海岸线 220km，天然气储量为 $(8 \sim 10) \times 10^{12} \mathrm{ft}^3$。项目初始由埃克森美孚和必和必拓公司组成 50∶50 的联合体共同开发，埃克森美孚是作业者。埃克森美孚倾向于采用 FLNG 方案来开发该项目，但因当前油价偏低，经济性很难保证而暂缓。2016 年伍德赛德公司宣布购买 Scarborough 项目必和必拓公司 50% 的股份，表达了将该项目的天然气经海底管线为其西北大陆架和普鲁托项目供气的意愿。由于伍德赛德的收购还未完成，目前该项目股东还未就商业方案达成一致。

(10) 波拿巴（Bonaparte）项目

波拿巴项目位于达尔文以西，天然气储量约为 $1.5 \times 10^{12} \mathrm{ft}^3$，由 GDF Suez（60%）和桑托斯（Santos，40%）两家共同建设。项目原计划建设产能为 $200 \times 10^4 \mathrm{t/a}$ 的浮式 LNG 装置，2013 年进入前端工程设计，2014 年进行最终投资决定，计划于 2018 年投产。2014 年 6 月，项目宣布由于非技术原因放弃 FLNG 技术，考虑采用别的方案来开发。

(11) 昆士兰柯蒂斯（Queensland Curtis）项目

昆士兰柯蒂斯 LNG 项目，采用煤层气作为原料气（见图 2-20、图 2-21）。项目最初由 BG 公司组建，2009 年中国海油（10%）和东京燃气公司（Tokyo Gas，2.5%）参股后成为合作伙伴，总投资 340 亿美元。该项目拥有 2 条生产线，年产能 $850 \times 10^4 \mathrm{t}$，分别于 2014 年中期以及 2015 年下半年正式投产。目前，该项目已与中国海油、东京燃气公司、日本中部电力公司以及 BG 签署了采购协议，其中中国海油为最大的买家，合同总量达 $6930 \times 10^4 \mathrm{t}$，占总产量的 51%。

(12) 太平洋（Australia Pacific）项目

位于昆士兰州柯蒂斯岛的澳大利亚太平洋 LNG 项目（亦称为 APLNG 项目）成立于 2008 年 10 月。项目最初由澳大利亚 Origin 公司和康菲公司联合运作，2011 年中国石化进入该项目，获得 15% 的股份，Origin 与康菲公司各占 42.5% 的股份。项目总投资 370 亿美元，包含两条年产量为 $420 \times 10^4 \mathrm{t}$ 的生产线，分别于 2016 年和 2017 年的第一季度投入使用。该项目 LNG 产品主要销售给日本、中国、韩国等国家，目前，中国石化已与 APLNG 签订购销协议，销售期为 20 年。

图 2-20　澳大利亚昆士兰柯蒂斯 LNG 项目图

图 2-21　澳大利亚昆士兰柯蒂斯 LNG 工厂码头俯瞰图

（13）惠特斯通（Wheatstone）项目

Wheatstone LNG 项目储量 $4.5×10^8 ft^3$，总投资 350 亿美元。项目作业者为雪佛龙公司，拥有 64.1% 的股份，阿帕奇公司（13%）、东京电力公司（8%）、科威特海外石油勘探公司（7%）和壳牌公司（6.4%）拥有剩余股份。项目修建两条液化生产线，年产能 $890×10^4 t$，并将于 2016 年 7 月投产。该项目生产 91% 的 LNG 主要供应日本市场，分别与东京电力、九州电力、中部电力以及东北电力等公司签订购销协议，预计采购总量 $1388×10^4 t$。

（14）澳大利亚 Ichthys LNG 项目

澳大利亚 Ichthys LNG 项目储量约 $12.8×10^{12} ft^3$（$1 ft^3 = 0.0283168 m^3$），由日本国际石油开发公司（INPEX，76%）和道达尔公司（Total，24%）合资运作。该项目投资 430 亿美元，计划修建两条产能为 $420×10^4 t/a$ 的液化生产线。届时，项目每年将生产 $840×10^4 t$ LNG 及 $160×10^4 t$ 液化石油气。根据已签署的采购协议，该项目 LNG 产品主要供应给日本多家电力公司，合同期内总供应量为 $8090×10^4 t$，占项目总产量的 68%；台湾中油公司合同期内获得 $2490×10^4 t$，占总产量的 21%；Total 公司将获得余下的 11% 的 LNG，共计 $1280×10^4 t$。

2.2.1.5　卡塔尔 LNG 发展现状

卡塔尔的天然气工业起步比较晚，但其发展速度比较快。卡塔尔对外贸易的主要航线有 3 条，分别是马六甲航线、苏伊士航线、地中海航线，其中最便捷的是苏伊士航线，其运输船 MOZAH 号见图 2-22。伴随 LNG 贸易的发展，卡塔尔已建成世界上最大的天然气贸易港。卡塔尔制定了欧、美、亚太三分天下的 LNG 出口策略，并坚持 LNG 与原油等热值的价格策略。卡塔尔是全球主要的天然气出口国和生产国之一，还是全球最大的 LNG 生产国和出口国之一。2016 年卡塔尔出口 LNG 约 $7720×10^4 t$，出口量占据全球市场 30% 的份额。卡塔尔 LNG 工厂如图 2-23 所示。

图 2-22　LNG 运输船 MOZAH 号

图 2-23　卡塔尔 LNG 工厂

2018 年,在全球最大 LNG 液化产能地位被澳大利亚超越之后,卡塔尔于 2019 年底宣布再建两条大型 LNG 生产线,其 LNG 产能将在 2027 年达到每年 $1.26×10^8$ t,重回全球行业领军地位。为优化 LNG 出口业务,卡塔尔石油公司早在 2018 年即对其旗下卡塔尔天然气运营公司(Qatar Gas)和拉斯拉凡天然气公司合并重组,新成立卡塔尔天然气公司,统一经营天然气业务。该公司 2018 年出口天然气 $1048×10^8 m^3$,运营 14 条 LNG 生产线,年产能共计 $7700×10^4$ t,是全球最大 LNG 生产商。2020 年卡塔尔石油公司宣布,将在未来 10 年之内建造超过 100 艘 LNG 船,以支持其最大气田——北方气田 LNG 产能扩建项目。近年来,卡塔尔不断扩大其 LNG 生产能力,引领中东乃至全球天然气产业发展的雄心愈发明显。据 CEDIGAZ 预测,到 2040 年卡塔尔将重回全球最大 LNG 出口国位置,其 LNG 供应量占全球比重约为 21%。卡塔尔还与埃克森美孚、壳牌、道达尔等国际大石油公司合作密切,埃克森美孚在 12 条卡塔尔 LNG 生产线中占有股权,权益产能达到每年 $1530×10^4$ t。卡塔尔石油公司与埃克森美孚以 7∶3 的股比参与投资美国 Golden Pass LNG 项目,该项目 LNG 出口能力约 $1600×10^4$ t/a。卡塔尔与中国的天然气合作当前处于机遇期,两国天然气合作仅集中在天然气贸易领域。2018 年,卡塔尔出口给中国 $127×10^8 m^3$ LNG,占天然气总进口量的 1/10。2021 年 2 月,卡塔尔石油公司(Qatar Petrol)批准了北部油田东(NFE)项目,耗资 287.5 亿美元,该项目将把卡塔尔的 LNG 年产能从 $0.77×10^8$ t 提高到 $1.1×10^8$ t。

2.2.2　全球 LNG 市场现状

由于石油、煤炭的价格持续上涨,环境污染问题日趋严重,寻求能源多元化供求的要求日趋迫切。LNG 作为一种优质、高效、方便的清洁能源和化工原料,具有巨大的资源潜力。世界各国对 LNG 的开发利用也日益重视,目前已进入高速发展时期。当前,石油、煤炭、天然气在全球一次能源消费中,分别占 37.5%、25.5% 和 24.3%,天然气的比例已接近煤炭。LNG 是当今世界发展最快的燃料,自 1980 年以来,以每年 8% 的速度增长。与此同时,天然气占世界能源消耗的比重稳步上升,虽仍低于石油,但天然气的重要性在趋强。世界 LNG 工业正处于大发展时期,LNG 已成为世界上贸易量增长最快的一次能源。在我国,扩大对 LNG 的利用,可起到弥补石油资源不足、保证能源供应多元化、逐步提高我国环境质量的作用。在日本、韩国,LNG 成为主要能源；美国的LNG比例在15年内从1%增长到30%，LNG已成为一个专业化、社会化、国际化的产业。现在，LNG贸易无论是从数量增长还是从全球分布来看，都进入了一个重要的新阶段。全球LNG供应能力将从2007年1.96×10^8 t增长到2011年2.84×10^8 t，至2020年达到4.5×10^8 t。据IEA（国际能源署）预测，到2030年天然气贸易量的一半将是LNG。LNG已成为油气生产和贸易中增长最快的商品。国际LNG贸易范围在不断扩展。世界上LNG进口国和地区有日本、中国、美国、比利时、法国、意大利、西班牙、韩国、中国台湾等；出口国和地区有美国、特立尼达和多巴哥、阿尔及利亚、利比亚、尼日利亚、卡塔尔、阿联酋、澳大利亚、文莱、印度尼西亚、马来西亚等。2000年以来，世界上每年都有新增LNG进出口国和地区。预计全球的LNG需求到2030年会增长2倍。

LNG的年均增长率高于全球一次能源消费产量和管道出口量的增长率。2010~2019年，全球LNG贸易量总体增长，且占全球天然气贸易量的比重也不断提升。2019年，全球LNG贸易量达4850×10^8 m^3，占比提升至38%；同时，管道天然气的贸易量占比总体下降，2019年贸易量为8015×10^8 m^3。综合来看，全球天然气贸易市场仍以管道天然气为主，但是LNG的贸易比重不断提升，重要性也日益凸显。

随着LNG液化技术的进步和运输成本的降低，LNG贸易正向更加灵活、对市场信号反应更加灵敏、更能体现市场自由化和经济自由化的趋势发展。首先，贸易经营权限发生变化，注重改善买方补贴权利，降低贸易经营风险。其次，贸易长期合同与短期合同并存，买方销售对象出现多元化。最后，贸易定价机制实现区域燃气参考定价。

2.2.3　LNG进出口现状

2.2.3.1　LNG出口现状

2018年，澳大利亚Wheatstone项目以及Ichthys项目开始运营，此外GLNG、Gorgon等项目的接近满负荷率的生产，导致澳大利亚同比增长1220×10^4 t；随着Sabine Pass LNG项目第三条、第四条生产线的全部投产，以及Cove Point项目的投产，美国实现了其预期增产，产量同比增长近820×10^4 t；俄罗斯则继续扩大亚马尔项目的产能，2号和3号生产线相继投产，进一步提升了俄罗斯LNG出口能力。

2019年，全球LNG出口量排名前三的国家是卡塔尔、澳大利亚和美国，出口量分别为1070×10^8 m^3、1047×10^8 m^3和475×10^8 m^3。出口增量来看，2019年排名前三的国家分别是美国、俄罗斯和澳大利亚，LNG出口增量分别为189×10^8 m^3、144×10^8 m^3和129×10^8 m^3。

2015年卡塔尔以7720×10^4 t/a连续第10年占据LNG全球出口量第一位，但其市场占有率近年来持续下降，跌至28%。2015年澳大利亚以5180×10^4 t/a排在出口量全球第二位。2020年，澳大利亚出口7800×10^4 t（表2-11），目前超过卡塔尔已排名出口第一。美国已由LNG进口国变为LNG出口国（表2-12）。

表 2-11 LNG 出口量状况　　　　　　　　　　　　　单位：10^4 t/a

国家	2005 年	2006 年	2007 年	2008 年	2009 年	2010 年	2013 年	2015 年	2020 年
卡塔尔	2220	2570	3040	3110	4670	6750	7720	7720	7713
印度尼西亚	2940	2840	2640	2640	3400	3190	3190	3510	3630
尼日利亚	1000	1680	1810	2180	2220	2220	2790	4280	6410
澳大利亚	1190	1430	1510	1550	1950	1950	2630	5180	7800
阿尔及利亚	1990	1990	1990	1990	1990	1990	2640	2910	2910
马来西亚	2270	2270	2330	2370	2410	2450	2450	2450	2385
特立尼达	1010	1450	1530	1530	1530	1530	1530	1530	1530
埃及	750	1240	1240	1240	1240	1240	1240	1750	1750
俄罗斯	0	0	0	0	640	960	960	1440	2940
阿曼	740	1090	1090	1090	1090	1090	1090	1090	1090

表 2-12 2021 年 LNG 出口最多的前四位国家

排序	国家	出口量/Mt	占全球总量比例/%	2020 年/2019 年比例/%
1	澳大利亚	78.00	21.8	3.2
2	卡塔尔	77.13	21.7	−0.9
3	美国	44.76	12.6	32.6
4	马来西亚	23.85	6.7	−0.9

2.2.3.2 LNG 进口现状

在进口市场方面，2020 年，全球 LNG 进口量排名前三的国家分别为日本（$1055 \times 10^8 m^3$）、中国（$848 \times 10^8 m^3$）和韩国（$556 \times 10^8 m^3$）；LNG 进口增量排名前三的国家分别为中国（$113 \times 10^8 m^3$）、英国（$109 \times 10^8 m^3$）和法国（$101 \times 10^8 m^3$）。具体状况见表 2-13 和表 2-14。不论是进口量还是进口增量，中国在全球 LNG 进口贸易中的地位都十分显著。2017 年以来，天然气的汽液化能力也是越来越强，逐年增加。世界上 LNG 的产量持续快速增长，其占天然气地区间贸易的比例从 1970 年的 0.3% 增加到 2004 的 26.2%，预计到 2030 年将占 50% 左右。

在进口需求方面有关数据显示，2010~2019 年，全球 LNG 需求量呈总体上升趋势。2017 年，全球 LNG 需求量为 2.9×10^8 t；2019 年，LNG 需求量已突破 3×10^8 t。结合 LNG 的产量来看，进入 2021 年后，全球 LNG 市场正在从供大于求向供不应求的方向发展。

表 2-13 LNG 进口量状况　　　　　　　　　　　　　单位：10^4 t/a

国家或地区	2005 年	2006 年	2007 年	2008 年	2009 年	2010 年	2015 年	2020 年
日本	5810	6230	6690	7010	7140	7250	7570	7443
美国东部	1280	1180	1570	740	960	1230	4670	6920
韩国	2230	2520	2570	3020	3060	3260	4100	4081
西班牙	1730	1910	1900	2250	2640	2940	3400	3810

续表

国家或地区	2005年	2006年	2007年	2008年	2009年	2010年	2015年	2020年
英国	40	260	100	180	800	1320	2000	3720
法国	950	1010	960	1090	1420	1620	1870	2730
印度	460	620	780	860	740	920	1190	2663
意大利	180	230	170	220	610	880	1020	1490

表 2-14 2020 年 LNG 进口最多的前四位国家

排序	国家	进口量/Mt	占全球总量比例/%	2020年/2019年比例/%
1	日本	74.43	20.9	−3.2
2	中国	68.91	19.3	11.7
3	韩国	40.81	11.5	1.7
4	印度	26.63	7.5	11.0

亚太地区依然是全球 LNG 进口量最大地区，进口总量占全球的 50.3%，其中，日本、中国、韩国为 LNG 全球进口前三位（表 2-15、表 2-16）。由于中国 LNG 进口量的快速增长及欧洲地区用于发电的 LNG 进口量持续反弹，日本与韩国的市场占有率连续出现波动。在中国煤改气政策的驱动下，2017 年中国的进口增量已达 1270×10^4 t/a，进口总量为 3950×10^4 t/a，超过韩国，居世界第二位；2021 年进口超过日本，达到世界第一。西班牙、葡萄牙、法国等国由于国内核电和水力发电量降低而开启燃气电厂使得 LNG 进口量上升，而欧洲西北部则持续减少 LNG 进口量，以英国为例，进口量下降。

表 2-15 亚太国家历年 LNG 进口量状况　　　　　　　单位：$10^8 m^3$

年份	日本	中国	韩国	贸易总量
2008年	921.3	44.4	365.5	1331.2
2009年	859.0	76.3	343.3	1278.7
2010年	934.8	128.0	444.4	1507.2
2011年	1070	166.0	493	1729
2012年	1188	200	497	1885
2013年	1190	245	542	1977
2014年	1206	271	511	1988
2015年	1180	262	437	1879
2016年	1085	343	439	1867
2017年	1139	526	513	2178
2018年	1130	735	602	2467

表 2-16 2018 年亚太国家 LNG 进口量　　　　　　　单位：Mt

国家和地区	日本	中国	韩国
安哥拉	0.20	0.52	0.27
埃及	0.13	0.18	0.22

续表

国家和地区	日本	中国	韩国
赤道几内亚	0.12	0.67	0.06
尼日利亚	1.34	1.13	0.47
挪威	0.13	0.26	0.13
特立尼达和多巴哥	0.12	0.38	0.18
美国	2.50	2.16	4.57
阿曼	3.08	0.51	4.27
卡塔尔	10.03	9.29	14.15
澳大利亚	28.45	23.14	7.90
文莱	4.20	0.21	0.77
印度尼西亚	5.09	4.89	3.52
马来西亚	11.29	5.99	3.67
巴布亚新几内亚	3.14	2.49	0.08
秘鲁	0.56	0.06	0.97
俄罗斯	6.82	1.15	2.05

2.2.4 LNG汽化液化现状

2.2.4.1 LNG汽化能力现状

近年来，全球LNG汽化能力进一步增长，中国、埃及、法国、马来西亚、巴基斯坦、韩国及土耳其，均有新建成的LNG接收站投入商业运营。截至2018年3月，全球总汽化能力达到8510×10^4t/a，较上年增加450×10^4t/a，同比增长5.6%，LNG汽化装置平均开机负荷率约为35%。同期在建的12个陆上接收站、7个海上浮动接收站及8个扩建接收站将使汽化能力增加8770×10^4t/a，其中涵盖位于中国的7个新建和4个扩建接收站项目，共计2730×10^4t/a的新增汽化能力。2020年全球在建LNG项目的年汽化能力1.44×10^8t。其中，33个新建接收站的汽化能力共计9280×10^4t/a，已建接收站扩建后，汽化能力共计将增加5100×10^4t/a。

截至2023年11月，我国LNG工厂产能为1.8×10^8m³/a，相比2022年末产能增加了12.86%，增幅为近7年来最高水平。受疫情影响，中国一些接收站的汽化能力扩大工程或将推迟完成；南亚地区接收站所配套的管道基础设施建设也将推迟。印度正在建设5个汽化能力共计2000×10^4t/a的新接收站；到2025年，荷兰、波兰、法国、希腊和英国的接收站扩建项目完成后，将增加1300×10^4t/a的汽化能力。未来几年内，中国的天然气需求将保持高速增长，管道进口天然气增量无法满足市场增量，因此，LNG进口量和汽化能力也将随之快速增长。预计截至2025年，中国LNG接收站汽化能力将比2023年增长16%。

2.2.4.2 LNG液化能力现状

截至2021年8月，全球LNG加工厂液化总能力达到5×10^8t/a，同比增长7%，增长量主要来自澳大利亚和美国的 LNG 工厂扩建投产，开机负荷率达到 84%。同期正在建设中的 LNG 液化能力可达 9200×10^4 t/a，提议建设并开展或已完成预算可行性研究的 LNG 工厂液化总能力可达 8.76×10^8 t/a，其中超过 2/3 的液化能力约 5.91×10^8 t/a 源于美国（3.36×10^8 t/a）和加拿大（2.55×10^8 t/a）。在美国阿拉斯加 LNG 工厂将达到 2000×10^4 t/a，其余绝大多数新建 LNG 工厂位于墨西哥湾海岸区，由于其相对较低的天然气开采成本，目前该区域 LNG 工厂出口至中国的 LNG 成本到岸价格为 7~8 美元/mmBtu。加拿大提议建设的 LNG 工厂则大部分位于其西海岸的英属哥伦比亚区。

截至 2023 年全球 LNG 工厂液化总能力增长 28%，其中，由于"页岩气"推动，美国 LNG 液化能力将增长 200% 以上。目前全球液化能力仍处于从 2016 年开始的扩建浪潮中，受 LNG 产能增长的驱动影响，澳大利亚、美国、俄罗斯三国在建项目产能占全球总在建项目产能的 70% 以上。2016 年全年产能达到 3.93×10^8 t，产能增加 3620×10^4 t（其中有 560×10^4 t 退役产能），同比增长 6.5%。2019 年新增 10 个 LNG 出口终端项目，共有 11 条生产线投产，新增产能 3781×10^4 t/a，同比增长 21.4%。

2.2.5 LNG 生产能力现状

2.2.5.1 全球 LNG 产能现状

世界 LNG 的产量持续快速增长，其占天然气地区间贸易的比例不断增长，预计到 2030 年将占 30% 左右。2004 年，全球 LNG 的产能为 16640×10^4 t/a，其中东南亚-大洋洲、非洲和中东地区分别占 45.7%、24.4% 和 23.2%。印度尼西亚和马来西亚在 2010 年是世界 LNG 产能最大的两个国家。从 2005~2010 年在建或拟建的 LNG 生产线来看，世界 LNG 将迎来新的发展，2010 年，新增产能达到 19280×10^4 t/a。同时，世界三个主要 LNG 生产地区的产能将更加接近，但东南亚-大洋洲地区仍然领先，占世界总产能的 33.9%，而卡塔尔已在 2010 年左右与印度尼西亚一同成为世界前两位的 LNG 生产国。据国际天然气研究中心和美国东西方中心的资料，截至 2003 年，全球 12 个国家已投产 28 座 LNG 工厂，总生产能力达 13779×10^4 t/a，2004 年新建和扩建增加生产能力 3100×10^4 t/a，2005 年再增 3500×10^4 t/a，2009 年世界 LNG 总生产能力达到 2.04×10^8 t/a，亚洲占世界产能的 48.5%，全球计划和在建能力达 $(2.03~2.91)\times10^5$ t/a。2012~2017 年，全球 LNG 产量逐年增长，2012 年全球产量约为 2.57×10^8 t，2017 年全球 LNG 产量增加到 3.57×10^8 t，全球 LNG 产量在 6 年内增加了整整 1×10^8 t/a。这主要是由于各国政府出于保护环境而大力推进环保能源，从而加大了对 LNG 等能源的需求，进而推动了全球 LNG 产量的上涨。根据相关数据（表 2-17），2018 年全球 LNG 贸易量首次超过 3×10^8 t，2021 年达到了 3.723×10^8 t。我国天然气的生产和消费近年来发展迅速，但生产量小于需求量的趋势已经凸显。为了解决天然气资源问题，我国几大石油公司在沿海地区布点建设 LNG 接收站。

表 2-17　2015～2021 年全球 LNG 关键数据

项目	2015 年	2016 年	2017 年	2018 年	2019 年	2020 年	2021 年
全球 LNG 贸易量/Mt	245.2	263.6	289.8	313.8	354.7	356.1	372.3
出口国数量/个	19	19	19	20	21	20	19
亚洲需求占全球 LNG 总量/%	72.0	73.0	72.9	76.0	69.0	71.0	73.2
全球总液化能力/($\times 10^6$ t/a)	308	340	365	406	426.6	454	462
全球总液化储存能力/m^3	56072416	60829676	63266276	66924902	68729300		
全球总汽化能力/($\times 10^6$ t/a)	777	830	850	868	919.7	947	993
LNG 服役船数/艘	449	478	511	563	601	642	700
包括:FSRU/艘	23	24	28	33	37	43	48
储罐 50000m^3 以下运输船/艘	28	30	38	44	44	58	64
FSRU 载货容积/($\times 10^4 m^3$)	347	360	430	500	570	640	
船运设计服役容量/m^3	6460	6930	7390	8310	8970	9520	10410
船运实际服役容量/m^3	6330	6470	6990	7960	8610	9340	10300

2.2.5.2　产地 LNG 产能现状

目前，世界 LNG 主要产地集中在非洲、中东、东南亚、北美、俄罗斯等主要区域，全球 LNG 生产能力均在大幅提升。1972 年文莱建设了第一条 LNG 生产线。1997 年印度尼西亚东加里曼丹 LNG 输运至日本。1981 年马来西亚建成 LNG 工厂并对外出口。1990 年，澳大利亚建成 LNG 工厂并对外出口。20 世纪 90 年代，东南亚地区的 LNG 出口量已达 $500\times 10^8 m^3$，占世界总出口量的 66%。进入 21 世纪后，LNG 出口总量达到 $890\times 10^8 m^3$，占世界的 50%，印度尼西亚和马来西亚 LNG 的出口量分别占世界第一、第二位。中东 LNG 起源于 1977 年阿联酋阿布扎比 LNG 工厂投产。1997 年，卡塔尔建成 LNG 工厂并出口。2000 年，阿曼建成 LNG 工厂出口 LNG，非洲的阿尔及利亚是非洲第一个生产 LNG 的国家。1961 年，阿尔泽（Arzew）LNG 工厂建成并向英国输运 LNG。2000 年前后，陆续有利比亚、尼日利亚、埃及等相继生产 LNG，非洲 4 国的 LNG 生产能力达到了 5600×10^4 t 以上。2018 年是全球 LNG 贸易的又一个强劲增长年，全球 LNG 贸易量连续五年保持较快增长，并创下 3.165×10^8 t 的历史新高，同比增加 2820×10^4 t，增幅达到 9.8%，成为自 2010 年以来的最高年度增幅。全球 LNG 出口国增加到 19 个，进口国家增加到 36 个。2018 年，LNG 在全球天然气贸易量中的占比达到 10.7%。从全球各国的 LNG 产能来看，LNG 液化能力为 4.32×10^8 t/a。澳大利亚液化出口能力于 2018 年超过卡塔尔，液化能力为 8420×10^4 t/a。卡塔尔为 7700×10^4 t/a。美国居第三位，液化能力为 4205×10^4 t/a。马来西亚为 3050×10^4 t/a。俄罗斯为 2800×10^4 t/a。全球新增液化能力主要集中在美国、俄罗斯和澳大利亚，其中美国占全球新增产能比重超过 60%。2020 年，全球 LNG 液化能力为 4.53×10^8 t/a，主要来自美国的液化装置投产。在 LNG 海运方面，截至 2020 年底，全球有 572 艘 LNG 运输船投入运营，包括 37 艘 FSRUs 和 4 艘 FSUs。2020 年，全球交付 35 艘 LNG 运输船，其中 34 艘采用薄膜型围护系统，23 艘采用 X-DF 双燃料主机推进。2021 年底，新增再汽化能力 $7230 \times 10^4 \text{t/a}$。

2.3 本章小结

主要讲述了 LNG 在国际上的百年发展历程，主要包括 LNG 研发及工业化尝试、LNG 示范及工业化开启、LNG 实施及工业化规模、LNG 快速发展及工业化成熟、LNG 优化及工业化提升等阶段，以及 LNG 国际产业发展现状，主要包括典型的 LNG 生产国现状及全球 LNG 市场现状、进出口贸易现状、汽化液化现状、生产能力现状等。其中，重点讲述了开始于 20 世纪 60 年代的 LNG 第一发展阶段，包括大型 LNG 液化装置的建设、大型 LNG 远洋船舶的建造、大规模 LNG 远洋贸易及大规模商业化输运历程，以及 70 年代后开始的第二阶段，包括 LNG 工业项目规模发展及贸易逐渐扩大阶段等。其次对国际上 LNG 生产应用具有代表性的澳大利亚、卡塔尔、俄罗斯、日本、美国等几个国家的现状等进行了阐述。随着现代工业及城镇现代化的发展，LNG 作为一种清洁高效能源，备受世界各国关注，研究和开发 LNG 新技术，发展 LNG 现代工业已成为世界各国关注的焦点。

参 考 文 献

[1] 张宝隆. 世界 LNG 贸易现状和上海 LNG 发展的前景 [J]. 上海煤气，2003 (6)：27-32.
[2] 姚震，吕东梅. 西澳大利亚液化天然气项目现状及前景 [J]. 国际石油经济，2016，24 (11)：38-44.
[3] 孙文. 2017 年全球液化天然气市场回顾与展望 [J]. 国际石油经济，2018，26 (4)：46-52.
[4] 孙文. 2018 年全球液化天然气市场回顾与展望 [J]. 国际石油经济，2019，27 (4)：78-87.
[5] 孙文. 2019 年全球液化天然气市场回顾与展望 [J]. 国际石油经济，2020，28 (6)：83-94.
[6] 刘朝全. 2019 年国内外油气行业发展报告 [M]. 石油工业出版社，2020.
[7] 张春宝，边立婷. 美国 LNG 出口态势及竞争力分析 [J]. 化学工业，2018，36 (1)：31-37.
[8] 高华. 美国 LNG 出口项目现状及前景 [J]. 国际石油经济，2015，23 (10)：62-67，85.
[9] 刘琨，刘小琦，王京. 俄罗斯液化天然气产业现状和发展前景 [J]. 国际石油经济，2018，26 (9)：54-65.
[10] 姚震，吕东梅. 西澳大利亚液化天然气项目现状及前景 [J]. 国际石油经济，2016，24 (11)：38-44.
[11] 庞名立. 2021 年全球 LNG 关键数据 [EB/OL] 中国电力网，2021-11-23
[12] 王馨悦. 2019 年全球天然气市场回顾与展望 [N]. 中国石油报，2019-12-31 (4).
[13] 王能全. 全球天然气发展现状与展望 [C]. 国际清洁能源产业发展报告 (2019)，2019：212-235，589-590.
[14] 佚名. 卡塔尔誓言夺回全球 LNG 市场主导权 [J]. 中国石油企业，2021 (6)：40.
[15] 田欣，张亚灵. LNG 产业现状和发展趋势 [J]. 化工管理，2013 (12)：246.
[16] 赵国洪. LNG 国际供需发展格局及进口策略探析 [J]. 天然气与石油，2021，39 (2)：124-128.
[17] 黄献智，杜书成. 全球天然气和 LNG 供需贸易现状及展望 [J]. 油气储运，2019，38 (1)：12-19.
[18] 2021 年全球 LNG 关键数据 [EB/OL]. http://www.chinapower.com.cn/qtsj/20211123/117793.html.
[19] 吕淼. 转型的一年：2015 年亚太地区 LNG 市场回顾 [J]. 能源，2016 (9)：90-92.
[20] 前瞻产业研究院. 中国 LNG 接收站行业市场前瞻与投资战略规划分析报告 [R].
[21] 前瞻产业研究院. 2020 年全球 LNG 行业供需现状分析 [R].
[22] 程劲松，白兰君. 世界液化天然气工业发展综述 [J]. 天然气工业，2000 (3)：101-105.

第 3 章

液化天然气国内发展现状

由于 LNG 环保性能非常优越，且具有高效经济、安全可靠等特点，所以 LNG 在资源竞争中，成为发展最快、前景最优的清洁燃料。目前国内已建成大中小 LNG 工厂 120 多座，沿海地区已建成大型 LNG 接收站近 30 座。而我国 LNG 产量的提升以及不断增加的进口量与我国天然气的消费量息息相关。未来，随着节能减排力度的不断加强，能源结构的不断调整，LNG 的需求仍然呈现快速增长趋势。总体上，中国 LNG 工业化发展起步较晚，真正工业化应用及开发始于 2000 年前后，发展速度飞快，应用规模不断扩大，目前进口总量已超越日本，排名世界第一，但在成套液化技术及核心装备领域与国外的大规模工业化过程还有很大的差距，还有很大的发展空间。

3.1 中国 LNG 产业发展

3.1.1 LNG 产业发展历程

中国 LNG 产业的发展经历了从无到有、由小到大、从弱到强的一个曲折历程。早在 20 世纪 60 年代初，国家科委就制订了 LNG 发展规划，20 世纪 60 年代中期完成了工业性试验，当时全国仅有四川石油管理局威远化工厂拥有天然气深冷分离及液化的工业生产装置，主产品是从天然气中提取的氦，而 LNG 则是提氦过程中的副产品。70 年代初，重庆 4203 厂和自贡天然气液化厂两个单位能生产 LNG，其中自贡天然气液化厂每天生产 7t。80 年代末，陕北气田 LNG 示范工程建成，该工程采用林五井所产天然气为原料，LNG 产能为 $2\times10^4 m^3/d$。1990 年，由国家科委、北京市科委组织开封深冷仪器厂和北京焦化厂在北京建成一套小型 LNG 试验装置，并生产出 50L LNG。该装置采用了小型膨胀制冷工艺。1991 年四川石油管理局威远化工厂为航天部提供 30t LNG 作为火箭试验燃料。1993 年，中国科学院低温技术实验中心跟四川省绵阳燃气集团和中国石油天然气总公司勘探局合作，研制了一套 300L/h 的小型 LNG 装置，利用天然气自身压力膨胀制冷循环。1995 年中国启动进口 LNG 项目，当时国家计划委员会委托中国海洋石油总公司进行东南沿海 LNG 引进规划研究。1996 年，吉林油田管理局与中国科学院低温技术实验中心和中国石油天然气总公司勘探局合作,研制了一套 500L/h 的小型撬装式 LNG 试验装置,采用氮气膨胀闭式制冷循环。90 年代中期,中国科学院在长庆油田建成了一套 2t 的液化装置,而该液化装置采用的是气波制冷工艺。90 年代末,上海为了城市燃气调峰,引进了法国索菲公司技术,建成了 $10\times10^4 m^3$ 的调峰型 LNG 工厂(见图 3-1),储罐 $2\times10^4 m^3$,总投资 6.2 亿元,气源来自海上气田。

图 3-1　2000 年建成的上海 LNG 调峰站(第一套引进国外技术建造的 LNG 调峰站)

2000 年,河南中原绿能高科建成国内首座商业化运行的 LNG 工厂——河南中原 LNG 工厂(见图 3-2),2001 年 9 月正式投产运行。该装置针对中原油田的实际情况和采气特点,利用 23 块气田高压天然气,采用了比较先进的丙烷、乙烯复迭制冷工艺,设计日处理量 $30\times10^4 m^3$,日液化量 $15\times10^4 m^3$,液罐体积 $2\times600 m^3$,供江苏、河南与山东使用。2001 年,北京公交总公司跟首科中原公司合作建成一座 LNG 科技示范加气站。2004 年 8 月,新疆广汇在鄯善县建成一座 LNG 工厂并投产,它利用西北丰富的天然气,日产量设计 $150\times10^4 m^3$,液罐体积 $3\times10^4 m^3$,采用混合制冷工艺,是当时国内投产最大的 LNG 工厂。由新疆广汇建设的全区首座加气站——乌鲁木齐 LNG 示范站于 2004 年 8 月建成投产,并于 2005 年 9 月 13 日通过国家清洁汽车行动领导小组的验收。2005 年 4 月,海南福山 LNG 工厂建成投产,它是由河南中原绿能高科承担海南 LNG 工厂的技术总承包,该工厂为单一制冷剂氮气膨胀制冷,利用福山气田的天然气,设计日产 $30\times10^4 m^3$。2005 年 9 月,广西新奥涠洲岛 LNG 工厂建成投产(见图 3-3),该工厂为单一制冷剂甲烷膨胀制冷,利用海上气田的天然气,设计 $15\times10^4 m^3/d$。2006 年 6 月投入运行的深圳大鹏湾 LNG 接收站,使广东省成为坐拥国内首个 LNG 接收站的省份。2007 年 9 月 22 日,广东首座 LNG 汽车加气站在湛江建成投产。2007 年,江阴、苏州、成都等工厂相继投产,都是利用长输管道的高压能量,进行膨胀制冷。因为工艺的限制,其产量一般不是很大,一般在 $10\times10^4 m^3/d$ 以下。2008 年泰安深燃和西宁 LNG 工厂投产,均建在大管线附近,采用单一制冷剂氮气膨胀制冷,日产 $15\times10^4 m^3$(见图 3-4)。其他项目主要有四川达州和内蒙古鄂尔多斯项目,以及山西的几个煤层气液化项目,其中达州和鄂尔多斯都是 $100\times10^4 m^3/d$,采用了混合制冷技术。2008 年后主要有靖边 LNG 项目、宁夏 LNG 项目、晋城 LNG 项目、阳城煤层气液化工程项目等。2009 年宁夏哈纳斯 $200\times10^4 m^3/d$ LNG 项目正式开工(见图 3-5)。

图 3-2　2001 年试运行成功的河南中原 LNG 工厂（我国第一套工业化 LNG 工厂）

图 3-3　广西新奥涠洲岛 LNG 液化工厂（新奥投资，$15×10^4 m^3$）

图 3-4　泰安深燃 LNG 液化工厂（$15×10^4 m^3/d$，2008 年投产，气体轴承透平）

图 3-5　宁夏哈纳斯 72×10⁴t/a LNG 主体装置图

2009 年 7 月 26 日莆田 LNG 接收站投产。2009 年中国石油、中国海油、中国石化开始大规模建设 LNG 接收站及 LNG 工厂（图 3-6、图 3-7）；2010 年新疆广汇在哈密淖毛湖的 $5×10^8 m^3/a$ LNG 项目投产（图 3-8）；2011 年引进哈萨克斯坦气源的吉木乃 $5×10^8 m^3/a$ LNG 项目投产；2013 年富蕴煤制气一阶段 $20×10^8 m^3/a$ LNG 项目投产。

图 3-6　中国石油泰安 LNG 项目

图 3-7　中国石化涪陵 LNG 工厂（$100×10^4 m^3/d$，2018 年投产，中石化首座 LNG 工厂）

图 3-8　哈密 LNG 工厂

2014 年 6 月，华油天然气广元有限公司 $100\times10^4\,\mathrm{m}^3/\mathrm{d}$ LNG 工厂投产；2014 年 6 月，中国石油昆仑能源湖北黄冈 $500\times10^4\,\mathrm{m}^3/\mathrm{d}$ LNG 工厂建成投产（图 3-9），该项目标志着国内首座百万吨级 LNG 工厂全面投入运行。湖北黄冈 LNG 工厂的成功投运，标志着中国石油以自有专利技术和国产化装备为依托，全面实现了我国大型 LNG 装置建设从技术到设备的全面国产化，说明我国已拥有自主建设大型 LNG 工厂的技术、装备的能力，在打破国外大型 LNG 技术与装备长期垄断、确保国家能源安全、巩固中国石油在天然气综合利用领域地位等方面意义重大；2014 年 8 月，$300\times10^4\,\mathrm{t}$ 级海南 LNG 接收站项目建成投产；2015 年 5 月，中国海外首个世界级 LNG 生产基地澳大利亚昆士兰柯蒂斯项目建成投产。柯蒂斯项目是全球首个以煤层气为气源的世界级 LNG 项目，也是中国首次参与海外 LNG 项目上、中、下游全产业链。项目煤层气资源探明和控制开采储量合计达 $3500\times10^8\,\mathrm{m}^3$。通过柯蒂斯项目，中国可直接获得长达 20 年 $360\times10^4\,\mathrm{t/a}$ 的 LNG 资源供应，整套装置 LNG 产能可达 $850\times10^4\,\mathrm{t/a}$。2016 年 1 月 21 日，中国石化自主设计建造的首座 $60\times10^4\,\mathrm{t/a}$ LNG 工厂——四川中京燃气 LNG 工厂建成投产；2017 年，中国海油粤东 $200\times10^4\,\mathrm{t/a}$ 以及广汇启东一期 $60\times10^4\,\mathrm{t/a}$ LNG 接收项目投产；2017 年 12 月 20 日，中国石化和重庆市政府联合开发的涪陵 $300\times10^4\,\mathrm{m}^3/\mathrm{d}$ LNG 工厂建成投产，标志着国内首个页岩气 LNG 工厂进入试运行阶段，年产 $68\times10^4\,\mathrm{t}$；2017 年 12 月，中国石油等参与投资的俄罗斯亚马尔 LNG 工厂建成投产，共有 3 条生产线，年产 LNG $1650\times10^4\,\mathrm{t}$、凝析油 $120\times10^4\,\mathrm{t}$，其中第一条生产线已于 2017 年 12 月投产。2018 年 7 月 19 日，亚马尔第一艘 LNG 船运抵中国石油旗下江苏如东 LNG 接收站，这是亚马尔 LNG 首次供应中国，每年可进口 $300\times10^4\,\mathrm{t}$。中国石油等参与的俄罗斯亚马尔项目是中国在俄罗斯的最大投资项目。中国企业承担了全部模块 85% 的建造任务，涉及 7 艘 LNG 运输船的建造、14 艘船的运营等。2018 年 3 月 6 日，中国石化首座自主知识产权 $100\times10^4\,\mathrm{m}^3/\mathrm{d}$ 涪陵 LNG 工厂投产。2018 年国内共计投产 11 家 LNG 工厂，涉及产能 $757\times10^4\,\mathrm{m}^3/\mathrm{d}$；3 座 LNG 接收站建成投产，涉及产能 $1000\times10^4\,\mathrm{t/a}$。2019 年 7 月，内蒙古兴洁天然气有限公司投资建设的 $40\times10^4\,\mathrm{t/a}$ LNG 工厂投产运行。2019 年 12 月，陕西延长石油炼化公司志丹二期 $20\times10^4\,\mathrm{t/a}$ LNG 工厂投产。

第 3 章 液化天然气国内发展现状

图 3-9 中国石油湖北黄冈 LNG 工厂（$500\times10^4\mathrm{m}^3/\mathrm{d}$，2014 年投资，中国石油首座 LNG 工厂）

2020 年 6 月，鄂尔多斯 LNG 工厂一期 $110\times10^4\mathrm{m}^3/\mathrm{d}$ 投产。到 2020 年底，国内共建成 LNG 接收站 26 座，在建 1 座，总接收能力计 $8480\times10^4\mathrm{t/a}$，大多数为国企所有。2021 年 9 月，重庆忠润能源 $60\times10^4\mathrm{m}^3/\mathrm{d}$ LNG 工厂投产。2021 年底时，中国已投产 293 座，在建 46 座，拟建 148 座（表 3-1），天然气处理能力为 $1.42\times10^8\mathrm{m}^3/\mathrm{d}$。

2022 年 7 月，由哈密巨融能源燃气投资的西气东输二线配套 $50\times10^4\mathrm{t/a}$ LNG 工厂在哈密建成投产。2022 年 2 月，中国海油盐城"绿能港"即江苏滨海 LNG 接收站项目，一期工程建造 10 座大型 LNG 储罐，包括 2019 年 5 月先建的 4 座 $22\times10^4\mathrm{m}^3$ 储罐和 2021 年 6 月扩建的 6 座 $27\times10^4\mathrm{m}^3$ 储罐。LNG 年处理能力达 $600\times10^4\mathrm{t}$。

表 3-1 中国 LNG 工厂项目统计

地区	项目数	天然气处理能力/($\times10^4\mathrm{m}^3/\mathrm{d}$)			LNG 存储规模/m^3		
		当前	近期增量	远期增量	当前	近期增量	远期增量
东北地区	40	442.45	256.34	922	145900	120000	44350
西北地区	171	6748.44	3303.4	7393	1130398	551900	531200
华北地区	143	4133.8	1569.386	2813.1	827950	534400	281250
华中地区	32	1064.552	110	890.8	231550	35000	65450
西南地区	72	1438	1522.5	2087.528	217349	290680	237180
华东地区	19	164.7	32.04	361.225	359300	100000	4000
华南地区	10	221.33	120	493	143700	3000	0
总计	487	14213.272	6913.666	14960.653	3056147	1634980	1163430

资料来源：中国 LNG 工厂行业报告. 2021 年第四季度。

根据前瞻产业研究院统计数据，目前国内 LNG 接收站行业的上市公司主要有中国石油（601857）、中国石化（600028）、中国海油（00883.HK）、广汇能源（600256）等（表 3-2）。

表 3-2 中国部分 LNG 产业上市公司统计

产业链环节	公司简称（股票代码）	要点
天然气生产加工	中国石油（601857）	中国最大的石油及天然气开发企业
	中国石化（600028）	中国最大的石油化工生产开发企业
	中国海油（00883.HK）	中国最大的海洋油气研究开发企业

续表

产业链环节	公司简称(股票代码)	要点
LNG 低温制冷装备	四川空分(未上市)	主要从事低温制冷装备的生产制造
	杭氧股份(002430)	主要从事低温制冷装备的生产制造
	开封空分(未上市)	主要从事低温制冷装备的生产制造
	蜀道装备(300540)	主要从事深冷装备的生产研发制造
LNG 工厂	中国石油(601857)	中国最大的石油及天然气开发企业
	中国石化(600028)	中国最大的石油化工生产开发企业
	中国海油(00883.HK)	中国最大的海洋油气研究开发企业
	广汇能源(600256)	国内最早从事 LNG 工业化建设的单位
	洪通燃气(605169)	从事 LNG 的生产、加工、储运和销售
	水发燃气(603318)	LNG 业务和城镇燃气运营为主,燃气设备制造为辅
	和远气体(002971)	华中地区最大的气体综合供应商

3.1.2 LNG 行业监管体制

3.1.2.1 行业主管部门和监管体制

我国 LNG 产业从天然气的勘探到生产、运输和销售整个环节都受到国家多部门、多级政府的监管。国家能源局为 LNG 产业主要监管部门,主要负责起草 LNG 发展和有关监督管理的法律法规和规章,拟订并组织实施 LNG 发展战略、规划和政策,推进 LNG 体制改革,组织制定 LNG 的产业政策及相关标准等。LNG 产业行政主管部门为国家发改委、住建部及各级地方政府相关主管部门。在天然气勘探开采方面,国务院地质矿产主管部门主管全国矿产资源勘查、开采的监督管理工作。国务院有关主管部门协助国务院地质矿产主管部门进行矿产资源勘查、开采和监督管理。省、自治区、直辖市人民政府地质矿产主管部门主管本行政区域内矿产资源勘查、开采。省、自治区、直辖市人民政府有关主管部门协助同级地质矿产主管部门进行矿产资源勘查、开采。在 LNG 的安全监督方面,主要由安全生产监督管理部门负责安全监督管理综合工作,对新建、改建、扩建生产与储存危险化学品的建设项目进行安全条件审查。在 LNG 的质量监管方面,主要由质量监督检验检疫部门负责核发危险化学品及其包装物、容器生产企业的工业产品生产许可证,并依法对其产品质量实施监督。在 LNG 的运输管理方面,主要由交通运输主管部门负责危险化学品道路运输、水路运输的许可以及运输工具的安全管理,对危险化学品水路运输安全实施监督。在 LNG 的经营管理方面,主要由国务院建设主管部门负责全国的燃气管理工作。县级以上地方人民政府燃气管理部门负责本行政区域内的燃气管理工作;县级以上人民政府其他有关部门依照相关法律、法规的规定,在各自职责范围内负责有关燃气管理工作。在 LNG 的定价方面,主要由国家发改委拟订并组织实施价格政策,综合分析财政、金融、土地政策的执行效果,监督检查价格政策的执行等,同时负责组织制定和调整少数由国家管理的重要商品价格和重要收费标准,依法查处价格违法行为和价格垄断行为等。

3.1.2.2 行业法律、法规和颁布部门

目前,我国 LNG 相关的主要法律、法规以及部门规章如表 3-3 所列。

表 3-3 国内 LNG 相关的主要法律、法规以及部门规章一览表

主要法律法规及部门规章	颁布部门	施行时间
中华人民共和国矿产资源法	全国人大常委会	1986 年 10 月 1 日
中华人民共和国节约能源法	全国人大常委会	1998 年 1 月 1 日
危险化学品安全管理条例	国务院	2002 年 3 月 15 日
特种设备安全监察条例	国务院	2003 年 6 月 1 日
道路危险货物运输管理规定	交通运输部	2013 年 7 月 1 日
城镇燃气管理条例	国务院	2011 年 3 月 1 日

3.1.2.3 行业主要政策和价格政策

(1) 行业政策

2012 年 10 月,国家发改委印发《天然气发展"十二五"规划》,要求扩大天然气利用规模,促进天然气产业有序、健康发展,提出 2015 年新增常规天然气探明地质储量 $3.5 \times 10^{12} m^3$、天然气供应能力达到 $1760 \times 10^8 m^3/a$ 左右、天然气用气人口约占总人口的 18% 的目标;以加强勘查开发增加国内资源供给、加快天然气管网建设、稳步推进 LNG 接收站建设、抓紧建设储气工程设施为重点任务;同时采取加强行业管理和指导、完善天然气勘查开发促进机制、积极推动天然气基础设施建设、引导天然气高效利用、完善天然气价格形成机制等保障措施。

2012 年 10 月,国家发改委还公布了《天然气利用政策》,提出优化能源结构、发展低碳经济、促进节能减排、提高人民生活质量,提高天然气在一次能源消费结构中的比重;根据社会效益、环境效益和经济效益,将天然气用户分为优先类、允许类、限制类和禁止类,其中天然气汽车、城镇生活用气、集中采暖、分布式能源、城镇中具有应急和调峰功能的天然气储存为优先利用种类;同时,要求发改委、能源局协调天然气勘探开发、做好利用规划、完善价格机制,对于优先类项目,地方各级政府可在规划、用地、融资、收费等方面出台扶持政策。

2013 年 1 月,国务院印发《能源发展"十二五"规划》,提出推动能源生产和利用方式变革,调整优化能源结构,着力提高清洁低碳化石能源和非化石能源比重;提出加快发展天然气的战略,要求 2015 年天然气占一次能源消费比重提高到 7.5%,新增常规天然气探明地质储量 $3.5 \times 10^{12} m^3$,产量超过 $1300 \times 10^8 m^3$;加强供能基础设施建设,为新能源汽车产业化发展提供必要的条件和支撑,结合充电式混合动力、纯电动、天然气(CNG/LNG)等新能源汽车发展,在北京、上海、重庆等新能源汽车示范推广城市,配套建设充电桩、充(换)电站、天然气加注站等服务网点;在天然气储运方面,加快建设西北、东北、西南和海上四大进口通道,统筹沿海 LNG 接收站、跨省联络线、配气管网及地下储气库建设,"十二五"时期,沿海 LNG 年接收能力新增

$5000×10^4$ t 以上，同时积极发展天然气分布式能源。

2013年9月，国务院印发《大气污染防治行动计划》，提出加快能源结构调整，增加天然气供应，新增天然气应优先保障居民生活或用于替代燃煤；鼓励发展天然气分布式能源等高效利用项目；京津冀区域城市建成区、长三角城市群、珠三角区域要加快现有工业企业燃煤设施天然气替代步伐；到2017年，基本完成燃煤锅炉、工业窑炉、自备燃煤电站的天然气替代改造任务；大力推广新能源汽车、交通、环卫等行业和政府机关要率先使用新能源汽车，采取直接上牌、财政补贴等措施鼓励个人购买，北京、上海、广州等城市每年新增或更新的公交车中新能源和清洁燃料车的比例达到60%以上。

2014年2月，国家发改委公布《天然气基础设施建设与运营管理办法》，要求提高天然气基础设施利用效率，保障天然气安全稳定供应，维护天然气基础设施运营企业和用户的合法权益，提出国家鼓励、支持各类资本参与投资建设纳入统一规划的天然气基础设施，其中天然气基础设施包括天然气输送管道、储气设施、LNG接收站、LNG设施、天然气压缩设施及相关附属设施等。

2014年3月，国家发改委、国家能源局和环境保护部三部委联合发布《能源行业加强大气污染防治工作方案》，提出着力保障清洁能源供应，推动转变能源发展方式，显著降低能源生产和使用对大气环境的负面影响；明确提出增加天然气供应，加强国际能源合作、积极引进天然气资源，加快储气和城市调峰建设，有序推进替代工业、商业用途的燃煤锅炉、自备电站用煤；2015年，全国天然气供应能力达到$2500×10^8 m^3$，2017年，全国天然气供应能力达到$3300×10^8 m^3$，2015年天然气消费比重达到7%以上。

2014年4月，国家发改委发布《关于建立保障天然气稳定供应长效机制的若干意见》，提出近年来我国天然气供应能力不断提升，但由于消费需求快速增长、需求侧管理薄弱、调峰应急能力不足等，一些地区天然气供需紧张情况时有发生；为保障天然气长期稳定供应，我国要建立天然气供需基本平衡、长期稳定供应机制，到2020年天然气供应能力达到$4000×10^8 m^3$，力争达到$4200×10^8 m^3$。

2014年6月，国务院办公厅发布《能源发展战略行动计划（2014—2020年）》提出我国能源发展要以开源、节流、减排为重点，确保能源安全供应，调整优化能源结构，着力发展清洁能源，推进能源绿色发展；坚持"节约、清洁、安全"的战略方针；大力发展天然气，促进天然气储量产量快速增长；扩大天然气进口，有序拓展天然气城镇燃气应用，稳步发展天然气交通运输，到2020年，城镇居民基本用上天然气提高天然气消费比重；推进天然气能源价格改革，有序放开竞争性环节价格，天然气进口价格由市场形成，输配电价和油气管输价格由政府定价。

2018年9月，国务院发布《关于促进天然气协调稳定发展的若干意见》，以习近平新时代中国特色社会主义思想为指导，全面贯彻党的十九大和十九届二中、三中全会精神，统筹推进"五位一体"总体布局和协调推进"四个全面"战略布局，按照党中央、国务院关于深化石油天然气体制改革的决策部署和加快天然气产供储销体系建设的任务要求，落实能源安全战略，着力破解天然气产业发展的深层次矛盾，有效解决天然气发展不平衡不充分问题，确保国内快速增储上产，供需基本平衡，设施运行安全高效，民生用气保障有力，市场机制进一步理顺，实现天然气产业健康有序安全可持续发展。

2019年12月，自然资源部下发《关于推进矿产资源管理改革若干事项的意见》，主要包括矿业权出让制度改革、油气勘查开采管理改革、储量管理改革三方面的内容。

2020年4月，国家能源局下发《关于〈中华人民共和国能源法（征求意见稿）〉公开征求意见的公告》，面向社会广泛征求意见。《中华人民共和国能源法（征求意见稿）》主要内容为石油、天然气开发坚持陆上与海上并重，加快海上油气田开发；采取措施，积极合理发展天然气，优化天然气利用结构，提高天然气在一次能源消费中的比重；电网、石油天然气管网等能源输送管网设施应当完善公平接入机制，依法向符合条件的能源生产、销售企业等市场主体公平、无歧视开放。

2020年4月，国家发改委等五部委印发《关于加快推进天然气储备能力建设的实施意见》，文件指出将加强统筹规划布局，制定发布全国年度储气设施建设重大工程项目清单，各省（区、市）编制发布省级储气设施建设专项规划，提出本地区储气设施建设项目清单。城镇燃气企业储气任务纳入省级专项规划，集中建设供应城市的储气设施。

2020年6月，国家能源局发布《2020年能源工作指导意见》（下称《指导意见》）。《指导意见》明确2020年主要预期目标为预计2020年石油产量约1.93×10^8 t，天然气产量约1810×10^8 m^3，非化石能源发电装机达到9×10^8 kW左右。要求重点做大四大油气生产基地，推动常规天然气产量、页岩气、煤层气较快发展。并启动生物天然气项目建设，研究加大政策支持力度，推动生物天然气产业化发展。建立健全全国炼油行业综合信息监测系统，着力化解炼油产能过剩风险。

2020年7月，国家发改委、市场监管总局下发《关于加强天然气输配价格监管的通知》（以下简称《通知》），《通知》指出，合理制定省内管道运输价格和城镇燃气配气价格。天然气输配价格按照"准许成本＋合理收益"原则核定。各地要根据《关于加强配气价格监管的指导意见》制定配气价格管理办法并核定独立的配气价格，准许收益率按不超过7%确定，地方可结合实际适当降低。鼓励各地探索建立管输企业与用户利益共享的激励机制，激励企业提高经营效率，进一步降低成本。

2020年7月，《整船载运液化天然气可移动罐柜安全运输要求（试行）》正式印发。LNG可移动罐柜整船运输是一种新业态。在总结前期试点工作经验的基础上，交通运输部会同有关部门组织开展了整船载运LNG可移动罐柜安全运输相关要求的研究和起草工作，在修改完善后，经部务会审议后正式发布。

（2）价格政策

目前，我国正在深入推进天然气价格改革。2013年6月，国家发改委明确了天然气价格调整的基本思路和适用范围；2014年8月，国家发改委上调非居民用存量天然气门站价格0.4元$/m^3$，明确了将进一步放开进口LNG气源价格和页岩气、煤层气、煤制气出厂价格政策。

2013年6月，国家发改委发布《关于调整天然气价格的通知》，提出了天然气价格调整方案，自2013年7月起，我国非居民用天然气门站价格上调，具体为：国产陆上天然气、进口管道天然气使用门站环节管理价格，门站价格为政府指导价，实行最高上限价格管理，供需双方可在国家规定的最高上限价格范围内协商确定具体价格；页岩气、煤层气、煤制气出厂价格，以及 LNG 气源价格放开，由供需双方协商确定；平稳推出价格调整方案，区分存量气和增量气，增量气门站价格一步调整到 2012 年下半年以来可替代能源价格 85% 的水平；存量气价格适当提高，化肥用气在现行门站价格基础上实际提价幅度最高不超过每千立方米 250 元；其他用户用气在现行门站价格基础上实际提价幅度最高不超过每千立方米 400 元，力争"十二五"末调整到位；居民用气价格不作调整，存量气和增量气中居民用气门站价格此次均不作调整，2013 年新增用气城市居民用气价格按该省存量气门站价格政策执行。

2014 年 8 月，国家发改委发布《关于调整非居民用存量天然气价格的通知》，提出在保持增量气门站价格不变的前提下，非居民用存量气最高门站价格每千立方米提高 400 元，居民用气门站价格不作调整，进一步落实放开进口 LNG 气源价格，需要进入管道与国产陆上气、进口管道气混合输送并一起销售的 LNG，供需双方可区分气源单独签订购销和运输合同，气源和出厂价格由市场决定。

2014 年 11 月，国务院印发《关于创新重点领域投融资机制鼓励社会投资的指导意见》，提出进一步推进天然气价格改革，2015 年实现存量气和增量气价格并轨，逐步放开非居民用天然气气源价格，落实页岩气、煤层气等非常规天然气价格市场化政策，尽快出台天然气管道运输价格政策。

2015 年 3 月，国家发改委发布《关于理顺非居民用天然气价格的通知》，增量气最高门站价格每千立方米降低 440 元，存量气最高门站价格每千立方米提高 40 元，实现价格并轨，理顺非居民用天然气价格。

2018 年 11 月 24 日，财政部、海关总署、国家税务总局联合发布《关于调整天然气进口税收优惠政策有关问题的通知》，明确自 2018 年 7 月 1 日起，将 LNG 销售定价调整为 28.06 元/GJ，将管道天然气销售定价调整为 0.99 元/m^3。2018 年 4~6 月期间，LNG 销售定价适用 27.35 元/GJ，管道天然气销售定价适用 0.97 元/m^3。三部门明确，通知印发前已办理退库手续的，准予按通知规定调整。

2020 年 3 月 16 日，国家发改委发布了第 31 号令，公布了新的《中央定价目录》，该目录于 2020 年 5 月 1 日起实施。新版《中央定价目录》突出垄断环节定价监管和竞争性环节价格市场化改革方向，将政府定价范围限定在重要公用事业、公益性服务和网络型自然垄断环节。如电力和天然气价格，按照"放开两头、管住中间"的改革思路，将"电力"项目修改为"输配电"，"天然气"项目修改为"油气管道运输"。

3.1.3 LNG 发展主要方向

LNG 具有两大功能：第一是远距离输运，即天然气管网无法到达的区域，需要陆路 LNG 槽车输运或远洋 LNG 船舶输运；第二是城镇天然气管网增压调峰。目前，城镇燃气、工业燃气及汽车加气是 LNG 发展的主要市场定位和方向，全国已有数百座 LNG 储配站，这些储配站所供 LNG 作为气源，主要供应城市居民、工业企业及汽车加气，部分作为城镇燃气调峰和应急备用气源。在国内，对于远离"西气东输"管网、远离省市区域管网、城市用气规模小、铺设管道不经济或还没有铺设管道的中小城市,采用修建 LNG 接收站、汽化站的方式满足其用气需求。对于纳入"长输管网"管线和将要实施"海气上岸"工程的大中城市,一是将 LNG 作为该城市以后的城市汽化工程作前期铺垫,"长输管网"或"海气上岸"工程实施后,取消 LNG 直供并打入管网天然气即可;二是将 LNG 作为该城市天然气管网的增压调峰气源,必要时对城镇燃气进行"谷峰"补充。对东南沿海等经济发达地区,LNG 可作为工业发电燃料,代 LNG 发电厂直接使用,如日本 75% 的电力来自 LNG 发电。近年来,由于 LNG 加气站的大规模使用及 LNG 汽车的大量应用,LNG 在公路运输领域也有快速的发展,LNG 以其优越的特性,必将成为清洁能源汽车的主要选择燃料之一。目前国内大型能源企业主要通过独资建厂、联合投资、建设管网等形式拓展 LNG 业务及抢占能源供应市场,包括天然气勘探与开采、天然气管道建设和输送、加气站建设等整个产业链条的建设等。积极涉足海外油气布局,大力开发和布局以澳大利亚、加拿大、美国、俄罗斯等国家为主的天然气市场。此外,LNG 船舶建造、LNG 公路槽车建造、LNG 罐式集装箱建造,以及 LNG 汽车开发、LNG 加气站建设、LNG 冷能回收利用等进一步拓宽了 LNG 产业发展方向。

3.1.3.1　LNG 成为汽油的补充能源

LNG 汽车较燃油汽车可以节省车主和运输公司的运营成本,改善天然气生产商和供应商的盈利水平。近年来我国 LNG 汽车产业发展较快。LNG 作为可持续发展的清洁能源,具有明显的环境效益及社会效益,以 LNG 取代燃油后能够减少 90% 的二氧化硫排放和 80% 的氮氧化物排放。LNG 燃烧后除了排放二氧化碳,对环境无其他污染,环境效益十分明显,能够达到欧四排放标准,是汽车的优质替代燃料。美国等发达国家在将 LNG 用于汽车运输、铁路运输、水上运输和空中运输等方面积累了丰富的经验,大部分采用 LNG 为车用燃料,并且以 LNG 作为燃料的 LNG 汽车也正在成为各个国家研发的重点内容。此外,发展 LNG 汽车,可使 LNG 替代汽油并作为车用燃油的主要燃料之一。按原油现行最低价计,LNG 价格与汽车价格相当,而且 LNG 作为车用燃料相比 CNG 储量更多,行驶里程更远。未来,LNG 必将成为汽油或柴油的替代补充燃料之一,对于推动油气改革起到重要作用,弥补了没有管网不能建站的缺陷。目前国内各大省会城市及大部分中等城市已规模建成并投运 LNG 汽车加注站,LNG 汽车的普及与发展也是 LNG 产业发展的重要分支之一。

3.1.3.2　LNG 作为燃气的调峰资源

在长输天然气管线没有铺到的区域开发利用 LNG,并将 LNG 作为天然气管网调峰资源使用,可有效推动区域天然气管网的建设及长输管线的铺设规划及进程。作为工业发电及民用燃料,随着季节或使用高峰变更,管网天然气容易出现波动,需要利用 LNG 的自增压功能进行调峰,而 LNG 也是最有效的易得的调峰资源。LNG 作为管道天然气的调峰气源,可对民用燃料系统进行调峰,保证城市安全、平稳供气。在美国、英国、法国等发达国家,早已将 LNG 广泛用于天然气输配系统中,对民用和工业用气的波动性，特别是对冬季用气的急剧增加起调峰作用。

3.1.3.3 LNG替代甲烷的工业作用

LNG中甲烷含量达到90%以上，有些达到97%以上，可部分代替甲烷并应用于石油化工、玻璃制造、装备生产、船舶建造等行业。LNG燃烧温度可达3000℃以上，燃烧稳定，更能满足高质量的工业生产需求。相对于燃料油、汽柴油，其价格相对便宜，使用经济可靠。一些远离天然气管网的能源消耗型企业等，特别需要供应LNG以提高产品质量，如用于玻璃、陶瓷制造业等，可极大地提高产品的档次，降低生产成本，提高产品附加值等。

3.1.3.4 LNG用于能源的缺口弥补

随着经济发展，能源缺口不断加大，天然气进口依赖性增强，所以国家大力推动LNG接收终端建设，也正是利用LNG便于远洋输运的特点，可以弥补陆路天然气的需求。同时，国家还将大力发展煤层气的开发与利用，以保证对天然气资源的需求，而LNG正是加快煤层气开发利用与销售的有效途径。近年来，随着居民生活水平的提高，中小城镇居民更希望能用洁净的能源，LNG作为清洁能源备受关注，燃烧后产生的二氧化碳和氮氧化合物仅为煤的50%和20%，污染物为液化石油气的1/4，煤的1/800。由于管道铺设投资费用大，LNG汽化站具有比管道气更好的替代性或者过渡性，在中小城镇可采用LNG汽化站作为气源供居民使用，另外还可用于企事业单位生活以及用户的采暖等。

3.1.4 LNG汽车发展历程

我国政府曾经先后在"十五""十一五"期间，分别将单一燃料LNG公交车和单一燃料重型商用车列入国家863计划。承担国家863计划LNG公交车的示范城市北京、乌鲁木齐等已有成功运行经验。此后，LNG汽车随着LNG产业的发展而快速发展。LNG运输车主要包括重卡、客车、公交车等大型、长途运输车辆。2006年后，随着我国"LNG登陆"，各地天然气供应较为充足，再加上LNG汽车具有经济、环保、安全、实用、动力性强等优势，2009年以来，新疆、山西和内蒙古等地不断推广LNG重卡。其中，四川、重庆、乌鲁木齐、江苏、浙江等地也大力推广LNG客车（图3-10）。由于技术已经逐步成熟，许多汽车制造企业和发动机生产企业都相继进入LNG整车和相关设备的生产领域，如以山东潍柴、上海上柴、广西玉柴等为代表的LNG发动机生产厂商，以宇通、黄海、恒通、安凯等为代表的大型LNG客车的生产厂商，以陕重、中国重汽、东风重卡等为代表的LNG重型卡车生产厂商，从而有力推动了我国LNG汽车产业的快速发展。据中国汽车工业协会统计，2008年我国LNG客车仅有50台；到2009年时，我国LNG客车数量已达250台，LNG重卡达1000台；2010年时，LNG客车达2830台，LNG重卡达2952台；2012年时，LNG汽车保有量接近75000辆。到2015年时，中国LNG汽车保有量达到34万台，其中26%为乘用车，74%为卡车；到2020年时，LNG汽车保有量已达130万台。虽然我国LNG汽车已进入快速发展阶段，但产业发展仍存在气源供应不稳定、LNG 汽车购买成本较高、LNG 加气站数量有限、营业证办理存在潜在困难等诸多制约因素。

图 3-10　LNG 客车及其相应设备

3.1.4.1　LNG 车用优势劣势分析

车用 LNG 在低温、低压、液态工况下储存、运输及应用，其密度为气态天然气的 630 倍左右，压缩天然气的 3 倍。与目前常用的 CNG 相比，LNG 克服了 CNG 储存量少的缺陷，具有动力性好、使用更安全、续驶里程长、加气速度快、车辆维护成本低等优点。LNG 汽车燃料费远低于柴油卡车，长期经济效益可观。LNG 价格仅为柴油价格的 60%；华北地区的 LNG 价格仅为柴油价格的 57%。一般来讲，一辆 LNG 重卡运营一年就能收回购车成本带来的价差。LNG 燃料安全性远高于汽油、柴油燃料：LNG 的燃点在 650℃以上，而汽油、柴油的着火点分别为 427℃和 220℃。相比较而言，LNG 比汽油、柴油使用更加安全。同时，LNG 储气罐在常压下超低温存储，危险性较低。LNG 汽车环保性好，符合国家低碳减排的政策要求。与同功率的传统燃油汽车相比，天然气汽车尾气中的烃类排放量可减少 90%，一氧化碳可减少约 80%，二氧化碳可减少约 15%，氮氧化物可减少约 40%，并且没有含铅物质排出。LNG 汽车续航能力强、抗冻性优于传统柴油卡车。目前双罐的 LNG 重卡满罐可注入 LNG 900L，可连续行驶 800～1200km 的路程。冬季柴油车在 -25～-30℃ 的时候油箱就会冻结，导致难以点燃且动力不足。但是天然气就不存在这样的问题，它极易点燃，且动力不受影响。LNG 汽车动力性强劲，一般柴油动力重型卡车的载重为 30～40t，而 LNG 重卡只要发动机在 340 马力以上，LNG 重卡就能拉动 40t 的货物。目前各厂商已有 350 马力和 380 马力产品。但 LNG 汽车与 CNG 汽车相比，其主要缺点是需要带真空容器及汽化器，汽化器容易结霜，购置 LNG 新车费用高于汽油车。另外，车辆停运时间长时杜瓦瓶 LNG 液体需要自然蒸发并维持压力正常，容易对周围环境造成可燃气体危险。从以上对车用 LNG 和 CNG 优劣势的分析来看，虽然车用 LNG 技术还需要向过临界储存过渡，成本相对较高，但由于其存在着 CNG 无法比拟的优势，车用 LNG 正逐渐成为汽车新能源需求的一种主要能源。

3.1.4.2 LNG 汽车运行试验情况

四川省科委于 1961 年组织四川省机械研究设计院等单位合作进行 LNG 汽车的试验研究。1962 年、1964 年及 1970 年先后使用四川石油管理局威远化工厂生产的 LNG 作为汽车燃料进行运行试验。1971 年，由四川机械设计院设计、自贡高压容器厂加工的 180L 真空容器，经成都南光机器厂抽真空后，交自贡汽研三站装在一辆解放牌 4t 载货汽车上进行运行试验，从而开启了中国 LNG 汽车的研发之路。1971 年元月，四川省机械工业局和科技局联合提出《关于汽车燃用 LNG 的研究情况和今后进一步研究工作的意见》。河南开封市于 1987 年开始应用中原油田的石油伴生气作为公共汽车燃料，由于气包太大，后由开封市管道煤气工程指挥部跟开封深冷仪器厂合作于 1989 年选用斯特林液氮机将油田伴生气液化，从而缩小体积并应用 100L 的 LNG 储罐装在开封市公交公司的一部大客车上进行运行试验，后通过了由河南省科委组织的科技成果鉴定。1990 年，由北京市科委组织改装了一台 LNG/汽油两用燃料汽车，进行了近 4000km 的运行试验。

1993 年，中国科学院低温技术实验中心与四川绵阳燃气集团公司合作研制了 LNG-20 型装置和一套 300L/h 的利用天然气自身压力膨胀制冷循环的 LNG 装置，并装在了 2 辆 LNG/汽油两用燃料车上进行运行试验（图 3-11），第一辆 LNG 型汽车行驶 4000km 以上，第二辆行驶 2000km 以上，情况良好，之后又通过了由四川省科委组织的鉴定。1996 年，中国科学院低温技术实验中心改装了一台四平牌 LNG 大客车。研制的车用 LNG 低温容器采用了粉末真空绝热，内壳采用不锈钢，外壳采用碳钢，降低了造价。该车仅安装一个几何容积为 100L 的 LNG 容器。2001 年北京市公交总公司与首科中原公司合作建设一个规模为 50 辆 LNG 公共汽车的示范车队及 1 座 LNG 科技示范站，其中 LNG 公共汽车选用 Chart 公司 410L 的 LNG 储罐。2002 年 11 月，LNG 科技示范站在公交 315 路总站建成并投入试运行，成为国内首座车用 LNG 加注站，该示范站选用美国 Chart 公司产品，站内设有 1 座总容量为 $50m^3$ 的 LNG 立式储罐，日加气能力为 $1.2 \times 10^4 m^3$，最多可满足 100 辆 LNG 公交车的加气需求。2003 年河南中原绿能与贵州红华科技合作，成功开发奔驰 1929S 型柴油-LNG 电控喷射双燃料 LNG 槽车。国内玉柴、上柴、潍柴、南充东风等发动机厂家 LNG 汽车发动机均已试制成功。2005 年东风汽车公司在全国范围内投放 LNG 客车，LNG 公交车的研发已经进入产业化阶段。2007 年，陕汽"重型 LNG 商用车产品开发"课题被确定为"'十一五'国家 863 计划重大项目课题"，其中德龙 M3000 加长高顶 LNG 牵引车采用潍柴 WP10NG336E40 天然气发动机，排量为 9.726L；法士特 12 挡铝壳变速器；速比为 4.266 的 13t 汉德 MAN 双级桥；装有 2 个 500L LNG 气瓶，最大续航里程可达 1100km。2012 年，中国重汽特种车公司完成了 35 辆 LNG 60 矿车的装配、调试，并顺利通过济南市锅检局的检测拿到检验证书。2012 年，西安西蓝天然气集团研发的国内首辆 LNG 双燃料改装轿车在西安试验成功（图 3-12）。2014 年，中国重汽 LNG 国五新 HOKA012 高顶驾驶室半挂牵引车成功下线。

第 3 章　液化天然气国内发展现状

图 3-11　中国科学院低温技术实验中心和四川绵阳燃气集团合作研制的 LNG 型汽车

图 3-12　国内首辆 LNG 双燃料改装轿车

3.1.4.3　LNG 汽车商业推广阶段

2000 年后，我国 LNG 产业不断发展（图 3-13，图 3-14），加之 LNG 撬装设备、低温容器和运输槽车的国产化推进，LNG 汽车产业开始进入规模发展及推广阶段。2010 年时，广东省目前共有加气站 13 座，LNG 汽车保有量 708 辆；福建省福州市已拥有 3 座加气站（图 3-15）和 210 辆 LNG 公交车，莆田建有一座 LNG 加气站；海南的海口、三亚、琼海 LNG 公交车保有量为 230 多辆；新疆无论是在 LNG 产能、LNG 汽车加气站数量，还是在 LNG 车辆保有量方面均居全国之冠，全区 LNG 汽车加气站数量超 100 座，CNG 重卡近 3500 辆；贵州省贵阳市 2200 多辆公交车中有 800 多辆 LNG 车，可以说是全国乃至全世界拥有 LNG 公交车最多的城市。此外，如大连、青岛、烟台、日照、张家港、武汉、昆明等，其特点是一市一站，一般均仅有几十辆 LNG 汽车。根据中研普华出版的《2022—2027 年中国 LNG 汽车行业深度调研及投资前景预测研究报告》，国内 LNG 汽车销量总体震荡走高，结构变化明显。2016～2020 年销量年均增长 32.4%，2020 年国内销量高达 14.05 万辆，比上年增长 24.2%。2021 年上半年国内销量 4.4 万辆，全年销量在 9 万～10 万辆。从销量结构来看，乘用车、客车、轻型货车和中型货车占比逐渐降低；重卡（重型货车和半挂牵引车）占比快速提升，从 2016 年的 17% 提高到 2020 年的 98%，2021 年重卡销量占比也高达 92.4%。在销量的拉动下，国内 LNG 汽车保有量快速攀升，从 2016 年的 26 万辆攀升到 2020 年的 74 万辆。从 LNG 汽车保有量分布来看，山西、河北均超过 10 万辆，新疆、山东、四川、陕西、内蒙古、宁夏等省（自治区）紧随其后，主要是受政策倒逼和气价经济性推动。

图 3-13　海南福山气田图

图 3-14　新疆广汇 LNG 工厂图

图 3-15　福建 LNG 汽车加气站图

LNG 加注站一般依托天然气加气站建设。天然气加气站分为 CNG 站和 LNG 站，也有部分合建站，既可以加 CNG，又可以加 LNG，称为 LNG-CNG 站。2017 年我国天然气汽车加气站保有量约为 8400 座，同比增加约 600 座，增幅为 7.7%；2018 年底我国天然气加气站保有量在9000座左右；2021年我国天然气加气站保有量将达10800座。LNG加气站的发展与天然气汽车发展有着十分密切的联系。近年来，随着科学技术水平的不断提高以及国家节能减排号召的逐渐深入，天然气汽车取得了一定程度上的发展。未来随着天然气行业、天然气汽车以及天然气需求量的增长，LNG加气站必然会取得一定程度上的发展，同时，天然气加气站的发展还受到了油气价差、新能源汽车等因素的影响。因此未来LNG加气站保有量会平稳上升，其分布范围会日益扩大。

3.1.4.4 LNG汽车装备产业发展

我国LNG汽车加气站的建设和LNG汽车的推广都离不开相关装备产业的支撑。在LNG汽车充装撬装站装备方面，张家港富瑞特科设备装备有限公司承担过国家863计划项目"移动式LNG撬装加气站研究开发"并于2009年成功应用于新疆等地，为国内该装置产能最大的生产厂家。此外，河南中原绿能高科、成都金科深冷设备有限公司等厂家也在生产销售该装置。在LNG车载气瓶生产方面，四川空分设备有限责任公司为我国最早生产低温绝热容器的厂家（20世纪70年代）。2007年6月6日，由该公司承担的"十五"国家科技攻关计划项目"LNG汽车超低温气瓶研究开发及产业化"通过验收。其LNG车载气瓶的规格及技术参数见表3-4～表3-6。

表3-4 川空LNG车用瓶规格及技术参数一览表

公称容积/L	62	100	175	240	275	375	450
有效容积/L	55	90	157.5	215	245	335	405
工作压力/MPa	1.4	1.4	1.4	1.4	1.4	1.4	1.4
日蒸发率/%	3	2.8	2.2	1.84	1.78	1.62	1.5
空质量/kg	64	88	140	185	195	260	310
外径/mm	405	456	558	558	558	685	690
总长/mm	1020	1202	1358	1727	1840	1670	1910

表3-5 圣达因LNG车用瓶规格及技术参数一览表

公称容积/L	45	300	410
有效容积/L	40	270	369
外径/mm	350	660	660
总长/mm	1000	1600	2000
空质量/kg	55	250	338
总质量/kg	80	365	490

表3-6 富瑞特科LNG车用瓶规格及技术参数一览表

容积/L	净容积/L	直径/mm	长度/mm	宽度/mm	高度/mm	瓶空质量/kg	液质量/kg	备注
275	247	556	1740	600	700	185	105	带自增压系统
335	300	668	1570	700	820	230	128	
375	337	668	1720	700	820	245	143	
450	405	668	1970	700	820	280	172	

在 LNG 运输槽车（图 3-16）和 LNG 罐式集装箱运输车（图 3-17）方面，2003 年河南中原绿能高科与贵州红华科技合作，成功开发出我国首辆 LNG 运输槽车。新疆广汇公司承担的国家 863 计划项目"中重型 LNG 运输车开发"于 2009 年通过验收。目前，国内主要有四川空分、张家港中集圣达因、张家港韩中深冷科技有限公司和石家庄安瑞科气体机械有限公司等 4 家在生产此类运输车。公称容积规格主要有 $27m^3$ 和 $40m^3$ 两种，分别可盛装 $1.6\times10^4 m^3$ 和 $2.5\times10^4 m^3$ 天然气，一般均采用真空纤维绝热技术。储罐内筒及管道材料均选用 0Cr18Ni9 奥氏体不锈钢板，外筒则用 16MnR 低合金钢板，内外筒支撑选用耐低温且绝热性能良好的环氧玻璃钢。在 LNG 汽车生产厂家方面，主要是中重卡车和大客车制造商，前者包括东风商用、红岩、中国重汽、陕汽等知名厂家。陕汽乌海新能源汽车项目于 2010 年在内蒙古乌海市奠基，该项目占地 1200 亩（1 亩 = $666.67m^2$），投资 10 亿元，设计年产 5 万辆 LNG 重卡，2014 年建成投产。而 LNG 大客车制造厂家几乎囊括了我国各大客车生产商，如黄海客车、安凯客车、蜀都客车、恒通客车、宇通客车、亚星客车、金龙客车、上海申龙、深圳五洲龙等。LNG 发动机制造厂家则主要集中在潍柴动力、上柴机器和玉柴机器等三大公司。

图 3-16　韩中深冷的 LNG 运输槽车

图 3-17　LNG 罐式集装箱运输车

3.1.4.5　LNG 汽车有关技术标准

近年来，我国在参考国外 LNG 汽车方面的技术标准并结合国内具体实践的基础上，以全国汽车标准化技术委员会为主，组织编写了一批技术标准，对规范 LNG 汽车的健康发展起到了良好的作用。主要包括以下标准：

① 《天然气汽车和液化石油气汽车　标志》（GB/T 17676—1999）；
② 《天然气汽车和液化石油气汽车　词汇》（GB/T 17895—1999）；
③ 《液化天然气的一般特性》（GB/T 19204—2020）；
④ 《液化天然气（LNG）生产、储存和装运》（GB/T 20368—2021）；
⑤ 《车用天然气单燃料发动机技术条件》（QC/T 691—2011）；
⑥ 《液化天然气汽车燃气系统技术条件》（QC/T 755—2020）；
⑦ 《车用燃气喷嘴》（QC/T 809—2009）；
⑧ 《汽车用液化天然气加注装置》（GB/T 25986—2010）；
⑨ 《液化天然气汽车技术条件》（GB/T 36883—2018）；
⑩ 《液化天然气（LNG）汽车加气站技术规范》（NB/T 1001-2011）。

目前，在LNG核心装备及工艺技术领域，我国还没有制定专用设计规范以及质量标准。国内LNG站设计工作一般参考美国NFPA-59A《液化天然气（LNG）生产、储存和装运标准》（2001版）。

3.1.5 LNG产业发展形势

我国LNG产业发展始于2000年前后，在液化装备制造、核心工艺技术、大规模产业开发等领域较西方发达国家迟缓近40年。在LNG能源应用方面较美国及西方发达国家迟缓近50年，较日本及韩国等也要迟缓近30年。在LNG国际资源方面，我国目前能够占有的资源的数量也很少，整体产业发展严重滞后。但由于我国人口众多，能源消耗巨大，市场前景广阔，加上目前还处于正发展阶段，具有很大的产业发展前景及优势。同时，由于LNG产业发展受制于国家能源价格的变化，尤其石油及天然气价格变化，以及复杂的国际政治经济因素等影响，目前整体产业发展慢于西方国家，在世界范围内的资源占有率也严重不足。

3.1.5.1 LNG市场发展的有利因素

(1) LNG属清洁能源对环境污染小

LNG主要成分包括甲烷、乙烷、丙烷等，其他杂质成分在天然气液化前就进行了细微的预处理脱除，与普通天然气比较，其杂质气体、有害物极少，燃烧形成的氮氧化物、烃类化合物、硫化物含量极少，无颗粒排放物，是一种理想的环保清洁能源。当前，我国大气污染形势严峻，以可吸入颗粒物（PM_{10}）、细颗粒物（$PM_{2.5}$）为特征污染物的雾霾等大气问题日益突出。随着我国工业化、城镇化的深入推进，能源资源消耗持续增加，大气污染防治压力继续加大。燃煤、汽车尾气等导致的大气中颗粒物浓度增加，这也是雾霾产生的重要因素之一。在环境问题日益严重的今天，发展清洁能源已经成为刻不容缓的课题。所以大力发展LNG资源，是改善我国能源结构、解决大气污染问题的重要途径之一。

（2）国家政策鼓励支持天然气发展

交通运输部、财政部联合印发的《交通运输节能减排专项资金管理暂行办法》明确指出，对节能减排量可以量化的项目，奖励资金原则上与节能减排量挂钩，对完成节能减排目标的项目承担单位给予一次性奖励。国家发改委公布《天然气利用政策》，将天然气应用领域划分为优先类、允许类、限制类和禁止类。双燃料及LNG汽车、集中式采暖、分布式能源、以LNG为燃料的运输船舶、城镇应急和调峰功能的天然气储存设施等被列为优先类项目，国家对优先类项目进行鼓励，地方各级政府可在规划、用地、融资、收费等方面出台扶持政策；鼓励天然气利用项目有关技术和装备自主化；鼓励和支持汽车、船舶天然气加注设施和设备的建设；鼓励地方政府出台如财政、收费、热价等具体支持政策；鼓励发展天然气分布式能源项目。

3.1.5.2 LNG市场发展的不利因素

我国LNG产业发展起步较晚，成套装备技术不够先进，LNG整体发展水平尚未达到发达程度，LNG上、中、下游产业链建设还不完善。

（1）能源市场决定液化天然气未来

能源市场受制于经济发展水平。经济发展水平高时，能源消耗高；经济发展水平低时，能源消耗低。近年来，受中国经济结构调整的影响，我国更加注重内涵式发展，放缓了以房地产等为中心的基础设施投资建设速度，告别了高速增长，逐步进入稳步增长，经济发展整体处于从粗放型到内涵型发展的转型期，宏观经济沿着"新常态"轨迹持续发展，产业结构也将持续调整。在此大环境下，与房地产等工业发展相关的涂料、瓷砖、玻璃、钢铁等用气行业的天然气需求增长趋势放缓，对能源的需求总体趋于平衡，相应LNG的总体需求也随之放缓，市场的高增长态势也相应回落。近年来，中国经济下行压力依然很大，对能源的需求大幅降低，同样对LNG的需求也大幅降低。此外，能源价格大幅提升，高气价使化工原料用气不能承受向市场方向回归的价格，沿海的玻璃、陶瓷等部分行业订单减少，对LNG燃料的需求也同样下降，LNG行业盈利能力下降。

2015～2020年中国GDP增速与天然气消费增速对比情况如图3-18所示。

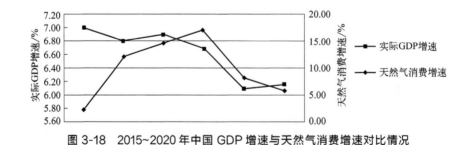

图3-18　2015~2020年中国GDP增速与天然气消费增速对比情况

（2）城镇管网决定液化天然气使用

由于LNG具有过临界特性，所以将LNG在大气环境下进行汽化，可使管网压力增大，据此特性，可将LNG应用于管网调峰，尤其集中用气高峰期、冬季采暖高峰期、燃气管道检修、气源供给不足等情况下，LNG 可作为有效燃气补充，即增压的同时补充足够的燃气。从大规模使用 LNG 进行调峰的城镇来讲，燃气管网的完善建设将增加天然气的日常保障能力，可缓解终端燃气客户在用气高峰时段供应紧张的情况，导致终端客户降低 LNG 的应急调峰需要。对于尚未使用管道燃气的区域，燃气管道的建设将增加终端用户数量，提升天然气使用量，相应提升了 LNG 的应急调峰需要，也就是说为确保燃气稳定供应，管道燃气企业将会增加 LNG 的应急调峰储备，LNG 应急需求相应增加。因此，城市燃气管道会影响 LNG 的应急调峰需求，管道燃气既有用户的 LNG 调峰需求将下降，新增客户的 LNG 调峰需求将上升等，即 LNG 在城镇管网建设中的作用具有不确定性。

（3）能源互补决定液化天然气份额

从目前国内城镇燃气管网建设情况来看，未来各大中型城市管网实现全覆盖，能够铺设管网的县级城市，也将实现全管网覆盖。到乡镇一级，在天然气管网条件成熟的地方肯定实施全覆盖。到村一级，在人口相对集中的地方实现全覆盖。但 LNG 所具有的调峰功能难以被天然气取代。国内目前已经形成能源多头供应模式，长输管道天然气、地方生产的天然气和进口 LNG 三者形成了相互竞争及相辅相成的形势。同时，未来还会有风、光、电、氢等可再生能源及新能源的大力发展，对于 LNG 的大规模应用及更进一步发展均形成了竞争态势。

总体来讲，LNG 作为一种新兴能源产业，国际上真正工业化发展的时间在 60 年左右，大规模应用的时间在 40 年左右，时间不算很长。未来 LNG 发展潜力巨大，尤其像中国这样人口规模庞大、能源消耗巨大的国家，对 LNG 的需求肯定会持续增长，市场发展的潜力肯定会非常之大。从世界范围来说，多能发展的时代已经到来，LNG 会在石油、煤炭、天然气三者之后，作为第四类新能源，虽然在曲折中发展，但拥有更加广阔的发展空间。

3.1.6 LNG 发展机遇与挑战

3.1.6.1 LNG 产量及消费量持续增加

近 10 年以来，伴随着沿海近 30 座 LNG 接收站的建立，中国 LNG 进口持续增长，中国在未来进口需求也将保持高速增长。预测未来 20 年，全球天然气消费增速将远高于煤炭和石油，中国等亚洲国家仍是全球 LNG 需求增长的主要引擎。2018 年中国 LNG 海运进口量增长约 40% 达到 5400×10^4 t，成为仅次于日本（8300×10^4 t）的全球第二大 LNG 海运进口国，但在 2022 年中国已超越日本，成为全球最大的 LNG 进口国。近年来，全球天然气消费总量逐年递增，2024 年达到 42500×10^8 m^3，同比增长 2.5%。根据国际能源署的预测，到 2024 年全球天然气消费总量将超过 42000×10^8 m^3，其中，增量部分主要由中国、中东、美国、印度等国家贡献。预计截至 2025 年，全球天然气消费增量将再增长 2.3%。与 2024 年相类似，增长主要由亚洲支撑，预计仅亚洲就将占天然气增量的一半以上。而欧洲、日本、俄罗斯由于追求可再生能源、重启核电站、增加天然气出口等，天然气消费增量将有所下降。北美页岩气的大量开发及非洲东部海域天然气的发现，使这些地区成为新的LNG供应区，特别是澳大利亚和美国LNG液化厂不断投产，今后几年LNG供应量将增大，LNG供应市场将趋于宽松。

3.1.6.2 LNG现货及短期贸易蓬勃发展

近年来，LNG贸易结构发生了较大改变。以往LNG贸易以期货为主，现货贸易仅占很小一部分，自20世纪90年代始，现货贸易开始稳步增加，特别从2006开始，现货贸易及短期贸易快速增加，2014年亚洲LNG现货及短期贸易进口量为5162×10^4t，占全球现货及短期贸易进口总量的74%（图3-19）。2015年LNG现货及短期贸易出口量为6839×10^4t，占全球LNG贸易总量的29%。2015年中国大陆LNG现货和短期贸易进口量为369.7×10^4t，约占全球现货及短期贸易进口总量的5.4%，占国内LNG进口量的18.5%（图3-20）。2017年中国天然气消费总量达到2352×10^8m^3，同比增长17%。2017年中国国内天然气总产量为1476×10^8m^3，同比增长9.8%，天然气进口量为926×10^8m^3，同比增长24.4%，其中，管道气进口量427×10^8m^3，同比增长10.9%，LNG进口量499×10^8m^3，同比增长39.0%。2014年1月～2015年12月进口LNG现货价格参数如图3-21所示。

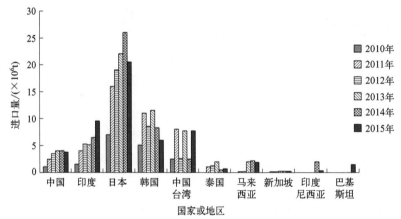

图3-19　2010~2015年亚洲各国和地区LNG现货和短期贸易量统计

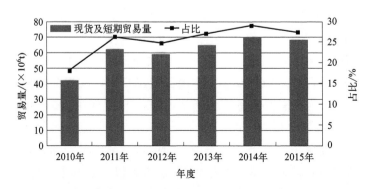

图3-20　2010~2015年全球LNG现货和短期贸易量及占全球LNG贸易量比例

第3章 液化天然气国内发展现状

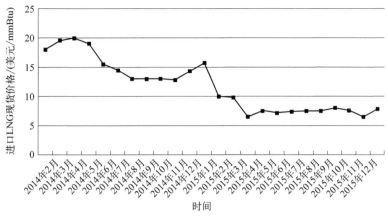

图 3-21　2014 年 1 月~2015 年 12 月进口 LNG 现货价格

3.1.6.3　LNG 调峰及需求成本相对较低

相比天然气经压缩机增压调峰，采用 LNG 调峰既方便又快捷，同时还能增加天然气供应，即将液化天然气汽化成气态天然气。由于天然气具有高峰使用的特点，如中午 12 点及下午 6 点，是天然气使用的高峰期，千家万户都要打开天然气做饭，这时，天然气管网压力很快降低，气量很快减小。此时，需要通过管网增压的办法打入多余储备的天然气，以供应急高峰使用。也就是说，天然气管网峰值用量可以是平时正常用量的 10~100 倍。由于天然气需求还存在季节不均匀性，特别是北方地区，冬季需要供暖，调峰储备需求更大。相比压缩天然气增压，采用 LNG 自增压的办法调峰增压管网具有非常好的效果，既不增加能量，同时还能增加天然气供量，所以相对成本低很多，只需要将 LNG 拉到现场，汽化后通过自身压力打入管网即可。虽然国内很多管网已建成地下储气库，但以气体调峰为主，储气能力总体不足，建设运行成本高，远不如利用 LNG 汽化调峰高效。目前，中国天然气调峰主要以上游气田调峰为主，承担了近 30% 的调峰量，但整体上调峰投资高、成本高，上游企业生产压力大，运行难度大。而 LNG 接收站具有快速、灵活等特点，利用 LNG 接收站进行调峰，可以满足较大的瞬时调峰量，而且运行成本费用相对较低。

3.2　中国 LNG 产业现状

3.2.1　LNG 陆路生产现状

LNG 具有清洁调峰等诸多优势，国家近年来对 LNG 产业的发展给予了高度的重视，自 2000 年中原油田开始自主兴建 $10 \times 10^4 \mathrm{m}^3$ LNG 液化工厂以来，到 2004 年新疆广汇引进国外技术建立 $50 \times 10^4 \mathrm{m}^3$ LNG 项目，到 2008 年宁夏哈纳斯引进国外技术建立 $200 \times 10^4 \mathrm{m}^3$ LNG 项目，截至 2023 年 4 月，有数据显示，《中国 LNG 工厂与接收站分布图》收录了 LNG 工厂 492 座。随着国家对能源需求的不断增大，LNG 行业的发展将对优化我国能源结构、有效解决能源供应安全、保护生态环境等多方面均有很大的促进作用。根据 2019 年统计数据，我国 LNG 总产量达到 $1761\times10^8\,\mathrm{m}^3$（表 3-7）。2019 年，我国 LNG 产量最高的地区是陕西省，其产量为 $262.1\times10^8\,\mathrm{m}^3$，占全国 LNG 产量的 22.50%；其次是内蒙古，其产量为 $256.1\times10^8\,\mathrm{m}^3$，占全国 LNG 产量的 21.98%。新疆 LNG 产量占比有所下降。中国已投产部分 LNG 生产工厂情况见表 3-8。

表 3-7 中国进口 LNG 情况

年份	国内生产量 /($\times10^8\,\mathrm{m}^3$)	管输进口量 /($\times10^8\,\mathrm{m}^3$)	LNG 进口量 /($\times10^8\,\mathrm{m}^3$)	共计 /($\times10^8\,\mathrm{m}^3$)	消费量 /($\times10^8\,\mathrm{m}^3$)	自给率 /%	依存度 /%
2006 年	586	—	10	596	556	—105	—
2007 年	716	—	38.7	754.7	730	98	2
2008 年	831	—	44.4	875.4	841	99	1
2009 年	882	—	76.3	958.3	926	95	5
2010 年	991	35.5	128	1154.2	1112	89	11
2011 年	1090	143	166	1399	1371	80	20
2012 年	1118	214	200	1532	1509	74	26
2013 年	1222	274	245	1741	1719	71	29
2014 年	1316	313	271	1900	1884	70	30
2015 年	1361	336	262	1959	1948	70	30
2016 年	1384	380	343	2107	2103	66	34
2017 年	1492	394	526	2412	2404	62	38
2018 年	1615	479	735	2829	2830	57	43
2019 年	1773	501	831	3105	3064	57	43
2020 年	1925	477	926	3328	3280	58	42
2021 年	2076	591	1089	3756	3690	55	45
2022 年	2201	627	876	3704	3646	59	41
2023 年	2324	671	984	3979	3945	58	42

表 3-8 中国已投产部分 LNG 生产工厂情况

序号	项目名称	规模 /($\times10^4\,\mathrm{m}^3/\mathrm{d}$)	地点	投产时间
1	新疆广汇新能源有限公司	150	鄯善吐哈油田	2004 年 9 月
2	四川达州市汇鑫能源有限公司	100	四川达州	2010 年 4 月
3	新疆广汇新能源有限公司	150	新疆淖毛湖	2011 年 8 月
4	新疆广汇新能源有限公司	200	新疆吉木乃	2011 年 11 月
5	陕西定边众源绿能天然气公司	100	陕西定边	2011 年 12 月
6	宁夏哈纳斯天然气集团有限公司	300	宁夏银川	2012 年 5 月
7	安塞华油天然气有限公司	200	陕西安塞	2012 年 6 月
8	内蒙古庆港润禾天然气综合利用有限公司	100	内蒙古鄂尔多斯	2012 年 6 月
9	陕西燃气集团有限公司	200	陕西	2014 年 9 月

续表

序号	项目名称	规模/($\times 10^4 m^3$/d)	地点	投产时间
10	陕西绿源天然气有限公司	100	陕西	2014年7月
11	陕西绿源天然气有限公司	100	陕西	2015年3月
12	陕西延长石油集团	100	陕西	2015年
13	宁夏欣正蓝天能源有限公司	300	宁夏	2014年底
14	宁夏深燃众源天然气有限责任公司	100	宁夏	2014年2月
15	宁夏天利丰能源利用有限公司	100	宁夏	2014年
16	宁夏长明天然气开发有限公司	100	宁夏	2015年
17	北京国能新兴能源股份公司	100	青海	2015年6月
18	内蒙古鄂尔多斯庆港润禾天然气综合利用有限公司	300	内蒙古鄂尔多斯	—
19	鄂尔多斯市新圣燃气技术有限公司	200	内蒙古鄂尔多斯	2014年3月
20	内蒙古鄂尔多斯时达绿能天然气有限责任公司	150	内蒙古鄂尔多斯	—
21	内蒙古汇能煤电集团有限公司	130	内蒙古鄂尔多斯	2014年8月
22	鄂尔多斯市金荣达能源开发有限公司	100	内蒙古鄂尔多斯	2014年7月
23	鄂尔多斯市润禾能源投资有限公司	100	内蒙古鄂尔多斯	2015年
24	内蒙古鄂托克前旗时泰天然气经营有限责任公司	100	内蒙古鄂尔多斯	2014年
25	内蒙古鄂托克前旗时泰天然气经营有限责任公司	120	内蒙古鄂尔多斯	2014年
26	乌海市乌海千里山华气化工厂	100	内蒙古乌海	2014年
27	国能新兴能源集团股份公司	100	内蒙古阿拉善	—
28	国能新兴能源集团股份公司	100	内蒙古阿拉善	—
29	内蒙古西部天然气股份有限公司	200	内蒙古乌兰察布	2014年
30	内蒙古兴洁天然气有限公司	200	内蒙古乌兰察布	2015年
31	吉港清洁能源有限公司	200	吉林	2014年9月
32	德慧市昆仑能源LNG有限公司	100	吉林	2014年
33	山西鼎亿城能源有限公司	220	山西	2015年
34	晋城华港燃气有限公司	200	山西晋城	2014年
35	山西国新能源发展集团	150	山西	2014年
36	山西燃气产业集团有限公司	120	山西	2015年
37	山西燃气产业集团有限公司	100	山西	2014年底
38	山西燃气产业集团有限公司	100	山西	2015年
39	河北省天然气有限责任公司沙河分公司	150	河北	2014年
40	山东泰安昆仑能源有限公司	260	山东	2014年3月
41	山东奥斯特能源有限公司	50	山东	2014年
42	山东亿业石油化工有限公司	300	山东	2014年

续表

序号	项目名称	规模/($\times 10^4 m^3/d$)	地点	投产时间
43	湖北新捷天然气有限公司	500	湖北	2014年3月
44	江西省鄱阳湖LNG有限公司	100	江西	2014年
45	四川同凯能源科技发展有限公司	245	四川	2014年9月
46	达州鼎富安凯清洁能源发展有限公司	245	四川达州	—
47	华油天然气广元有限公司	100	四川	2014年3月
48	四川广能能源有限公司	100	四川	2015年
49	阆中双瑞能源有限公司	100	四川	未开工
50	贵州中弘新力能源有限公司	450	贵州	2014年
51	贵州新凯翔清洁能源有限公司	400	贵州	2015年
52	华油天然气股份有限公司贵州公司	200	贵州	2014年

3.2.2 LNG产业发展现状及分析

3.2.2.1 LNG产业快速发展

近些年来，西气东输和陕京等管线相继建成，使得天然气消费区域迅速由产地周边扩展到长三角、环渤海、东南沿海等经济发达地区，2011年突破$1000\times 10^8 m^3$，2021年突破$2075.8\times 10^8 m^3$，产量的世界排名已从2000年的第16位升至2021年的第6位。伴随着天然气产量的不断增加，我国LNG的产量也在不断攀升。2012年，我国LNG年产量约为$127.7\times 10^4 t$，到2021年时约为$1545.1\times 10^4 t$，其中，前三分别为内蒙古$410.8\times 10^4 t$、陕西$347.1\times 10^4 t$、山西$170.6\times 10^4 t$。目前LNG已成为天然气行业供给的重点来源，除LNG产能利用率提升之外，当前我国LNG接收站的建设也正在快速发展。

为减轻我国能源紧张和结构失衡的压力，我国政府做出大规模引进LNG的重大决策。自2006年6月起，我国第一个LNG进口试点项目——广东大鹏的第一期工程正式投产，拉开了我国规模化进口LNG时代的大幕，也推动了我国LNG产业的快速发展。近几年国家布局东南沿海地区，包括辽宁、河北、天津、山东、江苏、上海、浙江、福建、广东、广西、云南等地纷纷投资兴建大型LNG接收站，接收能力已近亿吨，为大量进口海洋LNG创造了良好的环境条件。从2006年至2021年，我国LNG进口量逐年攀升，2006年进口$72\times 10^4 t$，2021年进口$8140\times 10^4 t$。2021年我国进口澳大利亚液化天然气$3140.2\times 10^4 t$，占进口总量的39.29%；进口量排第二的是美国，2021年进口美国液化天然气$925.58\times 10^4 t$，占进口总量的11.58%。中国已建成（在建）的LNG接收站情况见表3-9，中国筹建中的LNG接收站情况见表3-10，2018年中国LNG接收站统计情况见表3-11。

第3章 液化天然气国内发展现状

表 3-9 中国已建成（在建）LNG 接收站情况

公司	情况	接收站地点	投产时间	年处理能力
中国海油	验收投产	广东大鹏	2006 年	680×10^4 t
	加建扩建	福建莆田	2009 年	一期 300×10^4 t，二期 520×10^4 t
	加建扩建	上海洋山	2009 年	一期 300×10^4 t，二期 600×10^4 t
	验收投产	广东珠海	2013 年	350×10^4 t
	加建扩建	天津	2013 年	一期 220×10^4 t，二期 600×10^4 t
	验收投产	广东粤东	2017 年	200×10^4 t
	验收投产	深圳迭福	2018 年	400×10^4 t
	验收投产	海南洋浦	2014 年	200×10^4 t
	加建扩建	浙江宁波	2012 年	一期 300×10^4 t，二期 600×10^4 t
	开工建设	山东烟台	未定	150×10^4 t
	开工建设	江苏盐城	未定	300×10^4 t
	开工建设	福建漳州	2021 年	300×10^4 t
中国石油	验收投产	江苏如东	2011 年	一期 350×10^4 t，二期 650×10^4 t
	验收投产	辽宁大连	2011 年	1000×10^4 t
	加建扩建	河北唐山	2013 年	一期 350×10^4 t，二期 650×10^4 t
	验收投产	深圳大铲湾	2013 年	300×10^4 t
中国石化	验收投产	浙江温州	2018 年	300×10^4 t
	验收投产	澳门黄茅岛	2010 年	300×10^4 t
	验收投产	山东青岛	2014 年	300×10^4 t
	验收投产	广西北海	2014 年	300×10^4 t
	验收投产	天津	2018 年	300×10^4 t
新奥	验收投产	浙江舟山	2018 年	300×10^4 t
九丰公司	验收投产	东莞九丰	2012 年	120×10^4 t
台湾中油	验收投产	永安	1990 年	900×10^4 t
	加建扩建	台中	2009 年	300×10^4 t
	开工建设	桃园	2023 年	300×10^4 t
太平洋油气	开工建设	河北沧州	未定	260×10^4 t
潮州华丰	验收投产	广东潮州	2019 年	150×10^4 t

注：加建扩建为项目投产后，进行加建或二次扩建工程；投产时间为顺利接收第一船 LNG 的时间。

表 3-10 中国筹建中的 LNG 接收站情况

公司	省份、自治区	项目名称	当前进度
中国海油	河北	秦皇岛 LNG	策划筹建
	福建	宁德溪南 LNG	策划筹建
	辽宁	营口 LNG	项目暂停
	广东	粤西 LNG	项目暂停
华电	山东	华电东营 LNG 综合利用一体化	策划筹建
	江苏	赣榆 LNG 接收站	核准申请

续表

公司	省份、自治区	项目名称	当前进度
华电	广东	华电江门 LNG 综合利用产业基地	策划筹建
	海南	华电海南 LNG 综合能源	策划筹建
中国石油	山东	威海荣成 LNG 接收站	策划筹建
	福建	福清 LNG 接收站	核准申请
	广东	揭阳 LNG 接收站	策划筹建
	广东	深圳迭福 LNG 应急调峰站	项目暂停
	广西	广西钦州 LNG 接收站	项目暂停
中国石化	江苏	江苏连云港 LNG	策划筹建
	广东	广东茂名 LNG	策划筹建
	广东	珠海 LNG 接收站	项目暂停

表 3-11 2018 年中国 LNG 接收站统计情况

所属地区	项目数	所属地区	项目数
东北地区	6	华东地区	25
华北地区	20	西南地区	0
华中地区	3	华南地区	35

3.2.2.2 LNG 工厂快速建设

目前，我国小型 LNG 液化装置数量急剧增长，截至 2012 年上半年，全国已建、在建和规划中的小型 LNG 液化厂和具有液化功能的调峰站总数为 168 个，全部进入营运状态后，这些装置的天然气日处理能力总和将达到 $1.0733\times10^8\,\mathrm{m}^3/\mathrm{a}$。新的液化装置将主要集中出现在内蒙古、陕西、新疆以及山西等天然气、煤层气产区和煤化工基地。同时，随着我国骨干输气网络的成熟，沿线的发达省份亦正在建设各自的液化装置。截至 2012 年 6 月，我国在役、在建和规划中的卫星站总数超过 479 座，大多数分布在华东和华南沿海发达城市。这些卫星站的 LNG 储存规模的区间从 $50\,\mathrm{m}^3$ 至 $5000\,\mathrm{m}^3$ 不等，其中最常见的站规模位于 $200\sim500\,\mathrm{m}^3$ 之间。从卫星站的宏观分布位置来看，地区经济的整体水平是该地区 LNG 卫星站数量的首要决定因素，广东省和浙江省的 LNG 卫星站数量排名分别位居全国各省的第一和第二位。从 LNG 加气站的类型来看，目前 LNG 加气站类型主要有固定式、撬装式、移动加液车三种。随着我国 LNG 汽车进入爆发式增长期，LNG 加气站也将进入高速发展期。如"十二五"期间，昆仑能源计划建设 $1000\sim2000$ 座 LNG 加气站，中国海油计划建设 1000 座 LNG 加气站，广汇股份计划使其 LNG 加气站数量达到 300 座。

3.2.2.3 LNG 终端快速建成

中国陆地及海域面积广阔，市场需求空间巨大，对中小型 LNG 接收终端和小型储备站具有较大市场需求。中小型 LNG 接收站一般以 LNG 储备站、加注站的名义核准建设，总接收能力主要受港口码头能力限制。一般认为，具有 LNG 接收码头和储罐、最大可靠泊 LNG 运输船规模在 $4\times10^4\mathrm{m}^3$ 的 LNG 终端为小型 LNG 接收站。截至目前，中国已投入运行的沿海小型 LNG 接收站共有 5 个，即上海五号沟 LNG 安全应急项目、东莞九丰 LNG 接收站、中油深南 LNG 储备站、广西防城港 LNG 储运项目、深圳天然气储备与调峰站项目，规划建设有广州 LNG 应急调峰气源站等。在建的内河 LNG 接收站仅 1 座，为江阴中天 LNG 接收站；核准的内河 LNG 接收站有 2 座，即芜湖长江 LNG 内河接收（转运）站、岳阳 LNG 接收站（储备中心）项目；根据长江内河 LNG 接收站整体规划布局，长江中下游有 3 座沿江 LNG 接收站项目处于前期立项阶段。小型 LNG 接收站选址相对灵活，可选择紧邻有调峰需求的天然气市场建设，形成灵活的 LNG 分销转运链，从而覆盖城市应急调峰站，为下游用户提供可靠稳定的 LNG 资源。

3.2.2.4 LNG 产业不断完善

经过多年发展，我国 LNG 产业链不断完善。从上游 LNG 供应商来看，中国海油、中国石油和中国石化三大石油公司不断建设 LNG 接收站，为我国海上 LNG 进口贸易和生产的"国字号"主要投资方。此外，还有新奥、九丰、哈纳斯等民营企业也参与其中。我国陆上 LNG 液化工厂蓬勃发展，涌现出了以新疆广汇、宁夏哈纳斯、新奥能源等为代表的一大批陆基 LNG 生产供应商。从下游 LNG 分销商看，主要为广汇能源、昆仑能源、中国海油、新奥能源等国内的领军企业。从 LNG 设备制造商来看，四川空分设备、杭州制氧、张家港富瑞特装、中集安瑞科等企业主要参与 LNG 装备制造。从 LNG 汽车制造商来看，陕西重汽、中国重汽、四川南汽、潍柴动力，以及玉柴、上柴等相继自主研发 LNG 汽车及发动机等。从中原油田 2000 年建成我国第一座 $10\times10^4\mathrm{m}^3$ LNG 工厂开始，我国 LNG 产业走过十多年的历程，在液化工艺技术、相关装置和设备等方面都取得了长足进步，但与国际先进水平相比，仍存在投资规模太小、关键装备无法国产化、相关规范标准体系不健全等突出问题。

3.2.2.5 LNG 装备不断奋进

从 2000 年中原油田自主研究开发 $10\times10^4\mathrm{m}^3/\mathrm{d}$（$3.6\times10^4\mathrm{t/a}$）LNG 装置探索之路，到 2004 年广汇引进 Linde $50\times10^4\mathrm{m}^3/\mathrm{d}$（$18\times10^4\mathrm{t/a}$）工艺技术及装备后，国内开始了 LNG 核心液化装备的真正工业化应用之路。但早在 20 世纪 60 年代，国外大型 LNG 工业化装置产能已达到 $4200\times10^4\mathrm{m}^3/\mathrm{d}$（$1500\times10^4\mathrm{t/a}$）。相比之下，目前国内还依然处在 $60\times10^4\mathrm{m}^3/\mathrm{d}$（$21.6\times10^4\mathrm{t/a}$）的规模装置研发试用过程中，所以大型 LNG 装备的国产化研发道路还依然需要不断奋进，尤其大型 LNG 核心工艺技术及装备的国产化研发进程还不能停滞。好在近十年来，中国 LNG 产业迅速成长，全面"开花"。此外，即使现有及在建的中小型 LNG 工厂中，关键装备国产化不足，而要发展大型 LNG 工程项目，同样受关键工艺技术及装备的制约，这就是当前中国 LNG 工业发展的现状。

经过多年发展，我国在 LNG 核心液化装备、低温储运装备、大型接收系统装备、海洋运输装备等方面的生产技术已经逐步成熟，涌现出了四川空分设备等一批行业龙头企业。但与国际先进水平相比，我国 LNG 产业关键核心技术的储备仍有较大差距。目前，国内已建和拟建了不少的小型 LNG 工厂，有些工厂的配套设备国产化率已达到 60%。处理规模为 $30\times10^4\mathrm{m}^3/\mathrm{d}$ 及以下生产线的液化厂，从工艺包到有关设备选择的集成技术已经可以完全实现国产化。但是，年产能在 $30\times10^4\mathrm{m}^3/\mathrm{d}$ 以上的 LNG 工厂设备国产化率仍然偏低，LNG 冷箱、混合制冷剂离心式压缩机、BOG 压缩机、大型膨胀机、大型低温泵、大型低温 LNG 储罐、节流制冷核心装备、控制系统等关键核心装备还需要依赖进口（表 3-12）。当前全球主要的天然气液化专利技术主要掌握在 APCI、ConocoPhilips、Shell、Linde、BV 等国际公司手中。而国外公司在天然气液化关键装备市场长期处于垄断地位，如 LNG 核心液化工艺包、大型缠绕管式冷箱、板翅式冷箱、压缩机、膨胀机、低温泵等领域（表 3-13）。在压缩机方面，美国 GE 与 NP 公司主导了压缩机市场，目前占到全球市场的 54%；Elliott 和 MHIClark 两家公司则分别占到 20% 和 18%。相比之下，随着近年来中国 LNG 产业的兴起，国内 LNG 压缩机制造才刚刚起步。沈阳鼓风机集团是国内知名的大型压缩机制造企业，目前可以生产中小型 LNG 离心压缩机等。

表 3-12 国内 LNG 设备相关单位

序号	重点单位	重点产品
1	四川空分设备（集团）有限责任公司	LNG 低温储槽、LNG 冷箱、LNG 用压缩机、低温阀门、车用 LNG 气瓶、LNG 加注站、低温液体泵
2	石家庄安瑞科气体机械有限公司	LNG 加注车、LNG 运输半挂车、LNG 罐式集装箱、LNG 储罐、LNG 车载瓶、LNG 加气站、L-CNG 加气站、撬装式 LNG 加气站
3	张家港中集圣达因低温装备有限公司	LNG 低温液体运输车、LNG 气化站、船用 LNG 供气系统改装、LNG 调峰站、LNG 大型储罐、LNG 大型球形储罐、LNG 汽车加气站、LNG 车用瓶、LNG 特种车
4	成都深冷空分设备工程有限公司	深冷气体（液体）分离装置和特种气体提纯装置的技术研究和产品开发
5	哈尔滨深冷气体液化设备有限公司	天然气液化分离设备、煤层气液化分离设备、油田气液化分离设备、空气分离及液化设备、深度冷冻设备、低温环境模拟装置等的设计、开发、制造、技术咨询、安装调试
6	沈阳鼓风机集团有限公司	从事研发、设计、制造、经营离心压缩机、轴流压缩机等 8 个系列 300 个规格的风机类产品，高压给水泵、强制循环泵、核泵等 51 个系列 579 个品种的泵类产品，45 个系列 400 个规格的往复式压缩机产品
7	杭州杭氧股份有限公司	空分设备和石化设备开发、设计、制造成套企业，以设计、制造、销售成套大中型空分设备和石化设备为核心业务
8	南通中集罐式储运设备制造有限公司	LNG 贮罐、槽车、大型常压贮罐、罐式集装箱、低温绝热气瓶和汽化设备、LNG 环氧乙烷罐箱

表 3-13 国外 LNG 设备相关单位

序号	重点单位	重点产品
1	德国曼透平集团	透平机械和压缩机设备
2	阿特拉斯·科普柯公司	主要生产往复式、螺杆式、离心式压缩机及其配套用干燥器以及过滤器、冷却器、能量回收系统和控制系统

续表

序号	重点单位	重点产品
3	英格索兰公司	压缩空气系统、离心式压缩机
4	德莱赛兰(Dress-rand)公司	离心压缩机、轴流压缩机、汽轮机、燃气机及往复式压缩机、高温工业燃气膨胀透平、螺杆压缩机和轴流离心式复合式压缩机
5	美国西匹埃(CPI)公司	制冷油滤器、制冷剂、制冷配件
6	意大利海德液控股份公司	多路换向阀液压先导控制装置、压力控制阀、流量控制阀
7	德国林德(Linde)公司	LNG液化工艺、主液化装备
8	美国布朗ACD公司	LNG低温泵、槽车低温泵
9	法国Cryostar公司	低温泵、涡轮机、压缩机和换热器。
10	美国Cryomach公司	低温泵
11	美国空气产品(APCI)公司	LNG液化工艺、主液化装备
12	瑞士Cryomec公司	LNG低温泵
13	美国福斯Flowserve公司	低温泵
14	法国Ensival-More公司	低温泵

3.2.2.6 LNG市场需求不断扩大

近年来，中国大量进口海基LNG，而陆基LNG资源供应则逐渐出现过剩。LNG接收站与陆基LNG工厂的竞争逐渐加剧，接收站外输LNG竞争力持续增强，进口LNG将逐渐成为中国LNG资源主要供应渠道。陆基LNG工厂供应半径逐渐被压缩，竞争力持续减弱。主要原因在于国际上使用大批量大规模液化装置推进LNG液化项目后，其规模优势及价格优势等较国内小型LNG液化装置明显得多。目前国际上一套大型LNG装置的产量相当于国内所有LNG工厂液化产量的总和。如俄罗斯亚马尔LNG并行三套液化装置的总产能达到1800万吨，而2021年度中国所有LNG液化工厂的产量总和为1545.1万吨。所以，从大规模应用方面来说，国内小型LNG液化装置从气源价格、管理成本、液化成本等各个方面，均没法跟国外的大型LNG液化装置进行比较，也没有明显的比较优势。不过，国内的中小型LNG液化装置在天然气汽车和调峰方面仍具有一定的功能发展优势。"十四五"期间，中国LNG市场仍将保持5%～10%的年均增速。LNG下游用户逐渐多元化，逐渐从单一加气站向加气站、城市燃气和工业用户多方位转变。随着天然气资源供应多元化，中国LNG利用市场从无到有，逐渐形成了一条具有中国特色的较为完整的产业链。LNG在补充天然气供应、提高天然气商品价值、推进产业市场化发展等方面均产生了较大的促进作用。但是，中国LNG产业发展时间较短，在LNG在市场波折中不断前进，从LNG液化、运输、接收站汽化到终端利用，目前已经形成了一条较完整的产业链，并进入了快速发展期。2014年，中国LNG消费量仅有$123\times10^8 m^3$，占天然气总消费量$1828\times10^8 m^3$的6.7%。2019年，中国LNG消费量达到$430\times10^8 m^3$，年均增长$60\times10^8 m^3$，年均增长率达到28.4%。未来LNG进口量依然快速增长，核心装备技术研发及国产化进度均会大大加快。LNG凭借市场需求不断增大、终端竞争优势越来越强，逐渐形成独立性凸显的新型商业模式。

3.2.2.7 LNG进口总量持续增长

随着我国东南沿海LNG接收站的大规模建设，LNG进口总量持续增长，从2006年进口72万吨，到2021年进口8140万吨，年平均增速达到35%以上，进口总量已超过日本，位列世界第一。国产LNG主要依托管网天然气液化，进口LNG主要依托国际远洋供应。当天然气市场出现短时供应紧张时，国内LNG工厂会采取临时限产措施，LNG接收站会加大汽化力度，辅助调节管网供应。进口LNG主要以期货和现货两种模式供应，其中，期货受"照付不议"合同约束，资源供应量和到港时间均受较大程度的限制，调控空间较小，而现货可通过国际转卖和现货交易进行调控。当天然气市场供小于求时，为保障管道气终端用户的正常生产，往往限制国产LNG产量，进口LNG接收站因资源调配灵活，保供压力较小，LNG外输量较为稳定。当天然气市场供需平衡时，LNG工厂与接收站均可以稳定地供应下游市场。当天然气市场供大于求时，进口LNG由于受期货市场交易限制，可调控力度有限，此时，主要依靠国产天然气进行调控，这将导致LNG工厂可获取油气资源减少，未来LNG生产受限。从近期国家政策及液化成本分析，国内接收站进口稳定增长，可满足下游市场需求。综上所述，国产LNG在高峰时期仍有价格优势。从价格趋势及供应稳定性的角度来看，接收站外输LNG的竞争力在持续增强，尤其是随着国家油气管网公司成立，沿海LNG接收站将纳入国家油气管网公司，实现向第三方开放，下游用户可以直接进行国际LNG资源采购，资源获取成本有望进一步降低。随着LNG市场规模的扩大，中国天然气行业改革的深入，接收站外输LNG将逐渐成为中国LNG资源最主要的供应渠道，国内LNG工厂的供应半径将逐渐被压缩，生产负荷进一步降低，竞争力持续减弱。

3.2.2.8 LNG物性功能用途广泛

LNG为清洁安全的液化燃料，燃点650℃，高于汽油和柴油，热值高，行程长，具有良好的安全性能，非常适合长途运输车辆及轮船使用。目前，在LNG汽车已大规模推广的基础上，中国正紧跟世界的步伐积极地发展LNG船运事业，推进船用发动机双燃料技术，包括中兴恒和、湖北西蓝等单位积极开拓双燃料船舶，发展趋势日益显现。此外，LNG冷能回收等技术也是未来LNG产业发展的一项主要"副业"。我国将在沿海地区建成几十个LNG接收站，每年将进口近亿吨LNG，如果采用海水加热汽化，势必造成巨大的冷能浪费和严重的冷污染。如果将其冷能有效回收，用于温差发电、制取液氮、制造干冰、低温冷藏等领域，则可节约大量成本。另外，工业发电也是LNG重要的用途之一。目前，日本LNG发电量占国内用电总量的75%，也是世界上LNG发电占比最高的国家之一。我国天然气发电机容量5567×10^4 kW，仅仅占全国份额的4%，天然气发电量1183×10^4 kW，占全国份额的2.1%，远远低于世界20%的平均水平。

3.2.2.9 LNG逐渐成为能源热点

LNG是一种清洁、高效的能源，是天然气经过一系列净化工艺及液化工艺后得到的-162℃液态产物,其体积为气态时的1/630。LNG可作为城市管网气源及调峰气源,可作为汽车燃料,可回收利用冷能等。从中国的天然气发展形势来看,LNG资源有限,产量小于需求,供需缺口越来越大。尽管还没有形成规模,但是LNG的特点决定LNG发展非常迅速。可以预见,未来LNG将成为我国重要的支撑性能源之一。经济持续快速发展,能源保障极为重要。中国的能源结构以煤炭为主,以石油、天然气为辅,LNG的应用远低于世界平均水平。随着国家对LNG需求的不断增长,引进LNG将对优化中国的能源结构,有效解决能源供应安全、生态环境保护的双重问题,实现经济和社会的可持续发展发挥重要作用。LNG在我国拥有巨大的发展潜力,为加快LNG的开发和利用,有关部门正在制定我国LNG产业的中长期发展规划。预计未来将有更多基础资金投入LNG设施建设。就天然气管网而言,除了现有的西气东输、陕京二线、忠武线等以外,还将规划兴建一批重点干线管道和联络管道,目前,我国的天然气管道向南延伸到珠海、北海,向北、向西将延伸到黑龙江、新疆并与俄罗斯管道相连。全国天然气运输管道总长度超过 $3.6×10^4$ km,同时,在中国沿海地区已建成近30座规模近亿吨的LNG接收站,并形成年进口 $1×10^8$ t 规模的接收设施,建造30多艘大型LNG运输船,形成百万吨规模的LNG运输能力,实现天然气管道横跨东西、纵贯南北、沿海与内陆相通,国产管道气、进口管道气和LNG相互衔接的区域性乃至全国性的天然气联网供应。

3.2.2.10 LNG海气西进局面形成

中国对LNG产业的发展越来越重视,加快布局建设沿海大型LNG接收终端项目群,最终构建一个以沿海LNG接收终端网络与"海气西进"LNG汽化配送管网群,以使天然气能源在"西气东输"的基础上,增加"东气西进"功能,构建天然气能源安全大网。并且伴随着基础产业改革力度的加大,能源市场出现多能互补利用局面,LNG行业更是取得了前所未有的发展局面,呈现出勃勃生机。国外资本、民营企业、个人资金纷纷涌入基础设施产业,参与燃气基础设施建设,促进了我国LNG项目的建设。这不仅使得充分利用国产LNG提前开发中小城镇燃气市场成为现实,还为将来天然气大管网的供气奠定了基础。国内的LNG项目建设已经快速开展,无论是气源、运输还是LNG汽化站都有了大规模的发展,这为城市燃气利用及车辆应用LNG提供了先决条件。LNG作为天然气的一种独特的储存和运输形式,有利于降低天然气的远距离运输成本和储存成本。此外,由于LNG在液化前需进行预处理净化处理,去除天然气里面的杂质成分,液化后的天然气以甲烷为主,其性能更加稳定、更加洁净。LNG可以做"西气东输"的有力补充,同时又可以作为一种有效的调峰手段和应急气源。

3.2.3 LNG市场消费现状

LNG与石油相似,易于量化,具有市场化特征,未来LNG发展也是朝着易于市场化定价方向前进。在LNG消费量保持稳步增长的前提下,LNG市场也在稳步增长且占据越来越重要的地位。我国LNG消费的重要领域在于调峰补气和汽车消耗两大领域,重点区域集中在东南沿海及中部发达地区,形成一个以沿海LNG接收终端为中心的输送网络，供应东南经济发达地区，如北京、江苏、广东、浙江、福建、安徽、河南、湖南、江西等地。此外，LNG作为天然气产品的重要组成部分，是世界上发展最快的化石能源之一，但由于其特有的低温特性，尤其在远洋输运及调峰方面具有特殊的竞争力。目前LNG常用于城镇燃气调峰、汽车燃料、区域供应燃气等领域（图3-22）。

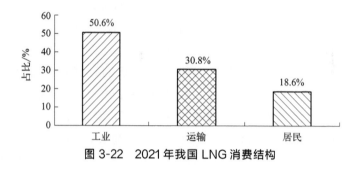

图3-22 2021年我国LNG消费结构

3.2.3.1 LNG资源保障

近年来，全球LNG产能快速增长，全球已投产的LNG大型液化项目达到60多个，广泛分布于19个国家和地区，整体液化能力合计约为 4×10^8 t/a，主要分布在澳大利亚、美国、俄罗斯、卡塔尔、印度尼西亚和马来西亚等国家（图3-23）。因此，若全球液化项目产能全部释放，全球产能全部释放，全球LNG液化能力将增至 8×10^8 t/a，其中大部分来自新投入运营的项目及正在建设的液化项目。目前，国内天然气储量丰富，根据2015年探明储量，常规天然气资源储量 68×10^{12} m³，累计探明地质储量约 13×10^{12} m³，探明程度19%。国内丰富的天然气资源为国产LNG的后续开发提供了保障。

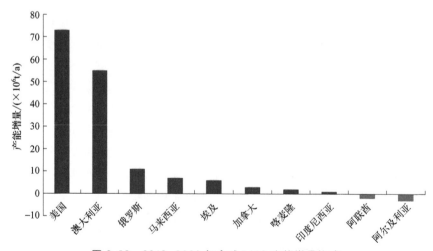

图3-23 2016~2020年全球LNG产能增量构成

3.2.3.2 LNG市场格局

传统的能源主要由石油、煤炭和天然气构成，其中，煤炭和石油为我国主要能源，尤其煤炭，不但要满足工业使用，还要用于十几亿人的冬季取暖。随着对气候问题、环保问题及能源结构的不断关注和优化，为保护大气环境，减少酸性气体排放，减少粉尘等污染物，我国近些年开始大规模铺设天然气管网，促进天然气资源合理快速利用，加快清洁能源在国民经济和社会发展中的地位。2000 年后，开始发展 LNG 产业，大规模引进国外 LNG 进口资源，改善我国天然气资源供给环境，促进工业发展及人居环境水平的现代化建设。国内 LNG 市场用户主要集中在上海、江苏、福建、广东等珠三角、长三角经济发达地区。为确保 LNG 能源供给，目前还需要争取国际 LNG 期货资源支撑，优化 LNG 长协价格，抢占 LNG 新开发资源，尤其是俄罗斯、澳大利亚、加拿大及美国等国家 LNG 资源，确保能源安全供给。同时，推动 LNG 供应多元化，各气源互相渗透，考虑成本因素，保障发展空间，迫切需要推动进口 LNG 采购价格更趋合理，稳定 LNG 资源供应，保障国家能源安全。

3.2.3.3 LNG 进口扩大

长期以来，亚洲市场一直是 LNG 远洋贸易的主要目标，LNG 进口量超过全球贸易量的 70%，但近年来传统进口大国即日本和韩国的燃气进口量大大下滑，而中国等新兴市场成为 LNG 贸易的重要目标，进口 LNG 的规模及速度逐渐加快。2015 年时，中国 LNG 进口量排名前五的市场为澳大利亚、卡塔尔、马来西亚、印度尼西亚、巴布亚新几内亚；LNG 进口量排名前五名的省市是广东省、上海市、福建省、河北省、山东省。2016 年时，LNG 进口量排名前五大的市场为澳大利亚、卡塔尔、印度尼西亚、马来西亚、巴布亚新几内亚。2016 年，LNG 进口量排名前五名的省市是广东省、福建省、山东省、上海市、江苏省。中投顾问发布的《2017—2021 年中国 LNG 行业投资分析及前景预测报告》数据显示，我国 LNG 进口规模从 2009 年的 $553.2 \times 10^4 t$ 增长到 2016 年的 $2615.4 \times 10^4 t$，年均复合增速 25%；2015~2016 年，LNG 进口总量由 $1965 \times 10^4 t$ 增长到 $2606 \times 10^4 t$，增长了 32.6%；2015~2016 年，LNG 进口总额由 88.5×10^8 美元增长到 89.3×10^8 美元；2017 年国内 LNG 产量为 $829 \times 10^4 t$，累计增长 14.4%，而全年进口天然气则达到 $6857 \times 10^4 t$；2021 年仅 LNG 进口量如图 3-24 所示。近年来，国内 LNG 进口总量不断快速刷新纪录。其中，2021 年中国 LNG 产量情况如图 3-25 所示。

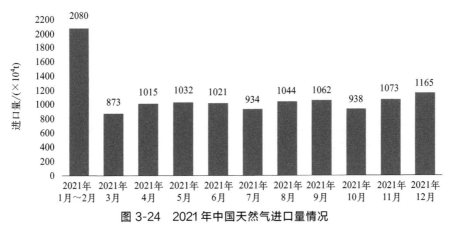

图 3-24 2021 年中国天然气进口量情况

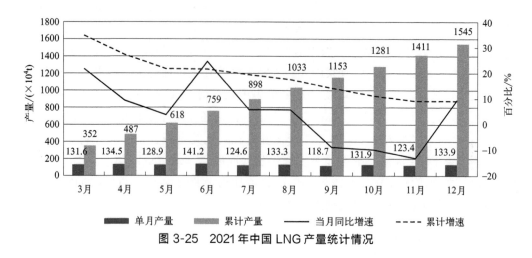

图 3-25　2021 年中国 LNG 产量统计情况

近年来，我国 LNG 进口量呈现快速增长趋势，LNG 进口规模不断扩大（图 3-26、图 3-27）。为了保证我国 LNG 行业的发展，我国 LNG 接收站进入快速启动阶段，不仅在传统的五大区域新建项目，还筹划在内陆长江干线区域建设项目。根据交通运输部编制的《全国沿海与内河 LNG 码头布局方案（2035 年）》，将按照规划引导、规模适度、集约布局的原则，在长江 2838km 通航里程的干线航道上，在湖北、湖南、江西、安徽、江苏 5 个省份规划布局 6 处沿江 LNG 码头，包括武汉港、岳阳港、九江港、芜湖港、江阴港、苏州港，服务各省液态及储气调峰需要（表 3-14、表 3-15）。

图 3-26　2016~2021 年我国 LNG 进口量统计情况

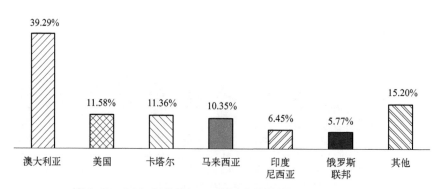

图 3-27　2021 年我国 LNG 进口来源国结构占比统计情况

表 3-14　中国五大区域沿江 LNG 码头布局方案统计情况

地区	主要内容
环渤海地区	布局 6 处重要港址（3 处扩建、3 处新建）、7 处一般港址（2 处已建、5 处新建）
长三角地区	布局 5 处重要港址（4 处扩建、1 处新建）、5 处一般港址（2 处已建、3 处新建）
福建省	布局 3 处重要港址（2 处已建、1 处新建）
广东省及广西壮族自治区	布局 2 处重要港址（2 处扩建）、5 处一般港址（2 处已建、3 处新建）
海南省	布局洋浦港神头港区布局 1 处一般港址

表 3-15　中国长江干线沿江 LNG 码头布局方案统计情况

地区	主要内容
湖北省	武汉港布局 1 处港址
湖南省	岳阳港布局 1 处港址
江西省	九江港布局 1 处港址
安徽省	芜湖港布局 1 处港址
江苏省	无锡（江阴港）、苏州港布局 1 处港址

根据交通运输部印发的《环渤海地区液化天然气码头重点布局方案（2022 年）》，由于环渤海地区天然气消费需求快速增长，2015 年以来年均增长 58%，2017 年消费量达到 $518\times10^8 m^3$，其中，海运进口 LNG 占消费总量的 34%，增长势头迅猛。为了完善环渤海地区 LNG 码头布局，交通运输部在环渤海地区 5 大港口布局了 16 个泊位，保障环渤海地区的供应目标。其中，具体泊位布局方案，包括大连港鲇鱼湾港区已建泊位 1 个，新增泊位 1 个；唐山港曹妃甸港区已建泊位 1 个，新增泊位 3 个；天津港南疆港区已建泊位 1 个，维持现状；天津港大港港区已建泊位 1 个，新增泊位 2 个；青岛港董家口港区已建泊位 1 个，新增泊位 1 个；烟台港西港区新建泊位 2 个；烟台港龙口港区新建泊位 2 个。除烟台港新建 4 个泊位外，其他 4 个港口均有已建泊位。除此之外，在辽宁、河北和山东等港口规划条件成熟的部分港址，可按照国家能源发展规划、港口规划和市场发展实际等，有序开展项目前期研究（表 3-16）。

表 3-16　中国不同地区运营、在建与规划的 LNG 码头数量与能力

地区	省	市	运营 数量/座	运营 能力/($\times10^4$ t/a)	在建 数量/座	在建 能力/($\times10^4$ t/a)	规划 数量/座	规划 能力/($\times10^4$ t/a)	合计 数量/座	合计 数量/座
华南地区	广东	深圳	1	370	1	400	1	300	3	1070
		珠海	2	550			1	300	3	850
		东莞	1	100					1	100
		揭阳			1	200			1	200
		茂名			1	300			1	300
		汕头					1	150	1	150
	海南	洋浦	1	300					1	300

续表

地区	省	市	运营 数量/座	运营 能力/($\times 10^4$t/a)	在建 数量/座	在建 能力/($\times 10^4$t/a)	规划 数量/座	规划 能力/($\times 10^4$t/a)	合计 数量/座	合计 数量/座
华南地区	广西	北海			1	300			1	300
		钦州					1	300	1	300
长三角及东南地区	福建	莆田	1	260			1	300	2	560
		漳州					1	300	1	300
		万安					1	300	1	300
	江苏	南通	1	350	1	60			2	410
		连云港					1	300	1	300
		盐城					1	300	1	300
	浙江	宁波	1	300					1	300
		舟山			1	300			1	300
		温州					1	300	1	300
	上海	上海	2	350					2	350
	安徽	芜湖					1	100	1	100
环渤海及山东地区	天津	天津	1	220	1	300			2	520
	河北	唐山	1	350					1	350
		秦皇岛					1	200	1	200
	辽宁	大连	1	300					1	300
		营口					1	300	1	300
	山东	青岛	1	300					1	300
		烟台					1	150	1	150
		威海					1	300	1	300
合计			14	3750	7	1860	15	3900	36	9510

随着我国政府积极推动 LNG 能源产业建设，优化能源消费结构向清洁化、低碳化转型，到 2035 年，"天然气（LNG）＋可再生能源"的能源供应模式将满足我国 70％ 的新增能源需求。此外，LNG 供应灵活，既能快速弥补新能源包括太阳能、风能、氢能、潮汐能等供应量下降造成的用能缺口，又能快速响应能源需求不足，可满足我国季节性能源需求和调峰需求，提升能源供应的合理性及安全性。

3.3 本章小结

本章主要针对国内发展现状，讲述了中国 LNG 产业发展历程，包括 LNG 行业监管体制、LNG 发展主要方向、LNG 汽车发展历程、LNG 产业发展形势、LNG 发展机遇与挑战等；讲述了中国 LNG 产业现状，包括 LNG 陆路生产现状、LNG 产业发展现状、LNG 发展现状分析、LNG 产业现状分析、LNG 市场消费现状等。中国 LNG 自 20

世纪 60 年代开始一步步地发展起来，从无到有，从小到大，从弱到强，走出了与欧、美、日、韩等完全不同的发展路径，尤其是在 LNG 利用方面，充分体现了中国天然气市场的特色，资源供应、销售模式、下游利用等均具有较高的创新性和规模发展效应。未来 LNG 必将成为代替煤炭、石油部分功能的重要清洁燃料，可减少氮氧化物及硫化物的排放，保护环境。随着市场对新能源的进一步开发和利用，为保障 LNG 市场继续稳定发展，充分发挥 LNG 的供应特点和优势，未来，中国必将结合"一带一路""双碳"目标倡议及海洋经济发展远景目标战略，拓展现有 LNG 产业规模和目标市场，以保障 LNG 产业的健康快速发展，促使 LNG 成为我国重要的战略能源之一。

参 考 文 献

[1] 张德久，徐敏. 中国 LNG 产业发展现状、问题及对策 [J]. 石化技术，2019，26（5）：24-25.
[2] 陆争光，高振宇，皮礼仕，等. 中国 LNG 产业发展现状、问题及对策建议 [J]. 天然气技术与经济，2016，10（5）：1-4，81.
[3] 王伟明. 中国液化天然气市场发展趋势及建议 [J]. 国际石油经济，2020，28（9）：65-71.
[4] 苏欣，杨君，袁宗明，等. 我国液化天然气汽车研究现状 [J]. 天然气工业，2006（8）：145-148，177.
[5] 张晓萌，李武. 我国液化天然气汽车发展前景的探讨 [J]. 汽车工业研究，2009（9）：23-25.
[6] 刘宏伟，高洁. 液化天然气汽车现状及发展瓶颈（二）[J]. 专用汽车，2012（8）：66-67.
[7] 马晓芳. 液化天然气汽车行业发展现状分析 [J]. 环渤海经济瞭望，2018（3）：51-52.
[8] 赖元楷. LNG 燃料汽车的发展前景 [J]. 天然气工业，2005（11）：104-106，157-158.
[9] 李泽强，司景萍. LNG 汽车的应用分析及推广建议 [J]. 公路与汽运，2015（3）：21-23，47.
[10] 陈曦，厉彦忠，王强，等. 液化天然气汽车的应用优势及存在的问题 [J]. 石油与天然气化工，2002（6）：289-291.
[11] 李永昌. 中国液化天然气汽车的发展历程 [EB/OL]. https：//max.book118.com/html/2017/0112/82785158.shtm.

第4章

液化天然气产业链

随着全球液化天然气（LNG）资源需求的持续增加，我国天然气行业发展潜力巨大，进口 LNG 已成为我国第二大天然气供应来源。自 2006 年中国海洋石油集团有限公司（以下简称"中国海油"）在深圳大鹏的第 1 个 LNG 接收站建成投产起，我国 LNG 产业经过 20 多年的快速发展，已经形成了较完整且规模化的产业链。截至 2023 年 7 月，国内已建成 26 座 LNG 沿海接收站（含 LNG 储备库），年接收能力已超 1.16 亿吨。伴随着国内 LNG 产业的发展，LNG 技术得到同步孕育发展和创新突破。目前，我国已建立了从上游天然气产出、分离液化、中游运输、接收及储存，到下游的天然气利用的完整产业链核心技术体系，部分核心自主技术和核心装备制造能力已达到国际领先水平。

4.1 LNG 产业发展概述

LNG 是典型的链状产业，LNG 产业链总体能够分为三段，每段都包括几个环节。第一段，LNG 产业链的上游，包括勘探、开发、净化、分离、液化等环节，是 LNG 的开发生产环节。第二段，LNG 产业链的中游，包括装卸船运输，终端站（包括储罐和再汽化设施）和供气主干管网的建设，是 LNG 的运输环节。第三段，LNG 产业链的下游，即最终市场用户，包括联合循环电站、城市燃气公司、工业炉用户、工业园区和建筑物冷热电多联供的分布式能源站。LNG 的应用场所包括作为汽车燃料的加气站，以及作为化工原料使用的化工厂等。

LNG 产业链（能源管理）：建设 LNG 工厂（图 4-1、图 4-2）→LNG 储运行业→LNG 接收站（汽化站）→城市管网→燃气工业→LNG 加气站→LNG 汽车工业等。

LNG 产业链（装备制造）：LNG 成套装备→大型螺旋管式换热器→板翅式换热器→大型 LNG 储罐→管线增压压缩机→大型制冷离心压缩机→BOG 压缩机→低温泵→低温阀门→低温配管→低温膨胀机→真空泵→汽化器→低温储罐→低温槽车→低温仪器仪表→低温加注设备→LNG 汽车等（图 4-3）。

第 4 章 液化天然气产业链

图 4-1 Hammerfest LNG 近岸工厂

图 4-2 澳大利亚 Darwin LNG 工厂

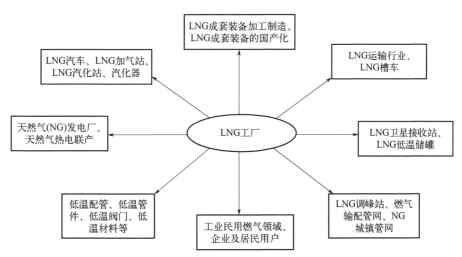

图 4-3 以 LNG 工厂为核心的产业链

LNG 产业链（核心技术）：LNG 成套工艺流程→LNG 核心工艺技术→LNG 低温主换热器流程计算→LNG 制冷过程流程设计计算→LNG 低温设备的数值模拟过程→大型离心压缩机的设计及模拟过程→LNG 大型制冷压缩机的设计模拟过程→BOG 压缩机的设计模拟过程→LNG 低温储罐的设计模拟过程→LNG 成套装备的控制系统设计→LNG 低温泵的设计加工过程等（图 4-4）。

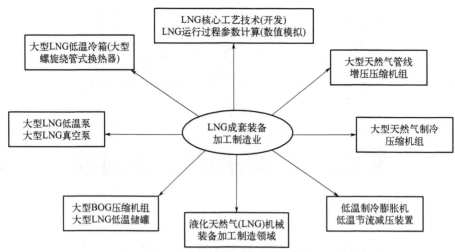

图 4-4 以 LNG 装备制造为核心的产业链

LNG 产业链包括了一级能源领域内的所有与天然气、LNG 相关的产业（图 4-5）。国外产业链相对成熟，而国内整个产业链自 2004 年以后（2004 年国内第一套液化装备由新疆广汇建设）逐渐发展壮大，近几年有飞速的发展。目前，在成套装备制造业领域大型 LNG 装备等全部依赖进口。

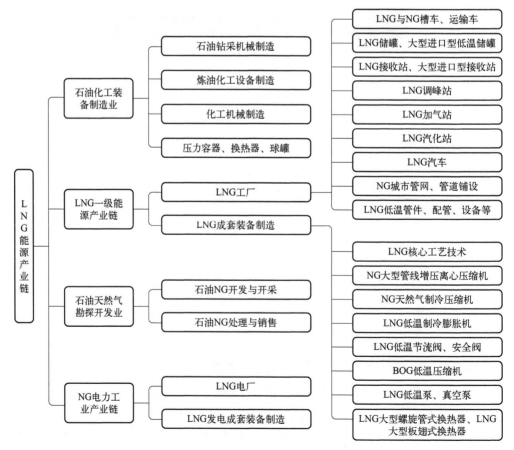

图 4-5 LNG 能源产业链及各领域关系

进入 LNG 一级新能源领域，是能源企业升级转型的良好机遇，尤其是新能源类企业。目前国内已有西气东输工程，再加上中西部丰富的天然气资源，为进入 LNG 新能源领域提供了先决条件。能源发展已经成为提高工业发展水平、改善城乡居民生活不可缺少的条件。此外，石油化工机械行业加工制造实力强，有市场有声誉，向一级新能源领域 LNG 领域转型，向能源行业、国家关键行业靠近。一级新能源领域加上一级能源机械制造业，可为 LNG 持续发展提供支持（图 4-6）。

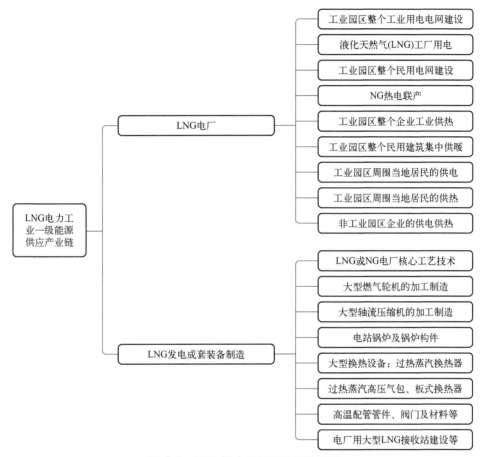

图 4-6　LNG 发电行业及各领域关系

LNG 产业链还包括建设 LNG 工厂（包括铺设天然气管道）；LNG 进口型接收站、LNG 运输船与低温罐车；建设城市燃气输配管网和调峰站、汽化站、天然气加气站；低温储存容器设备、低温配管、阀门及其管件以及高端低温材料等。我国 LNG 装备制造业加工能力及发展水平严重滞后，尤其在基础研究领域内的发展与实际产业化距离较大，不能为天然气工业发展提供保障，大量核心设备如膨胀机等（见图 4-7）均需要进口，主要由许多知名的跨国公司提供。

在民用领域，没有管网的地区可以用 LNG 来替代 LPG。LNG 工业链非常庞大，主要包括天然气液化、储存、运输、接收终端、汽化站等（图 4-8）。近年来，中国 LNG 产业开始起步发展，产业链各环节均取得了一定的进步。

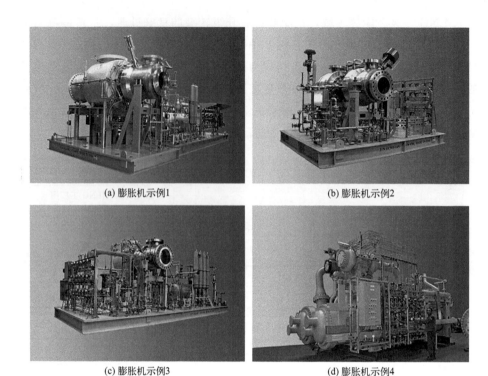

图 4-7 四种类型大型 LNG 膨胀机

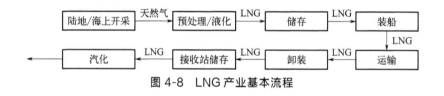

图 4-8 LNG 产业基本流程

(1) 天然气生产

天然气的生产包括上游气田的勘探、开采、集中运输以及气体的脱水、脱烃、脱除酸性气体,并把天然气输送到液化工厂去。

(2) 天然气液化

在天然气液化厂内将天然气进行净化、液化和储存。液化工艺一般采用不同的天然气低温制冷剂及制冷装备对不同气源成分的天然气进行液化,相关设备如图 4-9～图 4-14 所示。

(3) LNG 运输

中国当前现有 LNG 运输均采用 LNG 槽车(图 4-15、图 4-16)。单辆槽车最大 LNG 容积为 $37m^3$,设计压力为 0.8MPa,运行压力为 0.3MPa,正常平均行驶速度为 60km/h。整个运输过程安全、稳定。经跟车实测,运行中 LNG 槽车内的压力基本不变,短时停车会上涨 0.02MPa 左右,途中安全阀无放散现象,LNG 几乎无损失(图 4-17、图 4-18)。

图 4-9　大型混合制冷剂离心式压缩机

图 4-10　大型混合制冷剂离心式压缩机叶轮

图 4-11　大型天然气离心式压缩机

图 4-12　大型天然气离心式压缩机叶轮

图 4-13　大型 LNG 低温冷箱

图 4-14　低温冷箱内胆

（4）LNG 储存

LNG 的储存有高压储存法和常压低温储存法。高压储存法是把 LNG 储存至高压储存罐里，防止天然气蒸发外泄，减少运输过程能源损耗；常压低温储存法对环境适应性较强，可以将 LNG 的温度保持在其需要的低温范围内，应用时采用的是常压低温储罐，它有比高压储罐更大的存蓄量，适用于大规模的天然气储存，有效降低储存总成本，从而被更广泛地应用于 LNG 的储存过程，所以一般常说的、常见的 LNG 储罐也就是 LNG 低温储罐（图 4-19、图 4-20）。

图 4-15　LNG 槽车示例 1

图 4-16　LNG 槽车示例 2

图 4-17　LNG 槽车内胆及保温层

图 4-18　LNG 槽车泄放及加注系统

图 4-19　LNG 低温立式储罐

图 4-20　LNG 低温卧式储罐

(5) LNG 汽化

LNG 汽化由于热媒不同，汽化方式也有所不同，通过海水、空浴、水浴等一种或多种汽化方式将储罐内存储的 LNG 汽化，然后对汽化后的天然气进行调压（通常调至

0.4MPa)、计量、加臭后,送至城市中压输配管网为用户供气,LNG 汽化站实景图见图 4-21。

图 4-21 LNG 汽化站实景图

天然气全产业链涉及天然气的产、贸、运、储、销各个环节,环节较多且复杂,按上、中、下游和终端客户可将天然气产业链拆分为三个环节。上游气源环节,天然气气源结构以自有天然气气藏开采为主,进口气(含进口管道气和进口 LNG)为补充,但各气源受到供气增长速度存在的差异影响导致气源结构占比发生变化,其中进口气占比逐渐增加,自采气占比逐渐下降。中游储运环节,进口管道气进入后和自采气一并通过骨干管道运输至各个省,由省级管道进入各市,其间部分管道气通过液化工厂加工成为 LNG 通过槽车运送至没有管道铺设的区域;而 LNG 通过接收站进入市场后,部分被汽化进入骨干管道,部分通过槽车运输到分销设施,该环节设置有储气库,用于天然气的储存、调峰。下游分销环节,管道气进入各市后通过市级管道进入下游用户;槽车运输的 LNG 通过加气站销售给下游汽车及工业用户。天然气终端用户主要为居民用户、工业用户及汽车用户,其中居民用户主要用天然气进行取暖,工业用户则用天然气供热或合成基础化工品、化肥等,汽车用户则主要用天然气作为燃料来给各类汽车提供动能(表 4-1)。

表 4-1 天然气各环节的功能及气源

主要环节	细分环节	功能	气源
天然气气源	自采天然气	主要气源	—
	进口管道气	辅助气源	—
	进口 LNG	辅助气源	—
天然气储运	骨干管网	将气源气运送至消费省	自采气、进口管道气、进口 LNG
	省级管网	将管道气运送至消费市	骨干管道气
	LNG 接收站	接驳 LNG 运输船、储存 LNG、LNG 汽化	进口 LNG
	LNG 液化工厂	将气态天然气液化	管道气
	LNG 槽车	区域内运输 LNG	接收站的 LNG、液化工厂的 LNG
	储库	存储、调峰	骨干管道气、省级管道气
天然气分销	市管网	将管道气运至用户	省级管道气
	加气站	给汽车加气	槽车运输的 LNG、管道气

根据产业链上产品形态的差异可将天然气产业链分为两个链条：气态天然气链条，自采天然气、进口管道气两种主要气态天然气气源经过骨干管道和省级管道进入消费省，而后通过城市管道运送至用户端；液态天然气链条，进口 LNG 作为液态天然气气源通过接收站进入国内，然后通过 LNG 槽车运送至加气站。两条链条并非平行没有交集，例如，部分 LNG 经过接收站汽化后进入骨干管道；管道天然气通过液化工厂液化后转变为 LNG，进入液态链条（图 4-22）。天然气产业链各环节除产品相态有所不同外，各产品定价方式也有所不同，产业链上气态天然气价格主要受国家监管，而 LNG 价格相对市场化。

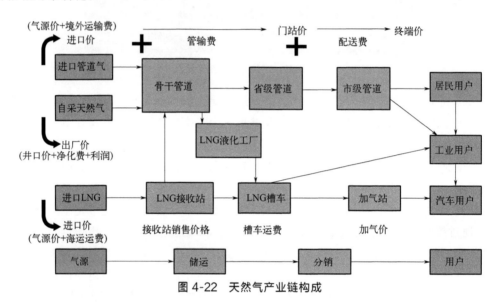

图 4-22　天然气产业链构成

天然气产业链上游勘探、开发、净化、分离和液化各个环节，投资都是很大的。要形成一个生产规模为几百万吨每年的 LNG 生产基地，没有上百亿元是不行的。LNG 产业链中、下游投资也很多。目前使用的超低温冷储 LNG 运输船吨位通常在 13 万吨左右，采用特殊的钢材和隔热结构，其发动机也是消耗天然气燃料的。这种船技术含量很高，一艘船的成本上亿元。LNG 终端站包括码头、储罐和汽化设施。再汽化工艺是靠海水、江水供热的方式把液态的 LNG 再汽化为气态的天然气，然后通过干线管网输送到用户。

下游环节的不同用户投资规模各不相同。天然气联合循环电站加上输、变电网的投资，大约 1 万元/kW，1GW（10^6 kW）的电站，需要配套投资约 100 亿元，分别由电力公司和电网公司承担。大城市燃气系统高、中、低压各级管网和调压站的建设和改造，也需要数以十亿元计的资金。至于工业炉用户，工业园区和建筑物冷热电多联供的分布式能源站，天然气作为汽车燃料的加气站建设以及相应的发动机改造的配套投资，也都是相当大的数目。此外，罐箱运输的车队和罐箱的投资及用户端汽化站的投资，也应属于下游的投资。由此可见，整个 LNG 产业链的项目总投资，至少在千亿元人民币的规模。

天然气作为石油的伴生物，它的燃烧产物主要是二氧化碳和水，而且天然气在燃烧时所产生的二氧化碳比其他化石燃料更少,所以它也是一种重要的优质、高效、清洁能源,每年全世界都需要消耗大量的天然气。现今我国每年都会有大量的天然气需要进口,为方便天然气的运输与储藏可以采用将天然气液化的方式来减小天然气的体积。

LNG 是气田开采出来的天然气,经过脱水、脱酸性气体和脱重烃类,然后压缩、液化而成的低温液体。中国的 LNG 产业已起步,在 LNG 产业链的每一环节上都有所发展。

LNG 具有燃烧清洁的特性,其燃烧排放的二氧化碳比石油少 25%,有利于环境保护。其最大的优点是体积只有等量气态天然气的 1/630,因此可弥补天然气在运输和储存方面所固有的缺陷,无论是用大型船只跨洋运输还是通过装载储罐的卡车运输都很适合。特别是在冬季用气高峰期,可以将事先储存备用的 LNG 用于调峰,使用起来非常灵活。

LNG 是天然气的一种独特的储存和运输形式,它有利于天然气的远距离运输,有利于边远天然气的回收,有利于天然气应用中的调峰,降低了天然气的储存成本。同时,由于天然气在液化前进行了净化处理,所以它比管道输送的天然气更为洁净。

LNG 相对于压缩天然气(CNG)具有以下特点:①相对于压缩天然气,LNG 更加清洁环保,污染较低;②LNG 密度更大,能够更好地降低运输与储存的成本;③LNG 燃烧释放的热量较多。现今我国对于天然气的需求量巨大,除了使用天然气管道从陆上进行运输外,每年所进口的 LNG 多采用的是由专用的 LNG 船进行运输,各主要 LNG 接收站都基本分布在沿海大型的港口码头,为提高天然气的使用效率,需要做好 LNG 的制取。

随着国际石油价格暴涨,能源和电力成本大幅度增加,在这一背景下,LNG 冷能利用开始进入人们的视线。对人均能源资源只有世界一半水平的中国而言,LNG 冷能利用显得更加必要。每吨 LNG 的吸热汽化过程,相当于释放了 $830 \sim 860$ MJ 的冷能,同样的制冷方式需要 850 kW·h 电能,如果将冷能用于其他项目,每吨 LNG 可节电 $500 \sim 700$ kW·h。

LNG 生产成本相对较高,造成最后到用户端的气价升高;LNG 的保存也是个问题,气态天然气液化后是超低温状态,通过汽化进入发动机燃烧,虽然 LNG 气瓶是真空隔热的,但是要长期保存,仍然会蒸发泄漏,不如 CNG 保存时间长。

4.2 LNG 产业链的发展现状及趋势

LNG 产业取得了快速发展,国内已形成从上游海外 LNG 资源基地建设、天然气勘探开发,中游 LNG 船跨洋运输、接收站、管网建设,到下游天然气发电等领域的较完整产业链。中国海油、中国石化 2018 年 2 月 6 日同时宣布,来自不同产地的 LNG 分别在其各自位于天津的 LNG 接收站码头成功卸载,经汽化后将通过配套管网向京津冀鲁地区供气,可有效缓解华北地区近年冬季天然气供需紧张的问题。从 2006 年 6 月国内首个 LNG 接收站广东大鹏项目建成投运至今,我国十几年的时间建成从上游海外 LNG 资源基地建设、天然气勘探与开发,到中游 LNG 船跨洋运输、LNG 接收站建设、天然气管网管道建设,再到下游天然气发电、汽车加气、工业用气、LNG冷能利用等全环节覆盖的较完整产业链。从大型LNG储罐研发建设、中小型LNG液化技术及工程应用、海上浮式LNG技术的研发等多个方面取得了重要进展。

4.2.1 中国LNG产业链发展现状

4.2.1.1 LNG产业链装备情况

自2014中国石油昆仑能源湖北黄冈LNG工厂建成投产,也标志着我国百万吨级LNG核心装备逐渐走向国产化,说明我国已拥有自主建设大型LNG工厂的能力,在打破国外大型LNG技术与装备长期垄断,建立LNG核心液化装备产业链等方面取得了重要进步。2023年3月,中国海洋石油工程承建的加拿大LNG项目核心模块(图4-23),项目一期计划建造2条生产线,年产量达1400万吨LNG,装备的加工制造也标志着我国超大型LNG模块化工厂一体化联合建造的技术能力已经位居世界前列。目前国内已有LNG液化工厂120多座,其中大多中小型LNG液化厂已经能够实现国产化,并初步形成了规模较小的LNG装备加工制造产业链。

图4-23 中国海洋石油工程承建的加拿大LNG项目核心模块

4.2.1.2 LNG产业链气源情况

由于我国中西部天然气资源丰富,为LNG液化提供了稳定的气源保障,近年来,LNG液化工厂蓬勃发展,涌现出了以新疆广汇等为代表的一大批陆基LNG生产供应商。由于我国陆上LNG产量无法满足日益增长的产业需求,每年仍需要进口大量LNG作为补充。2006年以前,我国没有LNG接收站,因此LNG的进口量很少。随着我国LNG接收站陆续建成投产,LNG的进口量大幅增加,2021年之前中国LNG进口量已超过9000万吨/年。当前,LNG国际市场依然供不应求。国内LNG进口气源主要来自卡塔尔、印度尼西亚、马来西亚、澳大利亚、也门、尼日利亚、俄罗斯等,其中卡塔尔是中国LNG进口最大供应商,约占LNG进口总量的1/3。

4.2.1.3 LNG产业链建设情况

LNG市场需求强劲,能源优势逐渐显现。LNG产业的蓬勃发展吸引了众多投资者,包括中国石油、中国石化、中国海油(图4-24)在内的众多油气企业大力开拓,沿海周边建设大型LNG接收站,布局LNG需求网络,规划LNG接收站及输送管线等(图4-25)。截至2022年,我国已建成LNG接收站近30座,总接收能力已远超1亿吨/年。中国石油依托大连LNG接收站将业务范围从东部延伸到了东北;中国海油主要投资华南、华北各省份;中国石化主要投资山东等华北地区市场。目前还有民营企业如新奥燃气、哈纳斯等企业也积极参与投资大型LNG接收站等项目。目前中国沿海地区已经形成了大型LNG接收站"包围圈",可对未来中国LNG能源供应提供重要保障(图4-26~图4-28)。

图4-24 中国海油福建LNG接收站终端

图4-25 大型LNG远洋运输船

图4-26 大型LNG接收站

图4-27 LNG卸料臂

图4-28 LNG码头

4.2.1.4 LNG汽车及加气站等情况

中国石油、中国石化等单位是推广LNG加气站建设的主要投资单位（见图4-29～图4-31）。除三大主力国企外，新疆广汇、新奥燃气及山东恒福绿洲等一批民营企业也在该领域也加快了投资布点步伐。

图4-29　大型LNG汽车加气站　　　　　图4-30　中型LNG球形储罐

作为LNG终端应用的中间设施，LNG加气站建设也出现跨越式发展（图4-32～图4-34）。其中，2013年时，中国已投运LNG加气站约1200座，年增长近50%，总量和增速均领跑全球，2013年，全国加气站的数量达到2000座。目前，中国石油在全国范围已新建LNG加气站5000多座，中国石化新建3000多座，中国海油新建1000多座。

图4-31　小型LNG汽车加气站　　　　　图4-32　LNG加气站低温潜液泵撬

4.2.2　中国LNG产业链发展趋势

从20世纪60年代起，西方发达国家如美国、英国、法国等开始大规模工业化应用和开发LNG，使得LNG在60多年的发展历程中取得了辉煌成就，尤其大型LNG液化核心装备技术领域的大规模开发及工业化应用，为LNG在半个多世纪以来的快速发展奠定了基础。目前单套 LNG 液化装置的液化能力已达到 500 万吨/年，大型 LNG 接收站的接收能力也达到了 1000 万吨/年以上。相比之下，中国 LNG 发展起源于 2000 年前后，发展迟缓，技术落后，核心工艺及技术等被西方发达国家垄断。

图 4-33　LNG 加气机

图 4-34　LNG 真空泵池

(1) 中国 LNG 产业发展潜力巨大

基于庞大的人口基数及市场发展潜力，从战略角度来说，中国目前已经跻身国际 LNG 消费市场，在 LNG 液化技术装备领域也有所突破；从能源因素来说，由于"双碳"目标，煤炭及石油等一次能源需要被清洁能源替代，核能、风能、太阳能等清洁能源由于各自的特点，规模使用尚有局限性；从消费市场来说，目前，如中国石油、中国海油、中国石化等大型企业及能源型外资企业和民营企业近年来都积极发展 LNG 产业，可以看到，LNG 作为第四大能源，发展潜力巨大。

(2) 中国 LNG 市场需求持续增长

自 2000 年以来，在全球"双减"压力下，LNG 市场需求持续增大，价格持续上涨。从 2021 年 10 月数据来看，全球海运 LNG 贸易量为 3151.50 万吨，环比上涨 7%。2020～2022 年，中国是世界 LNG 增产的主要力量，贡献全球 35% 的需求增量以及 80% 的贸易增量。LNG 作为绿色低碳能源，越来越多地受到世界的关注，未来 LNG 需求将维持增长。随着 LNG 在世界能源结构中的地位将不断上升，LNG 与煤炭、石油及天然气并称为全球能源的"四大支柱"，也是第四大能源。由于全球天然气储量、分布、生产和消费不均衡，远洋 LNG 将成为全球跨地区运输最有效的方式，而中国巨大的 LNG 能源消费需求也将拉动全球 LNG 贸易持续增长。

(3) 中国 LNG 远洋贸易不断发展

近年来，中国 LNG 消费大幅增长，在沿海 20 多座大型 LNG 接收站建成投产，以及中国在海外的 LNG 生产投资持续增大，如中俄亚马尔 LNG 项目、中澳 LNG 项目等，需要中国具备远洋输运能力，确保 LNG 资源能够及时拉到中国大陆。所以中国中远集团、中国石油、中国海油、招商局、中华沪东造船等 LNG 贸易与海运企业，围绕减排降碳、能源产业结构转型、清洁能源可持续供应等主题，为实现"双碳"目标下全行业的高质量发展，打造产业链供应链协同发展模式，大量建造 LNG 远洋船只，确保能源安全输运。由于 LNG 产业链资金密集、技术复杂、环节众多，数字化技术等将为 LNG 能源贸易和运输提供信息共享、资源协同和流程优化的有力支撑，所以加快实现信息资源的互联互通以及资源调配实现存量优化，促进协同发展是 LNG 贸易的关键所在。

（4）LNG 成为远洋输运主要动力

LNG 作为船用燃料与当前使用的船用燃料相比，可提供高达 23% 的温室气体减排效益。通过优化运营效率和相关措施，使用 LNG 可助力实现"碳达峰碳中和"目标。在当前"双碳"目标下以及数字化、智能化的发展趋势下，使用 LNG 作为远洋船舶动力燃料的主要趋势正朝着低碳化、智能化和简约化方向发展。LNG 远洋航运需要长远战略眼光，实时把控与评估国际能源市场的转型趋势，增强 LNG 调配灵活性，遵循更严格的排放标准，同时保证航运过程中更透明的碳排放总量信息。

（5）进口 LNG 呈现逐年增长态势

2012 年我国 LNG 接收能力不到 2160 万吨，到 2015 年时，LNG 进口规模已达到 6732 万吨，2021 年时接近 1 亿吨，呈逐年快速增长态势。由于管道从开始建设到实现设计输量需要一段时间，所以我国实现"十三五"规划目标主要依靠中亚管道和 LNG 海上贸易为主，以国内 LNG 作为应急补充。比较管网供应和 LNG 进口两种途径的可行性不难发现，加大 LNG 接收站建设力度是弥补这一缺口的有效途径，目前沿海各省份已建设 LNG 接收站 20 多座。

（6）LNG 基础建设设施逐渐完善

近年来国家明确提出加强天然气管网、LNG 接收站及储气工程等基础设施建设。随着能源消费结构不断调整，国外进口 LNG 比重不断增大，LNG 能源消耗比例不断扩大，国内的 LNG 产业链的发展及配套设施的改进速度明显落后于需求，尤其是天然气主干管网和区域管网系统亟待完善。所以应加快输气管道建设，提高储气能力，包括完善 LNG 基础设施建设，完成 LNG 国内网点汽化站建设，突破 LNG 液化关键核心技术和装备制造技术，引导 LNG 高效利用等。

（7）LNG 汽车发展需求逐渐成熟

从资源情况来说，近年来，LNG 无论是从国产还是进口的总量都在大幅提升，为 LNG 汽车的发展及 LNG 加液站的建设提供了资源保障。从环保方面来看，LNG 动力相比于石油类汽车来说，只排放二氧化碳和水，排放达到欧四标准，对环境造成的影响很小，不会造成环境污染问题。所以，将 LNG 汽车作为突破口是未来 LNG 下游终端汽车应用发展的一条重要途径，加强 LNG 汽车市场培育，进一步明确发展目标，制定科学合理的发展规划，因地制宜，在有条件的地区优先发展 LNG 汽车产业也是扩展 LNG 产业的一个重要举措。

（8）LNG 资本多元化促进事业发展

在 LNG 能源领域，民营资本扮演了相当重要的角色，尽管单个企业资本数量小，但是从世界各国 LNG 发展历程上看，民营资本进入 LNG 行业是国资的重要补充，引入国外资本和民营资本是未来 LNG 发展的必然趋势。资本的多元化更有利于 LNG 产业链结构调整及 LNG 产业向高技术含量的竞争方向发展。国家在制定下游配气环节监管政策的过程中，应该尽量避免 LNG 产业链一家独大的运营模式，鼓励多元化资本融入，对 LNG 产业的合理布局及竞争发展具有促进作用。

4.3 LNG 产业链主要商业模式

LNG 是典型的链状产业，从上游天然气勘探开发、天然气液化，到中游储运，再到下游分销，再到工业应用等，已形成了一条完整的产业链（图 4-35）。

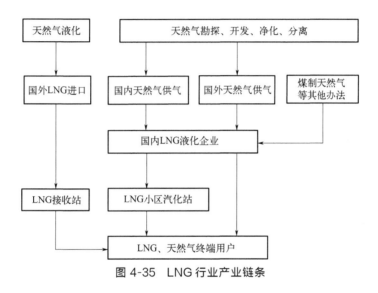

图 4-35　LNG 行业产业链条

上游盈利主要在于天然气开采与生产中，包括勘探、开发、净化、分离、液化等几个环节。从事天然气生产的主要是各大石油公司（中国石油、中国石化、中国海油等）。LNG 工厂在过去几年产能快速扩张，从 LNG 液化能力看，中国石油居首位，民营企业积极参与。中游（LNG 产业链的中间环节，主要涉及 LNG 的贸易和运输）通过 LNG 贸易及运输盈利，包括槽车运输、装卸船运输、终端站（包括储罐和再气化设施）和供气主干管网的建设。内陆 LNG 运输方式主要是槽车运输，将气田开采的天然气经过 LNG 工厂液化后，再通过槽车运输到东部沿海消费地区。海外 LNG 通过船运到港口接收站，在接收站汽化，大部分 LNG 经过加温汽化后通过管道输送，也有部分直接用槽车运输到其他地区。下游终端盈利主要针对 LNG 用户，可以应用在车用（LNG/CNG）、工业、民用、电厂、分布式能源等众多领域。在发电领域，由于 LNG 与煤炭的比价关系差，需要政策推动，并以调峰电站为主。

天然气全产业链盈利包括上游气源、中游储运和下游分销，涉及了天然气的产、贸、运、储、销各个环节。在天然气需求增速提升、行业开放性加大、行业进入壁垒逐渐降低的环境下，未来涉足投资的企业将逐渐增多。世界 LNG 产业链经过 60 多年的快速发展，产业融合度及产业布局已经相对完备，上下游各环节联系十分紧密，由天然气开采、预处理、天然气液化、LNG 运输、LNG 接收、LNG 储存、LNG 汽化、LNG 外输管线和终端等构成。国内 LNG 规模发展 20 多年，产业发展及产业链的建立尚不健全，还需有足够的时间及空间进行深度发展。

4.3.1 LNG 进口贸易

天然气气源结构以天然气气藏开采为主，进口管道天然气或 LNG 作为补充。由于陆地气田开采前需要大量时间及资金投入，所以短期内难以提升 LNG 产能。国内近些年随着天然气消费量的快速提升，油气田开采增速明显低于消费增速，陆上气源结构占比逐年下降。2006 年后，由于沿海大型 LNG 接收站的相继建成，进口 LNG 的总量逐年提升，LNG 主要来自卡塔尔、澳大利亚、马来西亚、印度尼西亚、俄罗斯等国家。进口 LNG 弥补了管道天然气不足难题，且形成多元化的进口渠道。除海上 LNG 进口通道外，西气东输、中缅管道、中俄管道等几条重要的天然气通道建成，天然气来源及储备已明显多元化。

(1) 大规模短期 LNG 进口模式

陆上天然气管道气源因对基础设施投资要求高，投资数额大，且具有周期长、用户固定等特点，通常需要签订长期供应协议，以确保投资方及用户的权益。相比之下，进口 LNG 仅需要国内有接收站以实现 LNG 运输船的输运，而 1000 万吨的接收站投资规模为 60 亿元，投资规模相对较低。LNG 进口协议在长协的基础上增加天然气现货合约，且单笔协议进口规模小，因此 LNG 进口较为灵活，进口量增长较快。由于 LNG 进口较为灵活，未来将成为中国天然气的主要供给气源。民营企业主要通过两种方式进口 LNG，一是直接租赁 LNG 接收站。目前 LNG 接收站主要由油气央企所建，民营企业租赁难度较大。二是自建 LNG 接收站，如新奥燃气等，但审批程序复杂，建成后的管道铺设等难度更大。目前国外 LNG 进口主要由三大油气央企负责，受"亚洲溢价"（亚洲溢价起初是指中东地区的一些石油输出国对出口到不同地区的相同原油采用不同的计价公式，从而造成亚洲地区的石油进口国要比欧美国家支付较高的原油价格，后引用于天然气行业，指亚洲地区采购天然气价格高于其他地区）影响，采购价格偏高，不利于大规模 LNG 进口。

(2) LNG 价格需借鉴国际能源

国外对天然气及 LNG 的定价方式与国内油气定价方式存在巨大差异。LNG 进口价一般由 FOB 价、运费与保险费的总和构成。FOB 价的制定基于长期协议及"照付不议"原则。而美国 LNG 价格主要参考区域管道天然气长期协议价格以及天然气短期合同价格；欧洲 LNG 价格通常参考低硫民用燃料油、汽油等竞争燃料价格；亚洲除部分印度尼西亚出口的 LNG 价格与印度尼西亚石油生产价格指数挂钩外，其他 LNG 多与日本原油清关价格（即日本进口原油加权平均价格，JCC）挂钩。中国 LNG 进口中长协定价方式即为上述方法，单笔采购以能量单位（美元/百万英热）为计价单位，但国内海关统一口径为同一时期多笔 LNG 进口量及进口金额，因此多用质量价格元/吨计价，而为方便比较进口 LNG 与气态天然气的价格水平，此处用天然气体积密度 $1450m^3/t$ 将其折算为体积价格元$/m^3$。随着中国 LNG 进口量的提升，外部气源大量进入中国市场，部分 LNG 进口开始采取现货定价，其与国际原油价格或油品等替代燃料价格挂钩。中国海关网站中 LNG 进口量及进口金额推算出的进口单价显示，2017 年以来进口 LNG 价格集中在 2500～3000 元/t 的水平，折合 1.72～2.07 元$/m^3$。2022 年上半年，全国 LNG 出厂价格指数同比上涨近 65%。金联创 LNG 指数显示，2022 年 1～6 月全国 LNG 出厂价格指数 6538 元/t，同比上涨 64%。1～6 月国产 LNG 出厂均价 6691 元/t，同比上涨 66%；进口 LNG 槽批出站均价 7329 元/t，同比上涨 94%。国产与进口价差平均值为 −637 元/t。2022 年 2 月国内 LNG 价格飙升，3 月 1 日国产及进口 LNG 槽批均价均达到上半年最高点，分别为 8666 元/t 和 8998 元/t。2022 年 6 月 14 日，数据显示，LNG 进口现货到岸价格为 151.9 元/mmBtu（约合 5 元$/m^3$），但仍处于历史高位。2022 年 7 月 31 日，中国进口现货 LNG 到岸价格为 41.091 美元/mmBtu，约 277.1 元/mmBtu。LNG 到岸价格变动幅度非常大。近年来，LNG 主要是从澳大利亚、卡塔尔、俄罗斯、马来西亚、美国等国家进口，同期五个国家的进口到岸价差别能达到 2.5 倍，目前为卡塔尔价格最低。从海关总署公开的信息来看，2022 年 1～5 月，中国五大 LNG 进口来源，包括从澳大利亚进口 LNG 总额 425.72 亿元，总量为 938.01 万吨，平均每吨售价 4538 元，澳大利亚依然是我国进口 LNG 的最大渠道；从卡塔尔进口 LNG 总额为 275.01 亿元，总量为 668.42 万吨，平均每吨售价 4114 元，为主要供应方中最低价；从马来西亚进口 LNG 总额为 203.49 亿元，总量为 344.22 万吨，平均每吨售价 5911 元，马来西亚是第三大供应方；从俄罗斯进口 LNG 总额为 112.50 亿元，总量为 183.23 万吨，平均每吨售价 6140 元；从美国进口 LNG 总额为 70.38 亿元，总量为 92.80 万吨，平均每吨售价 7584 元，为主要供应方中最高价。

4.3.2 LNG 低温储运

LNG 储运主要指利用 LNG 低温储存装置将 −162℃ LNG 液化储存并运输至目标点的过程。LNG 一般在气源井口处建立自己的液化工厂，能够保证充足的气源供给及合理低廉的价格。LNG 是目前天然气远洋输送的最主要手段，其特点在于体积小、输送成本低、降低因铺设天然气管道气源不足等问题而造成的风险，对促进远洋天然气的利用开发具有显著效果。陆上 LNG 一般通过低温罐车输运，然后注入目标地 LNG 储罐，再从增压系统压入汽化器中汽化，再经过调压计量后送入城市管网供生产生活使用；LNG 经液化装置低温液化后储存并输运，很容易过临界爆炸从而产生危险，所以对生产工艺及装备、技术人员及管理等均有严格的要求，同时投资费用及运行费用相应增加。

天然气储运体系主要由西气东输等骨干管道、省级管道、市级管道及县级管道衔接 LNG 接收站、LNG 液化厂、LNG 槽车及地下储气库等构成。由于 LNG 接卸地与主要市场存在一定的距离，因此天然气从离开 LNG 储罐到用户之间还需要转运设施。部分 LNG 在接收站直接经汽化后进入管道运输，部分没有铺设管道的区域，需要 LNG 槽车等设施转运。

4.3.2.1 LNG 低温储罐

LNG 低温储罐有多种形式，常用的有半包容式储罐、全包容式储罐等，中小型 LNG 储罐有球形、立式、卧式等，主要应用于接收站、汽化站、加气站等各个场所。大容量 LNG 储罐在 -162℃超低温的状态下工作，LNG 处于饱和沸腾状态，当外部热量输入时，储罐内的 LNG 将持续汽化，所以，LNG 储罐在设计及加工制造时均需要考虑日蒸发率等关键技术参数，以确保低温储罐具有足够的绝热保温作用（图 4-36～图 4-39）。

图 4-36 LNG 储罐顶部结构图

图 4-37 LNG 储罐底部结构图

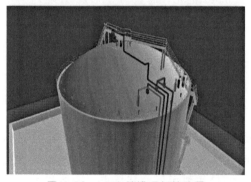

图 4-38 LNG 储罐顶部管路图

图 4-39 LNG 储罐立体管路图

此外，LNG 储罐的安全阀、液面计、温度计、进出口管的伸缩接头等附属件也必须具有耐低温特性。储罐的安全装置在低温、高压工况下必须能可靠地工作。LNG 储罐是汽化站中的关键设备，其绝热性及密封性的好坏直接影响到 LNG 的蒸发和泄漏速度，即 LNG 的损耗速度和使用率。储罐的性能参数主要有真空度、漏率、静态蒸发率。作为低温容器，LNG 储罐必须满足国家及行业标准中的相关技术要求。LNG 储罐的漏率会直接影响真空寿命，需要在使用过程中及时检漏，静态日蒸发率能够直观地反映储罐在使用时的保冷性能。

4.3.2.2 LNG 预冷进液

由于 LNG 属 -162℃低温流体，在低温工况下容易过临界增压，从而引起完全事故。所以，LNG 第一次打入存储设备时，均需要对存储设备进行低温预冷。低温储罐在安装施工完成后，在正式投产之前，必须采用中间介质进行低温预冷，经过预冷检验调试合格后方可接收 LNG。汽化站内的主要设备有 LNG 储罐、BOG（蒸发气）罐、汽化器、增压器、BOG 加热器、EAG（放散排空气体）加热器及相关工艺管道及管件，LNG 储罐在充装前必须经严格的预冷过程，才可打入 LNG 并储存。

4.3.2.3　LNG 增压汽化

LNG 从低温储罐打入管网前需要进行增压汽化。LNG 汽化过程为吸热过程，根据热源不同，有海水、空浴、水浴等换热方式。LNG 汽化站大多采用空浴式或水浴式汽化器。空浴式汽化器（也称空温式汽化器）主要采用空气自然对流换热，常采用竖直翅片式汽化器，低温空气自然对流向下，管内 LNG 竖直向上及向下蛇形流动，直到 LNG 液体经气液两相再到过热蒸气，完全汽化后打入管网。水浴式换热器或燃烧式汽化器一般用于冬季，外界温度较低，汽化器更容易在结霜时使用。汽化能力主要取决于汽化器的大小及通入 LNG 的多少，一般可达 3000m^3/h。考虑到换热器外表面容易结霜，并需要足够的间歇时间进行融霜，所以通常需要考虑备用切换设备。汽化站中的储罐增压器（主要采用自增压原理）、BOG 加热器、EAG 加热器等也采用空浴式换热器。

4.3.2.4　LNG 分流输运

LNG 通过远洋运输船运输到接收站码头，并通过卸料臂和卸船管线进入接收站 LNG 储罐。接收站储罐内的 LNG 主要通过两种模式进行外输。第一种模式是 LNG 经过储罐内的低压泵加压后进入高压泵再次加压（约 10MPa），然后通过汽化器加热（夏季采用海水水浴式汽化器，冬季采用燃烧式汽化器），汽化后的气态天然气打入外输管网。第二种模式是 LNG 经过储罐内的低压泵加压（约 1.2MPa 压力）后，近程输运时，通过槽车的装车臂打入 LNG 槽车，并通过公路运输为下游用户提供服务；远程输运时，可采用罐式集装箱、小船分泊的方式运送至沿海其他港口等终端市场。LNG 槽车为实现 LNG 陆地运输的主要工具，包括 LNG 半挂式运输槽车、LNG 集装箱式罐车。LNG 槽车的上游为 LNG 接收站或 LNG 液化工厂，下游通常为加气站或直接用户。

4.3.3　LNG 经营管理

目前，我国的 LNG 接收站主要分布在东南沿海地区，主要接收进口船运 LNG，在整个天然气产业链中具有接收、分发、配送、汽化、入网等功能。大型 LNG 接收站主要作为区域主力气源，例如中国海油广州大鹏 LNG 接收站、中国石油江苏如东 LNG 接收站、中国石化山东青岛 LNG 接收站等。大型 LNG 工厂主要建于远海地区，将远离用户的海洋天然气液化后，通过大型 LNG 船舶远洋运输至所需接收站。中小型 LNG 工厂主要针对部分天然气气田距离管道较远、天然气消费区域尚未铺设管道或者部分民营天然气生产商可对接的管道有限的情况下，在距离气源或消费区域适当的位置建设，并将气态天然气液化为 LNG 以便于运输至下游消费终端。

LNG接收站主要从上游负责海外购气,中游承担汽化、运输,下游负责城市分销。从接收站的经营模式来看,经销商从全球采购LNG,接收站负责接卸、储存。其中一部分LNG经接收站汽化加工后,就近输入管网供给下游城市燃气运营商,另有部分LNG经槽车运输至用气点附近的LNG汽化站,经汽化后通过直供管网输送至终端用户,在此过程中,经销商需要给LNG接收站提供转接服务费用。此外,LNG接收站可自主进口LNG,并通过管网及LNG槽车分销LNG,赚取差价,还可利用窗口期租赁给LNG贸易方,赚取接收费和存储费。其中,LNG民营接收站数量较少,目前主要有九丰、广汇和新奥等少数几个LNG接收站(表4-2)。LNG接收站审批过程复杂,审批流程要经过市级及国家有关部委三级审批,陆上码头要通过交通局审核,而浮式LNG接收站需要海洋局审批。若接收站审批顺利通过,后期仍面临长输管道难以接入、LNG仅能以液态形式在周边区域销售的问题。

表4-2 2000年～2018年2月我国已投用及在建的LNG接收站情况

投产时间	操作单位	地区	项目名称	现有规模/($\times 10^4$t)	当前进度
2006年	中国海油	广东	广东大鹏	680	验收投产
2008年	中国海油(申能)	上海	上海五号沟	50	验收投产
2008年	中国海油	福建	莆田LNG	520	加建扩建
2009年	中国海油(申能)	上海	上海洋山	300	加建扩建
2009年	台湾中油	台湾	台中天然气接收站	300	加建扩建
2011年	中国石油(昆仑能源)	辽宁	大连LNG接收站	1000	验收投产
2011年	中国石油(昆仑能源)	江苏	江苏如东	350	验收投产
2012年	中国海油	浙江	浙江LNG	300	加建扩建
2012年	九丰	广东	东莞九丰	120	验收投产
2013年	中国石油(昆仑能源)	河北	唐山LNG接收站	650	加建扩建
2013年	中国海油	天津	天津浮式LNG接收终端项目	220	加建扩建
2013年	中国海油	广东	珠海LNG	350	验收投产
2014年	中国石化	山东	山东青岛LNG	300	验收投产
2014年	中国石油(昆仑能源)	海南	中油海南LNG储备库(二级站)	60	验收投产
2014年	中国海油	海南	海南LNG	200	验收投产
2016年	中国石化	广西	广西北海LNG	300	验收投产
2017年	广汇	江苏	启东LNG分销转运站	60	加建扩建
2017年	中国海油	广东	粤东LNG项目	200	验收投产
2018年	中国石化	天津	天津LNG项目	300	加建扩建
2018年	新奥	浙江	舟山LNG接收及加注站项目	300	开工建设
2018年	中国石化	浙江	温州LNG	300	开工建设
2018年	深燃集团	广东	深圳市LNG调峰库工程	50	工程竣工

续表

投产时间	操作单位	地区	项目名称	现有规模/($\times 10^4$t)	当前进度
2018年	中国海油	广东	深圳LNG接收站	400	工程竣工
2018年	中天能源	潮州	潮州LNG接收站	200	开工建设
2019年	潮州华丰	广东	潮州闽粤经济合作区LNG储配站	150	开工建设
2020年	中国海油	福建	福建漳州LNG	300	开工建设
2023年	台湾中油	台湾	桃园天然气接收站	300	开工建设

LNG工厂主要将当地天然气液化，并输运至没有管网的地区销售，赚取价差。由于LNG槽车运费高于管道运输，因此LNG工厂通常具有相对固定的可盈利的目标消费市场。截至2021年末，我国LNG工厂产能约1545.1万吨，同比增长15.9%。

4.3.4 LNG定价机制

LNG经汽化并打入天然气管网的部分约占LNG总量的80%，其定价主要基于天然气价格，即政府指导定价；其余约20%的LNG均为市场定价。LNG销售价格具有明显的季节差异、区域差异。例如LNG槽车运输费用淡季1t LNG运费为0.8元/km，而旺季则上涨为1.0元/km，相较管道气的管输费用更高。此外，LNG接收站的接收费定价方式往往基于窗口期定价，为了降低进口LNG进入我国天然气市场的难度，LNG接收站的接收费由国家发改委制定，防止旺季接收站接收费过高不利于LNG的补充，因此规定一般接收1t天然气并储存45d的费用约为450元。

4.3.5 LNG分销渠道

LNG中约80%经过汽化后进入天然气管网，可用于增压或用于调峰，剩余约20%的LNG通过槽车运送至工厂或加气站。工厂主要采用协议价，用量相对较少。LNG加气站将LNG直接加注LNG汽车或汽化后加注CNG汽车，起到天然气的终端分销功能，其中CNG加气站对应的车为小型车、公交车或者运距较短的重卡，LNG加气站主要客户为城际客车和重卡。加气站投资资金规模较小，投建期较短，通常10000m^3/d的加气站投资需要500万元左右，建设期为半年，因此加气站数量增长速度较快。加气站的建设过程包括选址、立项、设计、报建、建设和验收等环节，虽然其审批难度相对于LNG接收站较为简单，但仍需要市发改委、国土资源局、工商局、技术监督局、审计委、市政管委、规划局、生态环境局、消防局、安监局等多个部门共同审批。经营模式简单，主要赚取价差。为落实《中共中央、国务院关于推进价格机制改革的若干意见》中加快推进能源价格市场化、加快放开天然气销售价格的指导政策，前期我国多个地区省市放开加气站价格（即车用气价格），主要集中于东部沿海及南方城市。我国多个省市加气站销售定价于2018年5月放开，由此前政府定价转为市场调节价，各车用天然气经营企业根据市场经营及供需情况自主确定销售价格（表4-3），未来加气站对外加气价将全国性地放开。

表 4-3　天然气分销环节涉及的企业情况

公司	运营环节	资源
广汇能源股份有限公司	天然气开采、LNG 接收站、LNG 运输	拥有 3 个 LNG 工厂(新疆鄯善 LNG、淖毛湖 LNG、吉木乃 LNG),红淖铁路全长 438km,淖柳公路全长 480km
新奥(中国)燃气投资有限公司	天然气开采、LNG 接收站、LNG 运输	城市管道 32921km,加气站 597 座
中国燃气控股有限公司	25 个省市管道分销、加气站	城市管网 95460km,加气站 580 座
深圳市燃气集团股份有限公司	天然气管道	45 个城市(区)的管道天然气特许经营权,拥有运营燃气管线 18000km
陕西省天然气股份有限公司	天然气管道	拥有 14 个资源配置点,40 余条长输管道,3500 多公里的管网总里程
云南省能源投资集团有限公司	天然气管道	天然气支线管网里程、售气量占全省 60%
贵州燃气集团股份有限公司	天然气管道	拥有贵州省内的 3 条天然气支线管道,在贵州省内 29 个特定区域及 1 个省外特定区域取得了管道燃气特许经营权

4.3.6　LNG 盈利测算

LNG 主要定价方式符合气态天然气定价方式。进入管网的气源可以直接测算。管网外 LNG 主要经历 LNG 接收站、LNG 液化工厂、LNG 槽车、LNG 加气站等环节,以上各个环节中流通的天然气均以质量计价,其中 1t LNG 折算为 1450m^3 气态天然气。

(1) LNG 接收站盈利能力测算

本部分测算针对进口 LNG 进入接收站后以液态形态对外销售的环节。目前 LNG 接收站在产业链上仍为稀缺性资源,其盈利空间可通过接收站对外 LNG 报价减去 LNG 进口价格测算。

$$接收站利润＝对外销售报价－进口价格$$

(2) LNG 液化厂盈利能力测算

LNG 工厂一般集中于油气田附近。LNG 工厂供气成本由气源成本、液化费用及运费构成,其中液化费用受 LNG 工厂的开工率、储罐容量等因素影响,通常在 0.3～0.6 元/m^3 区间。将 LNG 工厂供气成本与销售目的地的天然气市场价比对,判断销售的盈利空间。

$$LNG 工厂利润＝目标市场天然气价格－(气源成本＋液化费用＋运费×运距)$$

(3) LNG 加气站盈利能力测算

加气站的气源主要为 LNG 接收站、LNG 液化工厂及管道气等,气源不同会导致加气站的盈利能力差异很大。

加气站利润＝销售价格－气源价格

LNG 产业链涉及上、中、下游等多个环节，其经营模式等主要取决于天然气及 LNG 的市场政策及价格取向。天然气由于受国家政策管制较为明显，管输费及配送费盈利空间为 7%～8%，较为固定，盈利程度排序为自采气＞进口 LNG＞进口管道气。LNG 接收站内价格基于 1t 天然气盈利 500～1500 元的水平（折合 0.34～1.03 元/m^3 的水平），差异性体现在进口成本差异及区域内气源竞争导致对外销售价格的差异上。LNG 工厂内价格基于气源成本及消费市场距离，即 LNG 槽车输运距离。LNG 加气站内价格基于气源成本及政策规定的市场价格，同时也受季节影响。

4.4 本章小结

主要针对 LNG 产业链，讲述了 LNG 产业链的发展现状及趋势；LNG 产业链主要商业模式，包括 LNG 进口贸易、LNG 低温储运、LNG 经营管理、LNG 定价机制、LNG 分销渠道、LNG 盈利测算等内容。针对 LNG 产业链发展现状，聚焦 LNG 工厂、LNG 接收站、LNG 储运、LNG 终端等产业链中的关键环节，阐述了目前 LNG 产业技术发展情况，介绍了 LNG 消费高速增长，产、供、储、销各环节快速发展的产业现状，以及天然气液化装备、储存技术、基础设施等基本内容。LNG 各领域的持续创新发展为 LNG 产业的发展提供了有力支撑，尤其 LNG 上、中、下游产业链创新发展，对 LNG 产业发展等起到非常关键的作用。

参 考 文 献

[1] 单彤文. 中国 LNG 产业链核心技术发展现状与关键技术发展方向 [J]. 中国海上油气，2020，32（4）：190-196.
[2] 海日. 液化天然气（LNG）运输船现状和市场分析 [EB/OL]. 上海荣正咨询，2018-02-02.
[3] 曹慧卓. 中国 LNG 产业链发展现状与未来趋势 [J]. 现代商业，2014，(9)：116.
[4] 顾安忠，曹文胜. 中国液化天然气产业链 [J]. 石油化工建设. 2005，(增刊1)：21-25.
[5] 张祁，吕连浮. 世界液化天然气的发展及对我国的启示 [J]. 国际石油经济，2004（7）：51-55，72.
[6] 殷建平，陈丁薇. 我国天然气进口价格差异性与降低成本对策研究 [J]，价格理论与实践，2020（6）：47-51.
[7] 华贲. 中国 LNG 产业链的发展策略探讨 [J]. 石油化工建设. 2005（增刊1）：26-29，32.
[8] 楚海虹. LNG 产业链发展潜力巨大 [N]. 中国石油报，2021-12-07（005）.

第5章

液化天然气液化工艺

液化天然气（LNG）是通过不同的预处理工艺、液化工艺及相应装备将天然气冷却至-162℃并液化后得到的液态天然气，常压下储存，经远洋运输至LNG接收站，再汽化打入天然气管网；或在LNG陆基工厂将陆地开采的天然气直接液化，经LNG槽车运输至接收站，再汽化后打入天然气管网，供城镇居民或工业燃气使用。LNG作为继石油、煤炭、天然气之后的第四类新能源，来源于天然气并成为当今世界能源消耗中的重要部分，是天然气经脱水、脱硫、脱CO_2之后，根据不同的LNG液化工艺流程进行液化并获得的无色透明低温液体，其体积约为气态天然气体积的1/630，重量仅为同体积水的45%左右，通常储存在-162℃、0.1MPa左右的低温储存罐内。由于天然气主要由甲烷、乙烷、丙烷及其他杂质气体等主要成分构成，不同产地的天然气所含气体成分不同，所用的LNG液化工艺及装备随着产量及不同成分而有较大差别。

5.1 天然气预处理过程

在天然气液化前需要根据气源参数及液化规模确定基本的LNG液化工艺流程，主要包括天然气净化和天然气液化两个工艺过程。其中，净化工艺需要脱除天然气中的硫化氢、二氧化碳、重烃、水和汞等杂质。原料气来自油气田生产的天然气、凝析气或油田伴生气，均含有一定量的杂质气体，在液化前需要进行预处理脱除，以免二氧化碳、重烃、水等杂质在低温工况下冻结，堵塞管道。

5.1.1 脱除酸气

天然气中常见的酸性气体包括H_2S、CO_2和一些有机硫化合物。酸性气体对管道设备有腐蚀作用，临界温度较高，低温时容易析出固体，堵塞设备管道。脱除酸性气体的方法主要有化学吸收法、物理吸收法、联合吸收法等，常用醇胺法为主的化学吸收法或砜胺法为主的联合吸收法。化学吸收法是以碱性溶液作为吸收溶剂与天然气中的酸性气体（H_2S、CO_2）反应生成化合物。当化合物吸收了酸性气体的溶液温度升高及压力降低时，又会解吸放出酸性气体，如采用醇胺（烷醇胺）法等。物理吸收法则利用

H_2S 和 CO_2 等酸性组分与甲烷等烃类在溶剂中的溶解度不同而完成脱硫任务。工业应用的物理溶剂有甲醇、多乙二醇二甲醚、碳酸丙烯酯等。物理吸收法一般在高压低温工况下进行,溶剂不易变质,腐蚀性小,能脱除有机硫,如 Selexol 法(聚乙二醇二甲醚)和 RECTIS0 法(冷甲醇)法等。联合吸收法具有物理及化学联合吸收性质,使用的溶剂有醇胺、物理溶剂和水的混合液,如砜胺法,采用烷醇胺和环丁砜,净化程度高,可有效脱除有机硫化合物。对于酸性气体含量低、酸气分压小于350kPa的原料气,适宜采用醇胺法。砜胺法在中高酸性气体分压的天然气中有广泛的应用,而且有良好的脱除有机硫的能力。热钾碱法的 Benfield 溶剂,可同时脱除 H_2S 和 CO_2,该法吸收温度高,净化程度好,特别适合含有大量 CO_2 的原料气的处理。

5.1.2 脱除水分

按照现行标准,进入LNG工厂的管输天然气中水的露点应比最低环境温度低5℃,但不能满足$-162℃$深冷液化要求。为防止低温液化过程中产生水合物堵塞设备和管道,在液化前必须将原料气中的水分含量降低到小于0.1×10^{-6}(体积分数)。常用的天然气脱水方法有冷却法、吸附法和吸收法等。天然气中的饱和含水量取决于天然气的温度、压力和组成。一般来说,天然气中的饱和含水量随压力升高、温度降低而减少。冷却脱水就是利用在一定的压力下,天然气含水量随温度降低而减少的原理来实现天然气脱水。此外,吸收法脱水则采用脱水吸收剂与天然气逆流接触并吸收天然气中的水蒸气,从而达到脱除水分的目的。常用的脱水吸收剂有甘醇和 $CaCl_2$ 水溶液。由于三甘醇的露点降可达$-40℃$以下,热稳定性好,成本低,运行可靠,所以在甘醇类脱水吸收剂中应用效果最好。吸附法脱水则是利用吸附原理,选择某些多孔性固体吸附剂吸附天然气中的水蒸气。由于吸附脱水可以达到很低的水露点,因此适用于深冷分离工艺要求气体含水量很低的场合。天然气脱水常用的固体吸附剂有活性氧化铝、硅胶和分子筛等。在选择脱水工艺时,冷却脱水受温度和压力限制,脱水深度受限,常作为初级脱水工艺,由于天然气液化原料气处理要求露点在$-100℃$以下,使用较少。醇胺法适用于大型LNG装置中脱除原料气所含的大部分水分。醇胺法投资小、压降小、能耗小。采用汽提再生时,干气露点可降到约$-60℃$。但气体中含有重烃时,易起泡,影响操作,增加能耗。分子筛脱水可以使气体中水分的体积分数降低至1×10^{-6}以下,对温度、流速、压力等变化不敏感,不存在腐蚀、起泡问题,特别适合处理量小及脱水深度大的装置。实际应用过程中可采用冷却脱水、甘醇法脱水及分子筛深度脱水结合的方法,脱除天然气中的水分达到1×10^{-6}数量级以下。

5.2 三类主要天然气液化工艺

天然气经预处理后,进入天然气液化环节。天然气液化是LNG生产的核心,目前已经成熟运用的天然气液化流程主要有级联式液化流程、混合制冷剂液化流程及带膨胀机的液化流程三类。

5.2.1 级联式液化流程

5.2.1.1 级联式液化流程简述

级联式（又称为复迭式、阶式或串级制冷）天然气液化流程，利用制冷剂常压下沸点不同，逐级降低制冷温度达到天然气液化的目的。常用的制冷剂为水、丙烷、乙烯和甲烷。该液化流程由三级独立的制冷循环组成，制冷剂分别为丙烷、乙烯、甲烷。每个制冷循环中均含有三个换热器。第一级丙烷制冷循环为天然气、乙烯和甲烷提供冷量；第二级乙烯制冷循环为天然气和甲烷提供冷量；第三级甲烷制冷循环为天然气提供冷量。通过9个换热器的冷却，天然气的温度逐步降低，直至液化。级联式天然气液化流程如图5-1所示。

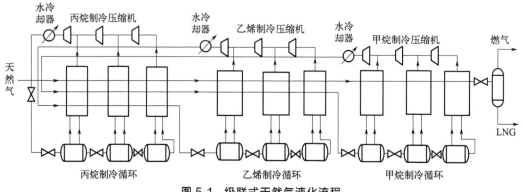

图5-1 级联式天然气液化流程

级联式制冷工艺流程适合于产量为 $(500\sim1000)\times10^4$ t/a 的大中型基本负荷型 LNG 工厂，中原油田级联式 LNG 液化工艺流程如图5-2所示。虽然能耗最低，但是一次投资大，造价高，流程复杂，管理不便。相比混合制冷工艺流程以丙烷预冷最具竞争力，但是流程设备还是显得复杂，级联式液化工艺一般选用蒸发温度呈梯度的制冷剂，如丙烷、乙烯、甲烷，标准大气压下蒸发温度分别可达到 -42℃、-104℃、-162℃，通过多个制冷系统分别与天然气换热，使天然气温度逐渐降低，并达到液化的目的。

5.2.1.2 级联式液化流程分析

级联式液化流程主要运用于基本负荷型液化装置，能耗低，采用9台换热器串联，每台换热器内部温差较小，减少了因温差引起的不可逆损失，从而降低了系统的比功耗；技术成熟，操作稳定。在实际循环中采用的压缩级数要综合考虑初投资费用、运行费用等多方面因素。级数多，则初投资成本大，但功耗低、运行费用低；级数少，则初投资成本低，但功耗高、运行费用高。级联式液化流程设备多、流程复杂、初投资大、管理复杂。康菲公司等优化了级联式液化流程，在阿拉斯加 Kenai 液化厂应用的级联式液化工艺基础上进行了一系列改进，采用开式甲烷制冷循环，在乙烯蒸发器产生的冷凝液与部分 BOG 相遇后，进入开式制冷循环，生成甲烷制冷剂和 LNG 产品。

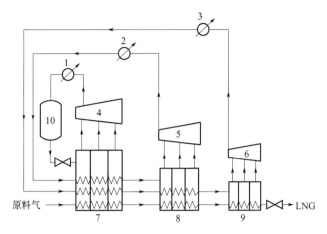

图 5-2 中原油田级联式 LNG 液化工艺流程示意图

1、2、3—水冷器；4—丙烷压缩机；5—乙烯压缩机；6—甲烷压缩机；
7—丙烷换热器；8—乙烯换热器；9—甲烷换热器；10—分离器

（1）级联式液化流程的优点

需要的能耗较低，原料气液化单位体积能耗为 $0.30\sim0.34 kW\cdot h/m^3$。由于采用 3 级串联制冷换热器，每台换热器内部温差较小，减少了因温差引起的不可逆损失，从而降低了系统的比功耗。级联式液化工艺采用三级单一制冷剂，没有制冷剂配比问题，三级制冷相对独立，流程简单，不用考虑制冷剂的匹配问题。此外，级联式液化工艺技术成熟，系统启动开车快，制冷剂为单一组分，各系统相互影响少，操作稳定，对原料气的组成变化适应性比较强。级联式液化工艺将冷负荷分配到 3 个循环和 3 台压缩机上，扩大了单条生产线的能力，LNG 产能可达到 $(800\sim1000)\times10^4 t/a$ 的规模。甲烷制冷剂可以从产品中的 BOG 气体获得。

（2）级联式液化流程的缺点

需要的机械设备多（需要 3 台压缩机），流程和控制系统复杂，造价高。对制冷剂纯度要求严格，乙烯及丙烷纯度（体积分数）必须达到 99% 以上。级联式工艺较复杂，所需压缩机数量及主液化装备数量较多，附属设备较多，一次投资巨大，需要生产和储存各种制冷剂的独立设备，管线繁多，控制系统复杂，联动调试困难，维修管理不便。对制冷剂纯度要求严格，不适用于含氮量较多的 LNG 液化过程。

5.2.2 混合制冷剂液化流程

混合制冷剂液化工艺既达到类似阶式液化流程的目的，又克服了其系统复杂的缺点。由于只有一种制冷剂，简化了制冷系统。混合制冷剂的制冷原理与纯单组分制冷剂的制冷原理大致相同，即都是通过制冷剂液体的汽化，与被冷却介质进行热交换，使其降温。与纯组分制冷剂不同的是，混合制冷剂产生的冷量是在一个连续的范围之内，纯组分制冷剂产生的冷量是在一个固定的温度上。混合冷剂制冷循环主要应用于中型 LNG 装置，通常指产量小于 $150\times10^4 t/a$ 的装置，这种 LNG 装置主要以销售为目的，工艺上需要追求高效益、低能耗、低投资，以此降低生产运行成本，增强市场竞争力，一般采用混合制冷剂 LNG 液化工艺。

5.2.2.1 混合制冷剂液化工艺简介

混合制冷剂液化流程（mixed-refrigerant cycle，MRC）一般是以 $C_1 \sim C_5$ 的烃类及 N_2 等多组分混合制冷剂为工质，进行逐级的冷凝、蒸发、膨胀，得到不同温度水平的制冷量，逐步冷却和液化天然气。混合制冷剂液化流程分为许多不同形式的制冷循环。混合制冷剂液化工艺一般可分为单级混合制冷工艺（SMR）、丙烷预冷混合制冷工艺（C_3/MRC）、双级混合制冷工艺（DMR）等。自 20 世纪 70 年代以来，LNG 年产量为 1×10^6 t/a 级以上的基本负荷型天然气液化装置，广泛采用了各种不同类型的混合制冷液化流程。像新疆广汇、四川达州、内蒙古鄂尔多斯项目采用这种液化工艺。

混合制冷剂液化流程可分为闭式混合制冷剂液化流程、开式混合制冷剂液化流程、MCHE 型混合制冷剂液化流程、PCHE 型混合制冷剂液化流程等。其中，MCHE 型 SMR 混合制冷剂 LNG 液化工艺流程见图 5-3。在闭式液化流程中，制冷循环与天然气液化过程分开并形成独立封闭的制冷循环；在开式液化流程中，天然气既是制冷剂又是需要液化的对象；丙烷预冷液化流程由混合制冷剂循环、丙烷预冷循环、天然气液化回路三部分组成，其中丙烷预冷循环用于混合制冷剂和天然气，混合制冷循环用于深冷和液化天然气；MCHE 型混合制冷剂液化流程中，混合制冷剂制冷循环为封闭循环，主液化设备只有一台多股流缠绕管式主换热器（MCHE），天然气从主液化设备 MCHE 底部进入，从顶部出来时已液化为 LNG。MCHE 型混合制冷剂 LNG 流程是目前世界范围内最流行的大型 LNG 液化工艺流程（图 5-4），具有经济节能、能效比高、便于管理、占地面积小等优点。

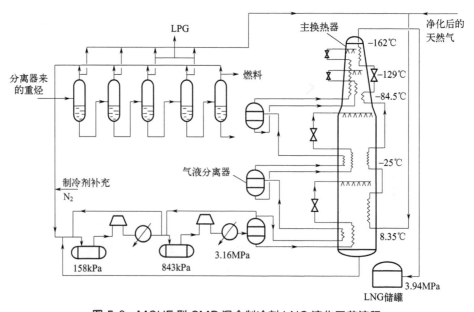

图 5-3　MCHE 型 SMR 混合制冷剂 LNG 液化工艺流程

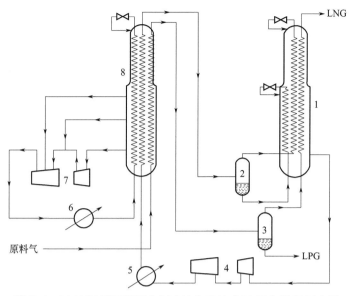

图 5-4　MCHE 型双级混合制冷液化工艺（DMR）流程示意图
1—换热器；2、3—分离器；4、7—混合制冷剂压缩机；5、6—水冷器；8—预冷换热器

(1) 闭式混合制冷剂液化流程

图 5-5 为闭式混合制冷剂液化流程（closed mixed refrigerant cycle）。在闭式液化流程中，制冷剂循环和天然气液化过程分开，自成一个独立的制冷循环。制冷循环中制冷剂常由 N_2、CH_4、C_2H_6、C_3H_8、C_4H_{10}、C_5H_{10} 组成。这些组分都可以从天然气中提取。液化流程中天然气依次流过四个换热器后，温度逐渐降低，大部分天然气被液化，最后节流后在常压下保存，闪蒸分离产生的气体可直接利用，也可回到天然气入口再进行液化。

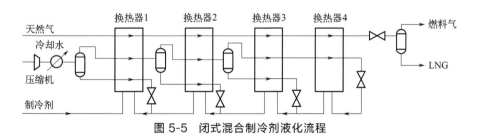

图 5-5　闭式混合制冷剂液化流程

(2) 开式混合制冷剂液化流程

图 5-6 为开式混合制冷剂液化流程（open mixed refrigerant cycle）。在开式液化流程中，天然气既是制冷剂又是需要液化的对象。原料天然气经净化后，经压缩机压缩后达到高温、高压状态，首先用水冷却，经分离器分离掉重烃，得到的液体经换热器 1 冷却，并经节流后与返流气混合后为换热器 1 提供冷量。

分离器 1 分离的气体经换热器 1 冷却后，进入气液分离器 2，产生的液体经换热器 2 冷却，并经节流后与返流气混合为换热器 2 提供冷量。

分离器 2 分离的气体经换热器 2 冷却后，进入气液分离器 3，产生的液体经换热器 3 冷却，并经节流后，与返流气混合为换热器 3 提供冷量。气液分离器 3 分离的气体经换热器 3 冷却后，并经节流后，进入气液分离器 4，产生的液体进入 LNG 储罐储存。

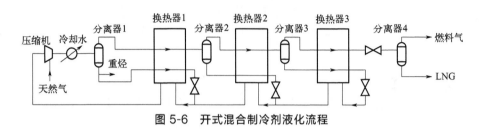

图 5-6　开式混合制冷剂液化流程

(3) 丙烷预冷混合制冷剂液化流程

丙烷预冷混合制冷剂液化流程（propane-mixed refrigerant cycle，C_3/MRC），结合了阶式液化流程和混合制冷剂液化流程的优点，流程既高效又简单。在此液化流程中，丙烷预冷循环用于预冷混合制冷剂和天然气，混合制冷剂循环用于深冷和液化天然气。图 5-7 为以板翅式主液化装备为主的丙烷预冷循环和混合制冷剂循环，在混合制冷剂液化流程中，天然气首先经过丙烷预冷循环预冷，然后流经换热器 1～3 逐步被冷却，最后经节流阀进行降压，从而使 LNG 在常压下储存。

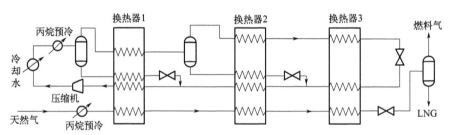

图 5-7　丙烷预冷循环和混合制冷剂循环

图 5-8 为以缠绕管式主液化装备为冷箱的丙烷预冷混合制冷剂循环液化流程图。流程由三部分组成：混合制冷剂循环、丙烷预冷循环以及天然气液化回路。

混合制冷剂由氮、甲烷、丙烷等组成，平均分子量约为 25。混合制冷剂蒸气压缩后，先由空气或水冷却，再经压力等级不同的三级丙烷蒸发器预冷却（温度达−40℃），部分混合冷剂冷凝为液体。液态和气态混合冷剂分别送入主冷箱内，液态冷剂通过 J-T 阀蒸发时，使天然气降温的同时，还使气态混合制冷剂冷凝。冷凝的混合制冷剂（制冷剂内的轻组分）在换热器顶端通过 J-T 阀蒸发，使天然气温度进一步降低至过冷液体。流出冷箱的液态天然气进闪蒸罐，分出不凝气和 LNG，不凝气可作为燃料或销售气，LNG 进储罐。由以上可知，天然气在主冷箱内进行二级冷凝，由制冷剂较重组分提供温度等级较高的冷量和由较轻组分提供温度等级较低的冷量。

预冷的丙烷制冷剂在分级独立制冷系统内循环。不同压力级别的丙烷在不同温度级别下蒸发汽化，为原料气和混合制冷剂提供冷量。原料天然气预冷后，进入分馏塔分出气体内的重烃，进一步处理成液体产品；塔顶气进入主冷箱冷凝为 LNG。因而，预冷混合制冷剂制冷过程实为阶式和混合冷剂分级制冷的结合。

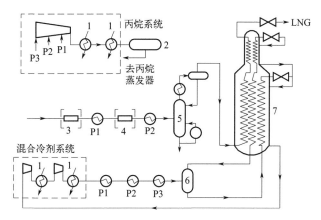

图 5-8 丙烷预冷混合制冷剂循环液化流程图

P1—高压丙烷蒸发器；P2—中压丙烷蒸发器；P3—低压丙烷蒸发器；1—冷却塔；2—储集罐；
3—预处理单元；4—气体干燥单元；5—分馏塔；6—分离器；7—冷箱

由热力学分析，带丙烷预冷的混合制冷剂液化流程，"高温"段用丙烷压缩机制冷，按三个温度水平预冷原料气到-60℃。"低温"段的换热采用两种方式，高压的混合冷剂与较高温度的原料气换热，低压的混合冷剂与较低温度的原料气换热，最后使原料气深冷到-162℃而液化，充分体现了热力学特性，从而使热效率得到最大限度的提高。预冷的混合制冷剂采用乙烷和丙烷时（DMR法），工艺效率比丙烷预冷高20%，投资和操作费用也相对较低。

以上三种制冷循环的能耗见表5-1。

表 5-1 天然气液化制冷循环能耗比较

制冷循环方式	能耗 /(kW·h/m³ 天然气)	能耗 /(kJ/m³ 天然气)
阶式	0.32	1152
混合制冷剂	0.330～0.375	1200～1350
带预冷混合制冷剂	0.39	1404

表5-2列出了丙烷预冷混合制冷剂液化流程（C_3/MRC）、阶式液化流程和双混合制冷剂液化流程（DMR）的比较。

表 5-2 C_3/MRC、阶式液化流程和 DMR 的比较

比较项目	C_3/MRC	阶式液化流程	DMR
单位 LNG 液化成本	低	高	低
设备投资成本	中	高	低
能耗	高	低	中
操作弹性	中	差	高

(4) 双混合制冷剂循环流程

双级混合制冷工艺（DMR）主要用于中高生产量的 LNG 生产线，其产量范围为

$(200\sim500)\times10^4$ t/a。DMR工艺可以通过调节两个循环中混合制冷剂的组成使压缩机在较宽的进气条件下工作。DMR流程在造价方面比丙烷预冷混合制冷液化流程更有竞争力。

双混合制冷剂循环流程如图5-9所示，该流程包括两个制冷循环，都采用混合制冷剂。系统中主要设备有预冷制冷剂压缩机和深冷制冷剂压缩机、预冷换热器和深冷换热器。双混合制冷液化流程是以传统的MRC为基础的。与丙烷预冷的混合制冷剂循环类似，双混合制冷剂液化流程的天然气液化流程包括两个密闭的制冷剂液化系统。两者的区别主要在于前者采用了单组分（丙烷）制冷剂作为预冷级的冷源；而后者则由高沸点混合制冷剂（$C_2\sim C_5$烃类）为预冷级换热器提供冷源。与丙烷预冷的混合制冷剂循环相比，双混合制冷剂循环降低了系统功率、提高了系统生产能力，在投资方面比丙烷预冷混合制冷剂液化流程更有竞争力。

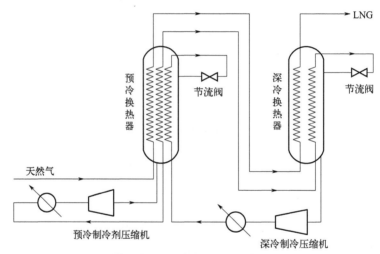

图5-9 双混合制冷剂循环流程

（5）全混合制冷剂循环流程

图5-10所示为全混合制冷剂制冷液化流程，适用于浮式天然气液化（FLNG），主要由密闭的制冷系统和主冷箱两部分构成。制冷剂蒸气经过压缩后，由水冷或空冷使冷剂内的低压组分（即冷剂内的重组分）凝析。低压冷剂液体和高压冷剂蒸气混合后进入主冷箱，接受冷量后凝析为混合制冷剂液体，经J-T阀节流并在冷箱内蒸发，为天然气和高压冷剂冷凝提供冷量。在中度低温下，将部分冷凝的天然气引出冷箱，经分离分出C_{5+}凝液，气体返回冷箱进一步降温，产生LNG。C_{5+}凝液必须经稳定处理，使之符合产品质量要求。

以混合冷剂制冷为基础的LNG流程是目前应用最广泛的液化工艺。MRC是目前最具代表性且应用最为广泛的混合制冷剂循环工艺，该工艺的主要特色是液化的核心装备为一台大型多股流缠绕管式主液化装备，几乎整合了所有的主要换热器，并在一台设备内完成天然气的液化过程，其中MRC主换热器是MRC制冷系统的核心。

混合冷剂制冷循环的主要特点如下所述。MRC循环采用多组分制冷剂，因此只需

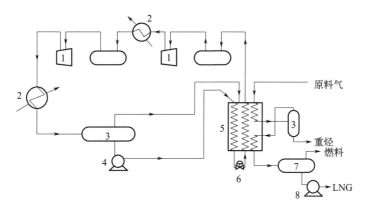

图 5-10 混合制冷剂制冷液化流程
1—冷剂压缩机；2—冷却器或冷凝器；3—分离器；4—冷剂泵；5—冷箱；
6—J-T 阀；7—闪蒸分离器；8—LNG 泵

一台循环压缩机，而不像阶式制冷循环需要多台制冷压缩机及多个独立的冷箱，这使得 MRC 循环的设备投资大大降低。MRC 循环的加热曲线可与天然气原料的冷却曲线较好地匹配，因此可大大降低制冷功率。使用一台主液化换热器，设备费用较低，加工制造方便。利用节流阀节流制冷可以减少 LNG 产品的蒸发损失；采用级间气液分离器，可降低压缩机的操作功率。MRC 冷箱可以采用多级板翅式换热器或多级缠绕管式换热器，提供冷量的混合制冷剂蒸发温度随组分的变化而变化；合理选择制冷剂，可使冷热流之间的换热温差保持在较低水平。

5.2.2.2 混合制冷剂液化流程分析

混合制冷剂液化流程既达到类似级联式液化流程的目的，又克服了其系统复杂的缺点。与级联式液化流程相比，其优点是：机组设备少、流程简单、投资省，投资费用比经典级联式液化流程低 15%～20%；管理方便；混合制冷剂组分可以部分或全部从天然气本身提取与补充。缺点是能耗高，机组分配比较困难。美国 APCI 公司拥有 C_3/MRC 技术，该技术可设计为由两台涡轮机驱动的 LNG 液化生产线，年产量可达 450 万吨。壳牌的 C_3/MRC 技术，提供了一种丙烷预冷混合制冷剂工艺的专有技术，在文莱的 LNG 工厂得到第一次应用。该项目使用汽轮机作为压缩机的驱动设备，如采用燃气轮机驱动，单条生产线年产量可达到 450 万吨。该技术可通过使用分体丙烷技术增加产量至 500 万吨。壳牌的双循环混合制冷剂技术（DMR）使用二级混合制冷剂循环，并将每个循环的压缩驱动机并联配置。该技术已在俄罗斯萨哈林州 LNG 项目上应用，能够年产 520 万吨的 LNG 产品。法国 Axens 公司与法国石油研究院合作开发了 Liquenfin LNG 技术，该技术生产 LNG 的费用每吨可降低 25%，带有 2 台标准燃气透平的 Liquenfin 技术的系列装置，能够年产 600 万吨的 LNG 产品。挪威国家石油公司与林德公司共同开发的混合制冷剂级联技术（MFC），综合了混合制冷剂工艺和级联工艺的优点，以其适应较低冷却水温度的能力，在挪威 Snohvit 430 万吨/年的 LNG 项目上首次应用。法国燃气公司开发了新型混合制冷剂液化工艺，即整体结合式级联型液化

(integral incorporated cascade，CII）技术吸收了国外 LNG 液化技术最新发展成果，代表了天然气液化技术的发展趋势。上海浦东建造的我国第一座调峰型天然气液化装置，采用 CII 技术。壳牌在双循环混合制冷剂工艺基础上进行优化和改进，开发了并联混合制冷剂技术（PMRTM），壳牌 PMRTM 技术是为大型 LNG 生产线开发的技术，采用成熟设备，不需要增大现有设备规模。两条并行而独立的液化混合制冷循环，在其中一套设备出现故障时，仍能保证 60% 的产能不间断生产。在建造期间工期延误时，液化厂并列的两个液化循环可分期投产。当壳牌 PMRTM 工艺采用 3 台涡轮机时，单线 LNG 生产能力可达 800 万吨/年。自 20 世纪 70 年代，对于基本负荷型天然气液化装置，广泛采用了各种不同类型的混合制冷剂液化流程。表 5-3 列出了部分国内典型 LNG 混合制冷剂液化工艺流程项目。

表 5-3 部分国内典型 LNG 混合制冷剂液化工艺流程

名称	规模/($\times 10^4$m/d)	工艺技术
新疆广汇阿勒泰	200	美国 BV 混冷
中国海油珠海	60	美国 BV 混冷
内蒙古鄂尔多斯	100	美国 BV 混冷
四川星星能源	100	美国 BV 混冷
宁夏哈纳斯	150	美国 APCI
华油安塞	200	中石油寰球混合制冷
新疆吉木乃	150~200	德国林德混合制冷
陕西延长	20~100	中原绿能混合制冷

混合制冷剂液化流程的优点：液化流程简单，所需设备少，造价比级联式制冷工艺低 15%~20%；MRC 系统简单，管理方便；MRC 组分可以部分或全部从原料气中选取。

混合制冷剂液化流程的缺点：液化流程能耗比级联式低 10%~15%；MRC 的配比较为困难，计算困难；制冷剂压缩机维护技术要求高；部分制冷剂要求高且较昂贵。

5.2.3 带膨胀机的液化流程

5.2.3.1 带膨胀机的液化流程简介

带膨胀机的液化流程是指利用高压制冷剂通过透平膨胀机绝热膨胀的逆克劳德循环制冷实现天然气液化的流程，一般应用于中小型以下 LNG 液化流程。带膨胀机的液化流程分为氮气膨胀循环、氮气-甲烷膨胀循环和天然气膨胀循环等。单级氮气膨胀液化工艺流程如图 5-11 所示。早年国内积极引进国外产量小于 7×10^4 t/a 的单级混合制冷工艺液化装置，吸取了丰富的工艺技术及实际工程经验，小型混合制冷技术国产化也取得了阶段性的成功，造价及运行费用都比较有优势。

（1）氮气膨胀液化流程

氮气膨胀液化流程如图 5-12 所示，具有流程简单、设备紧凑、造价相对较低等特

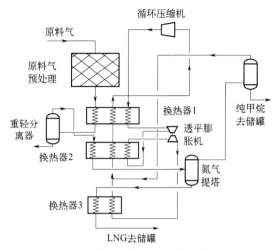

图 5-11 单级氮气膨胀液化工艺流程

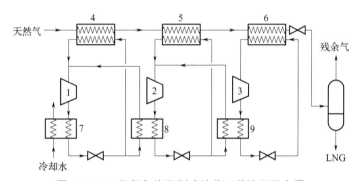

图 5-12 三级氮气膨胀制冷液化工艺流程示意图

1、2、3—丙烷、乙烯、甲烷压缩机；4、5、6—丙烷、乙烯、甲烷蒸发器；7、8、9—丙烷、乙烯、甲烷冷凝器

点。此外，该工艺运行灵活、适应性强且使用的制冷剂为单一组分气体，但其能耗要比混合制冷剂液化流程高 40% 左右，二级氮气膨胀液化流程是经典氮气膨胀液化流程的一种变形，如图 5-13 所示，该液化流程由原料气回路和 N_2 膨胀液化循环组成。在天然气回路中，原料气经预处理装置预处理，进入换热器冷却，再进入重烃分离器分离掉重烃，经换热器 6 换热后进入氮气提取塔分离部分氮气，在进入换热器 13 进一步冷却和过冷后，LNG 进储罐储存。在氮气膨胀液化循环中，氮气经循环压缩机压缩进换热器 13 冷却后，进入透平膨胀机膨胀降温后，为换热器提供冷量，离开换热器 13 的低压氮气进入循环压缩机压缩，开始下一轮的循环。

由于膨胀制冷利用高压制冷剂（主要是氮气或者甲烷）通过透平膨胀机绝热膨胀的克劳德循环制冷来实现天然气的液化，气体在膨胀机中膨胀降温的同时，能输出功，可用于驱动流程中的压缩机，近似于布雷顿无相变制冷循环，整个制冷过程可回收膨胀功，制冷过程总功耗较小。例如用氮气一种制冷剂进行作制冷循环，像上海、福山、泰安、西宁、涠洲岛等地 LNG 项目均采用膨胀制冷工艺。

膨胀制冷工艺一般用于小型 LNG 装置，通常倾向于选择比较简单的膨胀制冷工艺

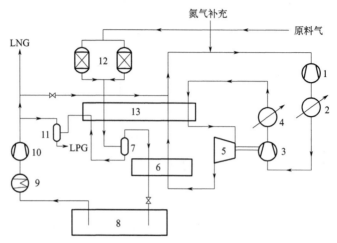

图 5-13 两级氮气膨胀制冷液化工艺流程示意图

1、3、10—压缩机；2、4、7、11—分离器；5—膨胀压缩机；6、13—换热器；
8—LNG 储罐；9—加热器；12—净化装置

或单级混合制冷工艺。对 LNG 产量小于 3×10^4 t/a 的液化装置，采用膨胀机循环一般更为经济，因为其流程的简单抵消了其能耗较高的劣势，且国产技术成熟，设备制造周期短，后期维护方便，制冷剂较易获得，较适合用于海上浮动小型液化装置和小型调峰液化装置。

(2) 氮气-甲烷膨胀液化流程

为降低膨胀机的功耗，采用氮气-甲烷混合气体代替纯 N_2，与混合制冷剂液化流程相比，氮气-甲烷膨胀液化流程（N_2-CH_4 cycle）具有启动时间短、流程简单、控制容易、混合制冷剂测定及计算方便等优点，由于缩小冷锻换热温差，它比纯氮气膨胀液化流程等节省 10%～20% 的动力消耗。氮气-甲烷膨胀系统跟其他液化天然气系统一样，也是由天然气预处理系统、液化冷箱系统、压缩系统、双温增压膨胀制冷循环系统、空气分离制氮装置、中央控制系统、低温储罐系统以及槽车等构成。其中压缩机、膨胀机、冷箱是系统的核心设备。

(3) 天然气膨胀液化流程

天然气膨胀液化流程，是指直接利用高压天然气在膨胀机中绝热膨胀到输出管道压力而使天然气液化的流程。这种流程最突出优点是功耗小，只对需液化的那部分天然气脱除杂质，因而预处理的天然气量可大为减少（占总气量的 20%～35%），但液化流程不能获得像氮气膨胀液化流程那样低的温度、循环气量、液化率。膨胀机的工作性能受原料气压力和组成变化的影响较大，对系统的安全性要求较高。当管路输来的进入装置的原料气与离开液化装置的商品气有"自由"压差时，液化过程就可能不需要"从外界"加入能量，而是靠"自由"压差通过膨胀机制冷，使进入装置的天然气液化。流程的关键设备是透平膨胀机。

天然气膨胀液化流程见图 5-14。原料气经脱水器 1 脱水后，部分进入脱 CO_2 塔 2 进行脱除 CO_2。这部分天然气脱除 CO_2 后，经换热器 5～7 及过冷器 8 后液化，部分节流后进入储槽9储存,另一部分节流后为换热器5~7和过冷器8提供冷量。储槽9中自蒸发的气体,首先为换热器5提供冷量,再进入返回气压缩机4,压缩并冷却后与未进脱CO_2塔的原料气混合,进换热器5冷却后,进入膨胀机10膨胀降温后,为换热器5~7提供冷量。

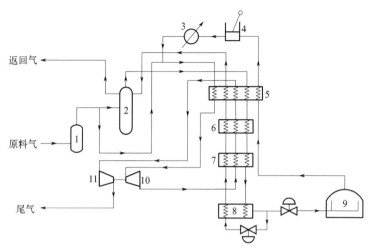

图 5-14 天然气膨胀液化流程

1—脱水器;2—脱CO_2塔;3—水冷却器;4—返回气压缩机;5、6、7—换热器;
8—过冷器;9—储槽;10—膨胀机;11—压缩机

对于这类流程,为了能得到较大的液化量,在流程中增加了一台压缩机,这种流程称为带循环压缩机的天然气膨胀液化流程,其缺点是流程功耗大。

图 5-14 所示的天然气直接膨胀液化流程属于开式循环,即高压的原料气经冷却、膨胀制冷与回收冷量后,低压天然气直接(或经增压达到所需的压力)作为商品气去配气管网。若将回收冷量后的低压天然气用压缩机增压到与原料气相同的压力后,返回至原料气中开始下一个循环,则这类循环属于闭式循环。

5.2.3.2 带膨胀机的液化流程分析

带膨胀机的液化流程优点是:流程简单、调节灵活、工作可靠;易启动、易操作、维护方便;以天然气本身为工质;节省生产、运输、储存冷冻机的费用。缺点是:原料气需要深度干燥,回流压力低,换热面积大,设备金属投入量大;液化率低,如再循环,则在增加循环压缩机后,功耗大大增加。林德公司拥有氮双膨胀机技术,该技术采用一台两级压缩机,将氮制冷剂从 2MPa 压缩到 5MPa,并保留了 LNG 调峰工厂所采用的氮循环的简单性。一般用海水进行中间冷却和后冷却,也可用空气冷却。2001 年 APCI 公司注册了 AP-XTM 专利,AP-XTM 技术利用氮气膨胀机制冷系统来实现 LNG 低温冷却,从而扩展了 C_3/MR 循环,并提高了 LNG 的产能。氮气膨胀机制冷系统分担了制冷负荷,降低了丙烷和混合制冷剂的用量,降低了对制冷系统设备的要求。该技术在卡塔尔的 LNG 工厂 4 号和 5 号生产线上应用,单线生产能力 780 万吨/年。由于带膨胀机的液化流程操作比较简单,投资适中,特别适合用于液化能力小的调峰型天然气液化装置。表5-4列出了国内几个小型带膨胀机的LNG液化项目。

表5-4 国内几个小型带膨胀机的LNG液化工艺项目

名称	规模(标准状况)/($\times 10^4 m^3/d$)	工艺技术
青海西宁	20	氮气膨胀
四川龙泉驿	10	氮气膨胀
山东泰安	15	氮气膨胀
山西顺泰	50	氮气-甲烷膨胀
内蒙古时泰	60	氮气-甲烷膨胀
宁夏富宁LNG工厂	30	氮气-甲烷膨胀
河南安阳	10	天然气膨胀
四川泸州	5	天然气膨胀
江苏苏州华丰	7	天然气膨胀

LNG膨胀制冷工艺的优点：膨胀制冷与级联式制冷工艺和混合制冷工艺相比，流程非常简单、紧凑，造价略低；启动快，热态启动2~4h即可获得满负荷产品；运行灵活，适应性强，生产负荷调节范围大，对原料气组成变化有较大的适应性，易于操作和控制；采用天然气或氮气作为循环制冷剂，消除了像混合制冷循环中的预冷分凝过程，操作简单安全，冷箱简洁紧凑。

LNG膨胀制冷工艺的缺点：膨胀制冷能耗高，液化单位体积原料气能耗为 $0.4 \sim 0.5 kW \cdot h/m^3$，比混合制冷工艺高40%；氮气膨胀提供的潜在冷量较少，以显热而非潜热形式提供冷量，使LNG产能较低；天然气膨胀制冷工艺LNG一次液化率较低。

5.3 其他天然气液化工艺介绍

天然气液化工艺有节流制冷、膨胀机制冷、阶式制冷、混合制冷剂制冷和带预冷的混合制冷剂制冷等低温制冷工艺，其中典型的液化工艺可分为三种：阶式制冷、混合制冷剂制冷、带预冷的混合制冷剂制冷。

5.3.1 阶式液化工艺流程

阶式制冷液化工艺就是广义的级联式液化工艺、复迭式液化工艺、串联蒸发冷凝液化工艺等。其中，部分双混合制冷剂工艺（DMR）或三混合制冷剂工艺（TMR）等也具有阶式制冷的特点，也可划分至阶式液化工艺中。由于阶式循环能耗低，技术成熟，最早建成的基地型LNG工厂采用了这种液化工艺。它利用常压沸点不同的制冷剂逐级降低制冷温度实现天然气的液化。阶式制冷常用的单一制冷剂是丙烷、乙烯和甲烷，与级联式工艺类似。也可在每一级单一制冷剂的基础上增加混合制冷剂形成双混或多混阶式制冷工艺。

图5-15为阶式制冷液化工艺流程。制冷剂丙烷经压缩机增压，在冷凝器内经水冷变成饱和液体，节流后部分冷剂在蒸发器内蒸发（温度约-38℃），把冷量传给经脱酸、脱水后的天然气，部分冷剂在乙烯冷凝器内蒸发，使增压后的乙烯过热蒸气冷凝为液体

或过冷液体，两股丙烷释放冷量后汇合进丙烷压缩机，完成丙烷的一次制冷循环。制冷剂乙烯以与丙烷相同的方式工作，压缩机出口的乙烯过热蒸气由丙烷蒸发获取冷量而变为饱和或过冷液体，节流膨胀后在乙烯蒸发器内蒸发（温度约－10℃），使天然气进一步降温。最后一级的制冷剂甲烷也以相同的方式工作，使天然气温度降至－158℃以下并液化；经节流进一步降温降压后进入分离器，分离出凝结液和残余气体。凝结液主要成分为甲烷，即液化后的LNG。

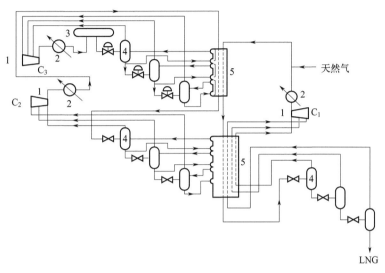

图 5-15 阶式制冷液化工艺流程
1—压缩机；2—冷却器；3—储集罐；4—分离器；5—换热器

阶式制冷是20世纪60~70年代用于生产LNG的主要工艺方法。若仅用丙烷和乙烯（乙烷）为制冷剂构成阶式制冷系统，天然气温度可低至－100℃，也足以使大量乙烷及重于乙烷的组分凝析成为天然气凝液。为了提高制冷剂与天然气的换热效率，将每种制冷剂分成2~3个压力等级，即有2~3个制冷剂蒸发温度，这样3种制冷剂共有8~9个递降的蒸发温度，制冷剂蒸发曲线的温度台阶数多，和天然气温降曲线较接近，即传热温差小，提高了制冷剂与天然气的换热效率，也即提高了制冷系统的效率，如图5-16和图5-17所示。阶式制冷工艺中制冷剂和天然气各自构成独立系统，制冷剂甲烷和天然气只有热量和冷量的交换，实际上是闭式甲烷制冷循环。近代已将甲烷循环系统改成开式，即原料气与甲烷制冷剂混合构成循环系统，在低温、低压分离器内生成LNG。这种以直接换热方式取代常规换热器的间壁式换热，提高了换热效率。

阶式制冷循环的优点：阶式制冷循环能耗低，使用九阶式液化，使各级制冷温度与原料气的冷却曲线接近，减少了熵增，比能量消耗接近理论的热力学效率上限；制冷剂为纯物质，没有配比问题，操作稳定；技术成熟，压缩机的喘振减少。

阶式制冷循环的缺点：阶式制冷循环机组多，流程复杂，往往需要2~3台大型压缩机以及相当数量的备件；附属设备多，要有专门生产和储存多种制冷剂的设备；管道与控制系统复杂，维护不便；需要大量的管线、阀门以及控制元件和调节设备；整个系统的庞大与复杂使得控制系统比较复杂。

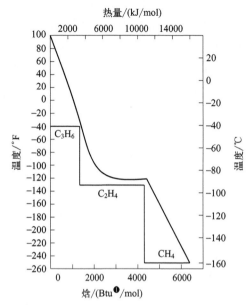

图 5-16　三温度水平阶式循环的冷却曲线

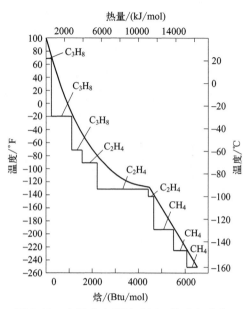

图 5-17　九温度水平阶式循环的冷却曲线

5.3.2　CII 液化工艺流程

CII 液化工艺属调峰型 LNG 液化工艺，与基本负荷型 LNG 装置相比，调峰型 LNG 装置的生产规模较小，其液化能力一般为高峰负荷量的 1/10 左右，但储存和汽化的能力却很大，通常汽化能力是液化能力的 10 倍。典型的调峰型 LNG 工厂的液化能力为 （10～30）×$10^4 m^3$/d，制冷动力为 1500～10000kW，储存容量为（2～10）×$10^4 m^3$。

LNG 技术的发展要求液化制冷循环具有高效、低成本、可靠性好、易操作等特点。调峰型 LNG 流程则具有高效、灵活、简便、低成本的特点，其中以低成本最为重要。APCI、Pritchard、Linde、Gaz de France、CBI 等公司竞相提供相关的 LNG 技术，争夺调峰型天然气液化装置这一市场。为了适应这一发展趋势，法国燃气公司的研究部门开发了新型的混合制冷剂液化流程，即整体结合式级联型液化流程（integral incorporated cascade），简称为 CII 液化流程。CII 液化流程吸收了国外 LNG 技术最新发展成果，代表天然气液化技术的发展趋势。LNG 在城市用气调峰领域应用广阔，但是我国的 LNG 技术起步较晚，与国外发达国家相比还有很大的差距。近半个多世纪，国外大量调峰型装置建成投产，因此在设计、建设、储运、使用、管理等方面均可借鉴。我国从 20 世纪 90 年代起，在国家科委等单位的支持下，先后有开封深冷仪器厂、北京焦化厂、四川绵阳燃气公司、吉林油田、长庆油田、上海燃气公司、中原油田等，研究开发中小型 LNG 装置，取得了大量实践经验，但离真正的大规模工业化尚有很大距离。2000 年，上海引进建设了我国第一座调峰型天然气液化装置，采用 CII 液化工艺，如图 5-18 所示。流程的主要设备包括压缩机、分凝设备和冷箱等几个主要部分。

---

❶　1Btu＝1054.35J。

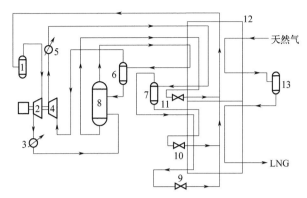

图 5-18 CII 液化流程示意图

1、6、7、13—气液分离器；2—低压压缩机；3、5—冷却器；4—高压压缩机；
8—分馏塔；9、10、11—节流阀；12—冷箱

在天然气液化系统中，预处理后的天然气进入冷箱 12 上部被预冷，在气液分离器 13 中进行气液分离，气相部分进入冷箱 12 下部被液化及进一步过冷，最后节流至 LNG 储罐。在混合制冷剂循环中，混合制冷剂是 N_2 和 $C_1 \sim C_5$ 的烃类混合物。冷箱 12 出口的低压混合制冷剂蒸气被气液分离器 1 分离后，被低压压缩机 2 压缩至中间压力，然后经冷却器 3 部分冷凝后进入分馏塔 8。混合制冷剂分馏后分成两部分，分馏塔底部的重组分液体主要含有丙烷、丁烷和戊烷，进入冷箱 12，经预冷后节流降温，再返回冷箱上部蒸发制冷，用于预冷天然气和混合制冷剂；分馏塔上部的轻组分气体主要成分是氮、甲烷和乙烷，进入冷箱 12 上部被冷却并部分冷凝，进气液分离器 6 进行气液分离，液体作为分馏塔 8 的回流液，气体经高压压缩机 4 压缩后，经冷却器 5 冷却后，进入冷箱上部预冷，进气液分离器 7 进行气液分离，得到的气液两相分别进入冷箱下部预冷后，节流降温返回冷箱的不同部位为天然气和混合制冷剂提供冷量，实现天然气的冷凝和过冷。

CII 流程具有如下特点：

① CII 流程简约高效，降低了设备投资和建设费用，简化了预冷制冷机组设计。在流程中增加了分馏塔，将混合制冷剂分馏为重组分（以丁烷和戊烷为主）和轻组分（以氮气、甲烷、乙烷为主）两部分。重组分冷却、节流降温后返流，作为中温制冷剂进入主液化装备上部预冷天然气和混合制冷剂；轻组分经气液分离后进入主液化装备下部，用于冷凝、过冷 LNG。

② 主液化装备采用钎焊式板翅式换热器，换热效率高，体积小。整体式主液化装备结构紧凑，分为上下两部分，由经过优化设计的高效钎焊式多股流翅式换热器组成，换热面积大，换热效率高。天然气在多股流翅式换热器内由环境温度 30℃ 冷却为 -162℃ 左右的 LNG，减少了漏热损失。多股流翅式换热器可以以模块化形式加工制造，只需在施工现场进行快速管路连接，就可直接投入使用，大大降低了建设安装费用。

③ 压缩机形式简单可靠，投资维护费用大幅降低。随着世界能源需求的不断增长以及人们环保意识的不断加强，LNG 产业进入了前所未有的黄金发展期。LNG 液化工艺技术也在不断改进，根据天然气储量、市场需求、原料气性质、厂址和投资情况，采

用不同的液化工艺技术，优缺点各不相同。如何选择合适的工艺流程降低 LNG 液化过程中消耗的大量能量，提高制冷系统的效率，提高经济效益，是投资者和研究者关注的重点。

5.4　LNG 液化过程中主要程序及设备

以 $50\times10^4\text{m}^3/\text{d}$ 调峰型 LNG 生产装置为例，采用单循环混合制冷剂液化方式，主要分为三个阶段，包括预处理阶段（脱酸、脱水、脱重烃过程）、液化阶段（使用氮气及其他烃类物质所组成的制冷剂对天然气进行液化）、储存阶段（将 LNG 进行储存和运输）。

(1) 天然气脱碳脱酸工艺流程及设备

对天然气进行脱酸、脱碳处理，去除天然气中所含有的硫化氢、二氧化碳和水分等杂质。首先，天然气进入过滤器去除锈渣等杂质，然后通入胺液处理区，采用醇胺法脱除酸性气体。天然气在胺接触塔内自下而上与甲基二乙醇（MDEA）吸收剂进行充分接触，将硫化氢、二氧化碳脱除，完成处理后冷却降温，压力下降。然后是酸性气体解吸过程，即吸收硫化氢、二氧化碳的富胺液从胺接触塔中流出进入闪蒸罐减压，在闪蒸罐内完成胺液与硫化氢、二氧化碳的分离，完成胺液的循环利用。此过程可以减少天然气液化的生产成本，完成再生后的胺液将再次循环使用。

(2) 天然气预处理中脱水流程及设备

LNG 预处理过程中主要采用两套分子筛干燥床完成对天然气的干燥脱水，可将天然气中所含有的水分含量（体积分数）降低到 1×10^{-6} 以内，以确保 LNG 后续工序正常进行。首先，将完成脱酸后的天然气通入至分子筛过滤器，除去天然气中所携带的胺液杂质，然后使用两组分子筛干燥器对其进行干燥。将干燥后的天然气依次通过粉尘过滤器、汞脱离器并进入液化环节。

(3) 天然气低温液化工艺流程与设备

天然气预处理后，将进入液化阶段。首先进入主液化换热器即冷箱进行冷却，冷箱采用整体钎焊板翅式换热器，能够最大限度地提高换热效率。冷箱内采用混合制冷剂（由氮气、甲烷、乙烯等组成）制冷，天然气被冷却至 -162℃ 并变成 LNG。然后将 LNG 送至储罐进行存储。在 LNG 液化过程中需要注意混合制冷剂的配比及配制检验过程，以确保混合制冷剂各组分的合理配制。

(4) LNG 工艺流程中使用的制冷设备

在 LNG 液化工艺中使用大量制冷设备，根据设备的功能可以将其分为动、静两类主要设备和其他设备等。使用的静设备主要包括干燥器、分子筛、主液化换热器、LNG 储罐，以及天然气液化过程中所使用的各种分离储罐、冷却器等。动设备主要包括混合制冷剂压缩机、天然气进气压缩机、BOG 压缩机以及各种配套的机电泵阀等。LNG 配套装置主要包括各种工艺管道、LNG 自动控制系统，以及各种规格的仪器仪表等。各种连接工艺管道需要使用大量的耐压钢管并配套有相应管径的法兰、接头等。由于管道的工况较为恶劣，需要确保良好的耐腐蚀性能、耐低温性能以及防锈性能，确保LNG的安全生产。LNG系统采用集散控制系统（DCS），可提高控制效果与可靠性。在LNG基础装置中还需要使用大量的温度计、压力表、液位计、温度变送器、压力变送器等装置和设备，以确保LNG装置的安全可靠运行，并为中央控制系统提供准确的测量数值。

5.5 本章小结

本章主要针对LNG液化工艺，讲述了五类主要天然气液化工艺，包括级联式液化工艺流程、混合制冷剂液化流程、带膨胀机的液化流程、阶式液化工艺流程、CII液化工艺流程，以及液化过程主要程序及设备。通过对天然气液化工艺基本情况的介绍，天然气液化单元是LNG生产的核心部分，目前比较成熟的天然气液化工艺流程主要有级联式、混合制冷剂、膨胀制冷式LNG液化工艺流程。目前国内外大型LNG液化系统主要采用级联式和混合制冷剂液化工艺，部分小型LNG液化系统多采用天然气膨胀制冷工艺或氮膨胀制冷工艺等。$30\times10^4 m^3$小型设备主要采用板翅式主液化装备，$60\times10^4 m^3$以上或$100\times10^4 m^3$以上大型LNG液化工艺系统多采用缠绕管式主液化装备，相应的工艺流程或LNG预处理工艺也有所不同。随着LNG工业的快速发展，LNG液化工艺也在不断改进，根据天然气储量、市场需求、原料气性质、厂址和投资等情况，采用不同的液化工艺技术，优缺点各不相同，如何选择合适的工艺流程降低LNG液化过程中消耗的大量电能，提高液化效率并确保经济效益是LNG系统装置的关键所在。

参 考 文 献

[1] 郝文生，史少博，周丹，等.LNG液化、气化工艺装置的选择中国化工装备[J].2017，19（2）：37-44.
[2] 张祉佑.制冷原理与制冷设备[M].北京：机械工业出版社，1995.
[3] 孙铁柱，黄翔，文力.蒸发冷却与机械制冷复合高温冷水机组初探[J].化工学报，2010，61（增刊2）：137-141.
[4] 孙铁柱，黄翔，文力.一种蒸发冷却与机械制冷复合制取高温冷水的新方法[J].制冷，2010，29（4）：12-15.
[5] 孙铁柱，黄翔，文力.蒸发冷却与机械制冷复合高温冷水机组水系统配比问题分析[J].流体机械，2011，39（5）：81-84，77.
[6] 张海南，邵双全，田长青.机械制冷/回路热管一体式机房空调系统研究[J].制冷学报，2015，36（3）：29-33.
[7] 张岩锋，梁晋，马雪梅，等.机械冷藏车远程监控系统的设计和实现[J].铁道学报，2005（1）：119-123.
[8] 冯叔初，郭揆常.油气集输与矿场加工[M].中国石油大学出版社，2006.
[9] 徐文渊等.天然气利用手册[M].北京：中国石化出版社，2006.
[10] 张守江，兰颖，黄霞.LNG净化与液化工艺概述[J].化工进展，2012，31（增刊2）：96-99.
[11] 李青平，孟伟，张进盛，等.天然气液化制冷工艺比较与选择[J].煤气与热力，2012，32（9）：4-10.
[12] 戴兴星，刘伟，涂金华，等.LNG液化工艺流程及现场运用综述[J].广州化工，2015，43（1）：35-38.
[13] 于慧颖.对LNG液化工艺相关问题的探讨[J].中国化工贸易，2020（2）：116-117.
[14] 朱永根.新型天然气液化装置工艺流程及设备特点分析[J].科技创新与应用，2016（20）：150-151.

第6章

液化天然气净化工艺

液化天然气（LNG）作为一种清洁能源，其液化前的天然气需要经过预处理工艺并脱除天然气中的杂质，然后才能进行液化。被液化前的天然气中的杂质对液化过程有很大影响。天然气中所包含的水分、二氧化碳、重烃在液化过程中会产生结晶，堵塞管道，影响液化过程的正常运行；包含的硫化氢等对液化核心换热设备等金属有腐蚀破坏作用；包含的汞对铝制板翅式换热器等核心设备会有腐蚀作用；包含的氦气、氮气等惰性气体在整个低温工艺过程中难以液化且会增加动力消耗。因此，根据不同的气源参数，研究去除天然气中的杂质对液化过程的影响以及如何脱除天然气中的杂质成为天然气液化的重要前提条件。

6.1 天然气预处理过程

天然气作为液化工艺的原料气，在液化前必须经历预处理过程。天然气的预处理是指脱除天然气中的水分、硫化氢、二氧化碳、重烃和汞等杂质，以免这些杂质腐蚀设备及在$-162℃$低温工况下冻结而堵塞液化设备及各种管道，同时防止酸性气体腐蚀液化设备及管道。

6.1.1 水分对液化的影响

原料天然气中一般都含有少量水分（H_2O），而水在低于0℃时会冻结在换热器表面和节流阀阀芯部位，从而堵塞换热器通道及节流阀阀芯部位，使天然气不能有效地进行低温液化换热及节流制冷过程。此外，天然气与水在低温工况下容易形成天然气水合物，即在高压工况下，$-10℃$以下即可生成半稳定的固态化合物"可燃冰"。"可燃冰"不仅可以堵塞管道，也可造成节流阀堵塞。为了避免天然气水合物的生成，通常需要对原料天然气进行脱水处理，使其露点温度达到$-160℃$以下。目前，常用的天然气脱水工艺有分子筛吸附、低温冷却脱除工艺等。

6.1.2 硫化氢对液化的影响

硫化氢（H_2S）属酸性气体，对天然气预处理及液化装置等均具有较严重的腐蚀作用，会极大缩短天然气预处理及液化装置的使用寿命，尤其LNG冷箱的使用寿命。H_2S是酸性气体中含毒性最大的一种酸气组分。H_2S具有臭鸡蛋气味及致命毒性，在很低含量下就会对人体的眼、鼻和喉部有刺激性，若体积分数达到0.06%时，人的滞留时间最长不超过2min。

6.1.3 二氧化碳对液化的影响

二氧化碳（CO_2）是酸性气体，在低温下会容易结晶。在0.1MPa下，升华点为-78.5℃，因此会在换热器表面结晶，堵塞管道，从而影响天然气流动。此外，CO_2不燃烧，无热值，所以在整个LNG工艺液化流程中没有任何有利作用。H_2S、CO_2等酸性气体不但对人身有害，对设备管道有腐蚀作用，而且因其沸点较高，在LNG液化过程中容易因低温冷却为固体并堵塞液化通道，故在LNG液化工艺流程中，需要增加H_2S、CO_2吸收塔，脱除天然气中所含酸性气体，如利用醇胺法吸收工艺时，H_2S、CO_2可以一起脱除，然后再利用H_2S解吸塔、CO_2解吸塔解吸后再利用。

6.1.4 硫氧化碳对液化的影响

虽然硫氧化碳（COS）相对来说是无腐蚀性的，但它的危害不可轻视。首先，它可以被极少量的水水化，从而形成H_2S和CO_2；其次，COS的正常沸点为-48℃，与丙烷的沸点-42℃很接近，当分离回收丙烷时，约有90%的COS出现在丙烷尾气或液化石油气（LPG）中，如果在运输和储存中出现潮湿，即使是$0.5\times10^{-6}m^3/m^3$的COS被水化，也会产生腐蚀故障。所以COS必须在净化时脱除掉。通常COS与H_2S和CO_2在脱酸时一起脱除。

6.1.5 重烃对液化的影响

天然气主要成分为甲烷（CH_4），通常还含有一些其他烷烃，如乙烷（C_2H_6）、丙烷（C_3H_8）、丁烷（C_4H_{10}）、戊烷（C_5H_{12}）等。重烃常指碳原子数大于5的C_{5+}以上的烃类。在烃类中，分子量由小到大时，其沸点一般由低到高变化，所以在LNG液化循环中，由于重烃的沸点比其他气体的沸点高，总是随着冷却温度的降低先被冷凝出来，然后需要进行分离。如果冷却过程中没有分离出重烃，则在液化过程中容易出现重烃凝固从而堵塞设备。极少量的C_{6+}馏分特性的微小变化，对于预测系统的相特性有相当大的影响。C_{6+}馏分对气体混合物影响如此之大的原因，被认为是气体的露点受混合物中最重组分的影响较大，重组分的变化对露点温度或压力有惊人的影响。露点温度越低的对应组分烃类（单一组分饱和分压对应露点温度低于-162℃）可以溶解在LNG中，对液化的影响不大。在-183.3℃以上时，乙烷、丙烷能以任意浓度溶解于

LNG 中。

6.1.6 微量汞对液化的影响

原料气中含有的微量汞在低温工况时会对 LNG 冷箱（板翅式主液化装备或缠绕管式主液化装备）具有严重的腐蚀作用，因此原料气中汞的含量应受到严格的限制。当汞（包括单质汞、汞离子及有机汞化合物）存在时，铝会与水反应生成白色粉末状的腐蚀产物，严重破坏铝的性质。极微量的汞足以给铝制设备带来严重的破坏，同时汞是有害重金属，会带来环境污染，检修过程中也会对人员造成危害。所以汞的含量应受到严格的限制。

6.1.7 其他成分对液化的影响

天然气中还会含有一些其他气体，如氦气、氮气等。氦气（He）是现代工业、国防和近代技术不可缺少的气体之一。He 在核反应堆、超导体、空间模拟装置、薄膜工业、飞船和导弹工业等现代技术中，作为低温流体和惰性气体是必不可少的。世界上唯一供大量开采的 He 资源是含 He 天然气。所以天然气中的 He 应该分离提取出来加以利用。氮气的液化温度（常压下 77K）比天然气的主要成分甲烷的液化温度（常压下约 110K）低。天然气中氮含量越多，液化天然气越困难，则液化过程的动力消耗增加。西气东输管线天然气混合组成成分如表 6-1 所示。

表 6-1　西气东输管线天然气混合组成成分

天然气组分名称	组成比例/%（除单独给出外）
甲烷	91.078
乙烷	3.3
丙烷	0.64
异丁烷	0.11
正丁烷	0.12
新戊烷	0.004
异戊烷	0.04
正戊烷	0.03
己烷	0.02
庚烷	0.005
辛烷	0.001
甲基环己烷	0.002
氮气	1.5
水分	0.002
硫化氢	$\leqslant 20\mathrm{mg/m^3}$
二氧化碳	3.1
苯	0.02

续表

天然气组分名称	组成比例/%(除单独给出外)
环己烷	0.025
甲基环己烷	0.002
甲苯	0.001
汞	$\leqslant 2\mu g/m^3$

6.2 天然气基本物性

6.2.1 天然气物性参数

(1) 天然气含热量

天然气热值是衡量天然气经济价值的一项重要指标，也是国际上天然气定价的重要依据。根据不同气源中所含乙烷及丙烷的比例，可以预测天然气的相对热值。我国标准《天然气》(GB 17820—2018)要求一类气体高位发热值不低于 $34.0MJ/m^3$，二类气体高位发热值不低于 $31.4MJ/m^3$。国内天然气热值范围一般介于 $36\sim38MJ/m^3$，进口LNG热值相对较高，热值高达 $44.92MJ/m^3$。体积计量方式不能体现不同气源所包含热值的差异，而热值计量是天然气精准定价的一项重要指标。

(2) 天然气含硫量

天然气中含有大量未处理干净的二氧化硫（SO_2）及硫化氢（H_2S），液化过程中，会对相应液化设备产生严重的腐蚀作用。硫本身质地软，粉末有异味。含硫量过多会严重腐蚀LNG冷箱及管道设备等，天然气液化前，必须通过预处理工艺进行脱除。总硫含量主要是指天然气中有机硫化合物的总体含量。我国相关标准规定一类气总硫含量不超过 $60mg/m^3$；美国标准要求总硫含量不超过 $30mg/m^3$。为有效控制 H_2S 对环境和人身健康的危害以及对管道和设备的腐蚀，严格控制天然气中 H_2S 含量是国际发展趋势。我国相关标准规定一类气 H_2S 含量不超过 $6mg/m^3$，欧美国家要求不超过 $7mg/m^3$。欧洲标准规定硫醇含量 $\leqslant 6mg/m^3$；美国标准要求硫醇含量 $\leqslant 7mg/m^3$。

(3) 天然气含碳量

天然气中含有二氧化碳（CO_2），其分子量为44，无色无味，熔点为 $-56.6℃$，沸点为 $-78.5℃$，热稳定性很高（2000℃时仅有1.8%分解），不支持燃烧，属于酸性氧化物。天然气中所含 CO_2 对大气温室效应、管道腐蚀以及管道的输气效率都有影响，因此从国际发展趋势来看，对其控制日趋严格。我国相关标准对二氧化碳含量要求 $\leqslant 2.0\%$；欧洲标准对二氧化碳含量要求 $\leqslant 2.5\%$；美国标准对二氧化碳含量要求 $\leqslant 3.0\%$；俄罗斯标准对二氧化碳含量未作明确要求。

(4) 天然气露点温度

天然气在一定温度及一定压力下析出第一滴 LNG 时所对应的温度压力点即为 LNG 露点温度，按天然气液化基本温度要求，并参考甲烷的临界温度，露点温度一般在临界温度－82.6℃以下，这与天然气中所包含的主要成分及甲烷的比例有关。此外，重烃由于分子量较大，露点温度较高，容易凝析，也是天然气管线设计过程中的一项重要指标。天然气管道中出现冷凝物会引起测量、自控和过滤装置发生故障，影响管道安全运行。我国相关标准规定"在天然气交接点的压力和温度条件下，天然气中应不存在液态烃"。一些凝析气藏具有反凝析现象，规定烃露点时应同时规定压力条件。参照国内外相关标准，一般将烃露点指标分为冬夏两季分别控制，夏季烃露点在交接压力下，不高于－5℃；冬季烃露点在交接压力下，不高于－10℃。

(5) 天然气含水露点

天然气中所含有的水分在一定温度及一定压力下，凝结出第一滴水时所对应的温度及压力，即为含水露点温度及压力。含水露点是管道天然气一项重要的指标，规定含水露点的主要目的是防止固体水的产生。若管道中有游离水存在，就会降低输气管道的输送能力，尤其在天然气液化过程中增加低温冰堵事故发生的概率，并容易使 H_2S、CO_2 对输气管道和其他液化设备产生腐蚀作用。由于饱和压力与饱和温度是一一对应关系，所以只要规定了饱和温度，也就是规定了一定饱和压力下的水蒸气含量。我国相关标准规定，"在最高操作压力条件下，天然气的水露点应比最低环境温度低 5℃"。根据 LNG 液化温度特点，要求原料气中的天然气露点温度低于－162℃，即水蒸气分压低于 5.4×10^{-12} Pa，即水分子的含量要达到 1×10^{-6} 以下。

(6) 天然气中汞含量

天然气中所含的汞主要对铝制 LNG 冷箱有重要腐蚀作用，所以，在用到铝制板翅式换热器等时，对天然气中汞的含量有严格的要求。天然气脱汞工艺主要有化学吸附、溶液吸收、低温分离和膜分离等。低温分离工艺是利用低温分离原理实现汞脱除，但分离的汞将进入液烃、污水中，容易造成二次污染，增加其处理难度；溶液吸收工艺脱汞效果差，吸收溶液腐蚀性强，饱和吸收容量较低，脱除的汞进入吸收溶液中也将造成二次污染；膜分离脱汞及阴离子树脂脱汞工艺的使用范围较窄，工业化装置应用较少。化学吸附脱汞工艺在经济性、脱汞效果和环保等方面都优于其他脱汞工艺，在天然气脱汞装置中得到广泛应用，其脱汞深度可达 $0.01 \mu g/m^3$。原料气脱汞采用载硫化物大孔径氧化铝脱汞剂，使汞与硫发生化学反应生成硫化汞并吸附在吸附剂上，载硫化物大孔径氧化铝不易发生粉化，且吸附能力强，便于更换。大孔径载硫氧化铝脱汞剂可以避免常规脱汞剂吸附饱和时的毛孔迸发现象对下游 LNG 冷箱造成的汞腐蚀危害。虽然国内外天然气气质标准和技术规范中没有特别针对汞含量做出限制，但美国相关标准对有害物质做出了规定，要求天然气中不能含有毒物和致癌物，相当于间接规定了不能含有汞。荷兰天然气生产单位与天然气用户之间以天然气供应合同协议的形式对天然气中汞含量做出规定，规定商品天然气中汞含量低于 $20 \mu g/m^3$。

(7) 天然气其他杂质

原料天然气中可能存在固体颗粒物质，也称为粉尘，在天然气液化前，必须进行严格的脱除，以免在低温工况下沉淀于 LNG 冷箱中。在天然气输送过程中，颗粒物也会沉积在阀门、流量计等设备上，影响管道上各种设备的正常运转，尤其当用气量波动较大时会导致设备磨损越来越严重，甚至会直接影响整个输气管线的安全运行。另外，车用 CNG 如含杂质与粉尘，将会影响汽车驾驶性能，并对发动机造成一定损伤。我国相关规范对天然气中的机械杂质没有定量规定，但明确规定"天然气中固体颗粒含量应不影响天然气的输送和利用"，并对固体颗粒的粒径做出了应≤5μm 的明确规定。俄罗斯标准规定固体颗粒物含量应≤1mg/m³。天然气中还有少量氧及氮等杂质气体，主要是从安全或防腐的角度考虑，避免恶意掺混空气。不同国家相关标准对氧含量的要求不尽相同，我国相关标准规定氧含量≤0.5%；俄罗斯标准规定氧含量≤0.5%；欧洲标准要求氧含量≤0.01%；美国标准要求氧含量≤0.2%。目前原料天然气中氮的含量主要根据气田天然气开采后的氮含量标定。氮对天然气液化的过程影响并不大，也是一种难以脱除的杂质气体，一般在液化过程中忽略不计。

6.2.2 LNG 预处理要求

天然气是以甲烷为主要成分的混合气体，甲烷的摩尔分数一般在 90% 以上，还包括少量乙烷、丙烷及其他烷烃气体，其余少部分为杂质气体。其中，如二氧化碳、硫化氢、重烃、水分等杂质气体在液化前需要进行脱除。天然气作为 LNG 液化装置的原料气，在液化前首先必须对其进行预处理，除去其中含有的有害物质及在低温工况下有可能冻结的其他组分，避免低温工况下水与烃类组分冻结而堵塞设备和管道，降低管线的输气能力；同时避免 H_2S、CO_2 等腐蚀设备及管道。对于不同地域的原料气，由于组分的差异和来源不同，预处理及液化工艺也不相同。

6.2.3 酸性气体脱除

天然气液化前需要脱除 H_2S、CO_2 等酸性气体，主要采用化学吸收及物理吸附等方法（图 6-1）。天然气液化过程中常用的化学方法是醇胺法，如用乙二醇胺洗涤天然气，吸收天然气中的酸性气体 H_2S 及 CO_2。醇胺溶液是化学吸收法常用的吸收剂之一。醇胺溶液主要组成部分是胺液，与原料天然气中的酸性气体发生化学反应，进而脱除天然气中的酸性气体。醇胺法具有成本低、应用范围广、反应速度快、清除干净利落等特点。醇胺类化合物包括一乙醇胺（MEA）、二乙醇胺（DEA）、二甘醇胺（DGA）、二

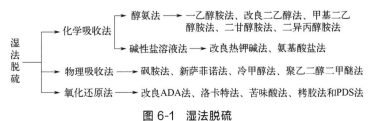

图 6-1 湿法脱硫

异丙醇胺（DIPA）、甲基二乙醇胺（MDEA）等，它们至少含有一个羟基（—OH）和一个氨基（—NH$_2$）。羟基的作用是降低化合物的蒸气压，并增加在水中的溶解度；而氨基则为水溶液提供必要的碱度，促进酸性组分的吸收。

（1）一乙醇胺（MEA）

MEA 构造式为 NH$_2$CH$_2$CH$_2$OH，分子量 61.15。无色黏稠液体，有氨气气味，呈强碱性，具有吸湿性，溶于水，溶于乙醇、氯仿及四氯化碳等；密度 1.018g/cm^3；熔点 10.5℃；沸点 170.5℃。MEA 与酸性组分迅速反应，容易使原料气中的 H$_2$S 含量降到 5mg/m^3 以下。MEA 可同时无差别脱除 H$_2$S 及 CO$_2$。

（2）二乙醇胺（DEA）

DEA 构造式为 NH(CH$_2$CH$_2$OH)$_2$，分子量 105.14，无色黏稠液体。密度 1.097g/cm^3；熔点 28℃；沸点 268.4℃；闪点 137.8℃。DEA 与 COS 及 CO$_2$ 的反应速度较慢，因而 DEA 与有机化合物反应而造成的溶剂损失量少。对有机硫化物含量较高的原料气，用 DEA 脱硫较有利，DEA 对 CO$_2$ 对 H$_2$S 也没有选择性。DEA 可同时无差别脱除 H$_2$S 及 CO$_2$。

（3）甲基二乙醇胺（MDEA）

MDEA 构造式为 NCH$_3$(CH$_2$CH$_2$OH)$_2$，分子量 119.16。无色或微黄色黏稠液体。闪点 127℃；密度 1.042g/cm^3；沸点 247℃。MDEA 常用于天然气脱硫，具有对 H$_2$S 优良的选择脱除能力和抗降解性强、反应热较低、腐蚀倾向小、蒸气压较低等优点。MDEA 能与水、醇互溶，微溶于醚，主要用于油田气和煤气、天然气的脱硫净化等工艺流程中。MDEA 和 CO$_2$ 的反应速度较慢，对 H$_2$S 有较好的选择吸收性，单一的 MDEA 溶液较难深度脱除天然气中的 CO$_2$，加入 DEA 可加快溶液与 CO$_2$ 的反应速度，达到深度脱除 CO$_2$ 的目的，使净化气中满足 CO$_2$ 含量<3%的要求。二乙醇胺（DEA）为仲胺，碱性较强，经过试验筛选，靖边气田净化厂的复合溶液中甲基二乙醇胺溶液一般浓度为 40%，二乙醇胺溶液的浓度控制在 5%左右。

几种常用醇胺的物理化学性质如表 6-2 所示。

表 6-2　几种常用醇胺的物理性质

项目		MEA	DEA	MDEA
分子量		61.9	105.14	119.16
相对密度(20℃)		1.017(20%)	1.0919(30%)	1.0418(20%)
沸点/℃	101.3kPa	170.4	268.4	230.6
	6.67kPa	100	187.2	164
	1.33kPa	68.9	150	128
蒸气压(20℃)/Pa		28	<1.33	<1.33
凝固点/℃		10.2	28	−14.6
水中溶解度(20℃)		100%	96.40%	100%
黏度/(mPa·s)		24.1(20℃)	380(30℃)	101(20℃)

典型的醇胺法工艺流程如图 6-2 所示，对不同的醇溶剂流程是基本相同的。从图中可见，所涉及的主要设备是吸收塔、汽提塔、换热和分离设备。

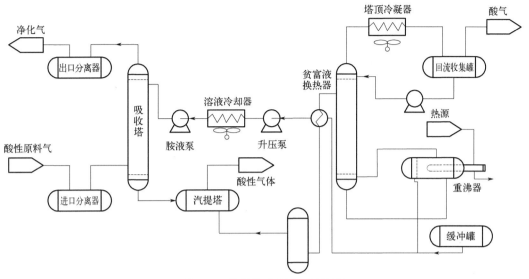

图 6-2 典型的醇胺法工艺流程

化学吸收法一般具有可逆性，吸收酸性气体后的胺液在特定条件下可以进行解吸脱除。化学吸收法是以可逆的化学反应为基础，以弱碱性溶剂为吸收剂，溶剂与原料气中的 H_2S、CO_2 酸性组分反应而生成特定化合物；当溶液温度升高、压力降低时，化合物可以逆向解吸酸性气体，目前主要有醇胺法、热钾碱法、氨基酸盐法等工艺。热钾碱法已成功地用于从气体中脱除大量 CO_2，也可用来脱除天然气中的 CO_2 和 H_2S 酸性气体。基本原理为：

$$K_2CO_3 + CO_2 + H_2O \longrightarrow 2KHCO_3$$

$$K_2CO_3 + H_2S \longrightarrow KHCO_3 + KHS$$

改良热钾碱法适用于含酸气量 8% 以上、CO_2/H_2S 比高的气体净化。压力对操作影响较大，吸收压力不宜低于 2MPa。

物理吸收法是采用物理吸收的方法进行脱除，一般在高压工况下进行吸附，但不存在化学反应。降低系统压力，则被吸收的气体会降压解吸出来，适用于高压低温环境吸附。物理吸收法主要有冷甲醇法、碳酸丙烯酯法、磷酸三丁酯法、聚乙醇二甲醚法等，一般需要低温高压环境，溶剂酸气负荷率高，适用于各种有机硫脱除。物理吸收法一般适用于浓度较小的酸性气体。物理吸收法不适用于重烃含量较高的原料气，且受溶剂再生程度的限制，净化率较化学吸收法低。低温甲醇洗工艺主要由德国林德等公司开发，主要以 -70℃ 低温甲醇为吸收剂物理吸收酸性气体，主要由于甲醇在高压低温下可有效溶解 H_2S 及 CO_2，并适宜于酸气分压大于 1.0MPa 的原料气。聚乙二醇二甲醚法（Selexol 法）用聚乙二醇二甲醚作溶剂，旨在脱除气体中的 H_2S 及 CO_2。由于聚乙二醇二甲醚具有吸水性能，因而该法同时具有一定的脱水功能。

化学物理法主要是将化学与物理脱除方法结合使用，典型的方法是砜胺法，即将化学溶剂烷醇胺与一种物理溶剂组合使用的方法。目前物理吸收溶剂常用环丁砜，化学吸收溶剂常用二异丙醇胺（DIPA）和甲基二乙醇胺（MDEA）。

氧化还原法以液相为载体将硫化氢氧化为单质硫，然后鼓入空气使溶液再生，主要有铁碱法和砷碱法等。主要湿式氧化法有改良的 ADA 法（蒽醌法）、螯合铁法、PDS 法。湿式氧化法脱硫效率高，可使净化后的气体含硫量低于 $5.0 mg/m^3$；可将 H_2S 转化为单质硫，无二次污染；可在常温和加压状态下操作；大多数脱硫剂可以再生，运行成本低。

干法脱除主要采用天然沸石、分子筛和海绵状氧化铁等作为吸收介质。干法脱除酸气技术通常用于低含硫气体处理，特别是用于气体精细脱硫。干法主要包括氧化铁法、活性炭法、分子筛法、膜分离法等。其中，分子筛法不仅可以除去 H_2S，而且对 CS_2、硫醇等其他含硫化合物也有较好的去除效率，处理后气体硫含量降至 $0.53 mg/m^3$ 以下。膜分离法主要采用薄膜半渗透性原理分离溶液混合物，其酸性组分 H_2S、CO_2 优先透过分离膜被脱除。膜分离技术原理相对简单，但加工制造膜的成本及更换等成本相对较高，至今尚未在规模化生产过程中广泛应用。

6.2.4 非饱和水分脱除

由于水在低温工况下容易冻结造成堵塞，同时可为酸性气体腐蚀提供便利，从而造成设备与管线的严重腐蚀。所以，对原料气中的非饱和水分必须进行脱除处理。三甘醇脱水工艺流程如图 6-3 所示。

从油气田开采出来的天然气或者石油伴生气，常常含有大量的游离水或气水混合物，可以采用气液分离器分离混合物中的液态水，但天然气中所包含的未饱和的气态水汽无法借助气液分离器进行分离。当温度低于饱和压力对应的饱和点时，就会有水蒸气析出；当温度再低于三相点时或进入气固两相区时，就会有固体水凝结。因此，在 LNG 液化前必须经过深度脱水工艺处理，使其低温露点温度达到 $-160℃$ 以下，以确保 LNG 生产装置的正常运行。

脱水方法主要包括变压吸附法（分子筛变压吸附与低压解吸）、低温冷凝法（冷却脱水）、溶剂吸收脱水法（吸收法脱水）、固体吸附脱水法（吸附法脱水）与膜法脱水等。其中，三甘醇（TEG）吸收法是常用的天然气物理溶剂脱水法。三甘醇（TEG），分子式为 $C_6H_{14}O_4$。三甘醇具有强吸水性、高温条件下容易再生等特点，利用这种特点可作为脱水剂来降低天然气中的含水量（图 6-3）。吸水后的富液进入重沸器后，在常压、高温情况下可将水分蒸发析出，汽提后可得到浓度大于 99% 的三甘醇贫液，贫液可循环再利用。TEG 工艺流程简单、技术成熟、露点降大（30～60℃）、热稳定性好、富液易于再生循环利用等优点。

目前大型 LNG 液化系统一般采用分子筛变压吸附法。变压吸附法一般采用分子筛双塔结构，一个塔吸附，另一个塔解吸，间歇进行交换操作，以实现连续不间断吸附功能。低温冷凝法是利用高压天然气节流制冷降温或者利用天然气透平膨胀机膨胀降温

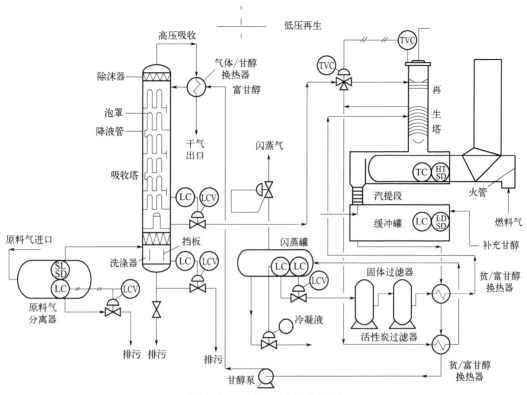

图 6-3 三甘醇脱水工艺流程

（图 6-4），从而实现低温水过饱和凝结，再进行气液分离。固体吸附法能将孔隙表面大量的水分子进行吸附（图 6-5），将水脱至 0.1×10^{-6} 或者露点降至 $-100℃$。该方法适用于多微孔性、表面积较大的物质，吸附量大，对不同成分有不同的吸附能力。渗透膜法脱水与传统的化学吸收及物理吸收相比，具有工艺简单、无复杂设备、操作简便等优势。

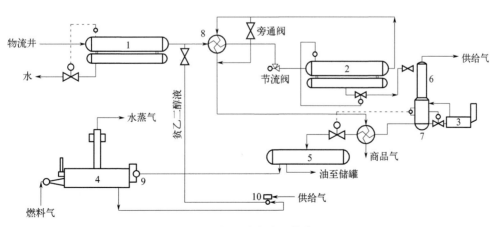

图 6-4 低温分离法工艺流程

1—游离水分离器；2—低温分离器；3—蒸汽发生器；4—乙二醇再生器；5—醇油分离器；
6—稳定塔；7—油冷却器；8—换热器；9—进料调节器；10—乙二醇泵

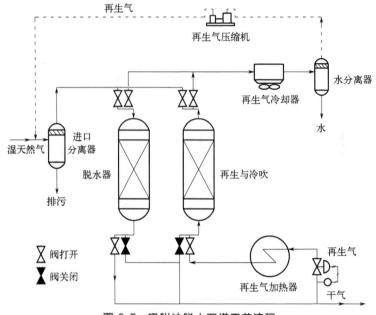

图 6-5　吸附法脱水双塔工艺流程

6.3　本章小结

本章主要针对 LNG 净化工艺，讲述了天然气预处理过程，包括硫化氢、二氧化碳、硫氧化碳、水分、重烃、汞等成分对液化的影响；讲述了天然气基本物性，包括天然气物性参数、预处理基本要求、酸性气体的脱除、非饱和水分脱除等内容。油气田开采出来的天然气必须经过脱硫、脱碳及脱水等重要过程，尤其脱除酸性气体，如二氧化碳、硫化氢、二氧化硫等，以避免对重要设备等造成严重的腐蚀。其次需要对天然气进行脱水处理，一般采取吸收法或者吸附法脱除水分。经过预处理后的天然气必须达到液化前各组分含量要求指标。

参 考 文 献

[1] 温崇荣，李洋. 天然气净化硫回收技术发展现状与展望 [J]. 天然气工业，2009，29（3）：95，97，143.
[2] 罗小武. 天然气净化工艺技术研究与应用 [J]. 天然气与石油，2006（2）：30-34.
[3] 牛刚，黄玉华，王经. 低温甲醇洗技术在天然气净化过程中的应用 [J]. 天然气化工，2003（2）：26-29.
[4] 陈文杰. 液化天然气工厂天然气净化工艺的选择 [J]. 化学工业与工程技术，2014，35（5）：16-19.
[5] 渠颖，张月庆，曹友娟，等. MEA 及 MDEA 在天然气净化工艺中的对比研究 [J]. 城市燃气，2019（8）：10-15.
[6] 齐璞. 天然气净化工艺汞分布模拟及脱汞剂制备研究 [D]. 大连：大连理工大学，2019.
[7] 张宝贵. 天然气净化工艺设计要点及优化 [J]. 云南化工，2018，45（5）：207.
[8] 高晓龙. 关于天然气处理厂天然气净化工艺技术优化探讨 [J]. 科学技术创新，2018（22）：139-140.
[9] 李岳峰，毛源昌，乔治. 几种天然气净化工艺的设计要点探讨 [J]. 化工管理，2018（22）：194.

第 7 章

液化天然气加气站

液化天然气（LNG）加气站是指以 LNG 形式向 LNG 汽车提供燃料（图 7-1），或者以 LNG 汽化后的天然气形式向天然气汽车和大型压缩天然气（CNG）子站提供燃料的场所。直接加注 LNG 的汽车一般带有 1~2 个真空杜瓦瓶，可通过自增压系统或加注泵直接将 LNG 按一定的压力加注进杜瓦瓶即可，在使用前需要通过汽化器对 LNG 进行汽化处理。大多 LNG 加气站依托 CNG 加气站建设。CNG 加气站是将管线中的天然气经过净化处理，包括脱碳、脱水、脱硫等过程，再压缩至 30MPa 左右，通过加气装置加注给 CNG 汽车。CNG 是一种最理想的车用替代能源，其应用技术已日趋成熟，具有低成本、无污染、使用方便快捷等优点。LNG 与 CNG 联用时统称为 L-CNG 加气站（图 7-2），目前主要布置在公路沿线及城市边缘。

图 7-1　LNG 加注站布置图

图 7-2　LNG-CNG（L-CNG）加气站实物图

7.1　LNG 加气站类型

7.1.1　按加气站规模分类

LNG 加气站的主要设备有供 LNG 液体加注的设备，如 LNG 槽车、LNG 储罐、LNG 自增压系统、LNG 加注泵等。同时也有汽化后加注气体的设备，如 LNG 汽化器、天然气储罐、压缩机组、计量装置、净化干燥器、顺序控制盘、加气柱、售气机等。

(1) L-CNG 标准站

L-CNG 标准站一般建在人口和车辆比较集中的地区，并留有足够的安全距离，可以加注 LNG，也可以加注 CNG，可以通过 LNG 槽车运输 LNG 至加气站，也可以通过管线天然气加气。管线天然气需要经过脱硫、脱水等工艺，进入压缩机压缩至 30MPa 左右，然后再打入储气罐，通过加气装置给车辆加气，通常加气速度在 $1000m^3/h$ 左右。

(2) L-CNG 母站

L-CNG 母站一般指 LNG 接收站或长输管线天然气通过的主要站点。可从接收站直接提取 LNG 或经汽化后的天然气，或打入管线的天然气等。管线天然气需要经过脱硫、脱水等工艺，进入压缩机压缩，然后进入高压储罐储存，或通过售气机给母站的车辆加气，加气量在 $3000m^3/h$ 左右。LNG 汽化气不需要脱硫及脱水等工艺。L-CNG 母站可通过设在站内的加气柱将天然气充入 CNG 槽车，运到 L-CNG 子站为汽车加气。同时，可将母站 L-CNG 通过 LNG 槽车或 CNG 槽车运至没有管线的中小城市，经调压后打入天然气管网，向城镇居民及其他企业用户供气。

(3) L-CNG 子站

L-CNG 子站一般指通过 LNG 卫星站及在没有管线天然气的地方建立的天然气供给站点。可通过 LNG 槽车从母站输送 0.1MPa LNG 至子站，给 LNG 汽车加液，或通过 CNG 槽车从母站输送 30MPa CNG 至子站，经加气装置给 CNG 汽车加气。L-CNG 子站主要通过 LNG 自增压加注或高压 CNG 直接加注或压缩天然气再加注等方式加气。

根据 L-CNG 加注类型的不同，又可分为 CNG 加气站、LNG 加气站和 L-CNG 加气站等。LNG 加气站分为撬装式加气站、标准式加气站、移动式撬装加气站等类型。

7.1.2 按加气站功能分类

7.1.2.1 CNG 加气站

CNG 加气站根据所处站址及功用的不同，基本分为常规站、CNG 母站、CNG 子站三种类型，三种天然气站点选用的主要加注设备，其储罐大小、承压能力以及压缩机种类有很大差别。CNG 加气站的主要设备包括气体干燥器、压缩机组、储气装置、加气柱、售气机等。CNG 加气站按系统装置分类，主要包括天然气预处理系统、天然气增压系统、天然气储存系统、天然气加注系统、天然气控制系统、天然气售气系统等，主要服务对象为 CNG 汽车。CNG 加气站按建造类型分类，主要有撬装式与固定式 LNG 加气站，主要区别在于 LNG 加气机、增压泵撬等设备是否集成在撬体上。撬装式 LNG 加气站设备现场施工量小，安装调试周期短，适用于规模较小、对场地要求不高的情况；固定式 LNG 加气站的现场施工量大，周期相对较长，适用于规模较大的 LNG 加气站。

7.1.2.2 LNG 加液站

LNG 加液站一般以撬装式为主，站内设备主要包括 LNG 储罐、潜液泵、增压汽化器、卸车汽化器、EAG 加热器、加注机等。主要功能包括加气功能、卸车功能、增压功能、调温功能等，主要涉及 LNG 低温泵送增压、LNG 槽车内增压、LNG 储罐内自增压、加注机向汽车加液等过程。撬装式不依赖管网天然气，只需用 LNG 槽车运载 LNG。站内所有工艺设备都安装在一个撬块上，整体尺寸较小；控制系统安装在一个改装的标准集装箱内，非常适于用汽车搬运。可根据市场需求随时改变加液站地点。LNG 加液站生产工艺中无须净化设备和压缩机，只需配备自动控制系统、数据采集与监测系统等，主要适应于 $5\times10^4\mathrm{m}^3/\mathrm{d}$ 以下、车辆较多、充装量较大的重型卡车或城际大巴。

7.1.2.3 L-CNG 加气站

L-CNG 加气站将 LNG 经高压液体泵加压汽化后对 CNG 汽车加气，主要设备包括 LNG 储罐、LNG 低温泵、LNG 汽化器、CNG 储罐、CNG 加气机、LNG 高压泵等。加气时用高压低温泵将 LNG 送入汽化器汽化，并储存于高压 CNG 储气瓶组内，当需要时通过加气机对 CNG 汽车进行计量加气。其中 LNG 储罐的作用与加气站中 LNG 储罐的作用相同。相比同样容量 CNG 加气站，L-CNG 加气站的投资和运行成本更低。L-CNG 加气站不必铺设天然气管道，只需用 LNG 槽车运输 LNG 即可实施供气。L-CNG 加气站只有少量低温泵运行，相比 CNG 加气站，没有了脱硫、脱碳、脱水装置，没有了压缩及冷却装置，能耗偏小。L-CNG 加气站只需要利用高压柱塞泵把一定量的 LNG 加压到 25~30MPa，所需的能量消耗相当于同质量气体压缩到 30MPa 时所需能量的 1/7。LNG 低温储罐单位容积储存密度高，节省占地面积。L-CNG 加气站可以脱离天然气管网建设，为无管网地区发展天然气汽车创造了条件。L-CNG 加气站可灵活使用，可作为 CNG 加气站的备用气源，平时储备 LNG，在 CNG 加气站气源中断或供气不足时发挥作用。

7.2 LNG 加气站工艺流程

LNG 加气站工艺流程如图 7-3 所示。LNG 加气站担负部分卫星站功能，需要将部分 LNG 在用气高峰时经汽化器汽化打入管网，以供城镇用气调峰作用。其他部分主要供 CNG 汽车使用。

L-CNG 加气站工艺流程（见图 7-4）中，同时需要满足加注 LNG 汽车及 CNG 汽车两种功能车型。此外，L-CNG 加气站还需要满足同时可应用管道气源及槽车输送 LNG 的条件，以确保在管道气源供给不足时，LNG 用于补充 CNG，并给管道气源增压加气及 CNG 汽车加气。此时，需要将 0.1MPa 低压、-162℃低温 LNG 转变成 20℃常温、30MPa 高压天然气以供汽车加气使用。

当需要将大型接收站作为 LNG 加气站，并供给区域或省际管网时，可将整个 LNG

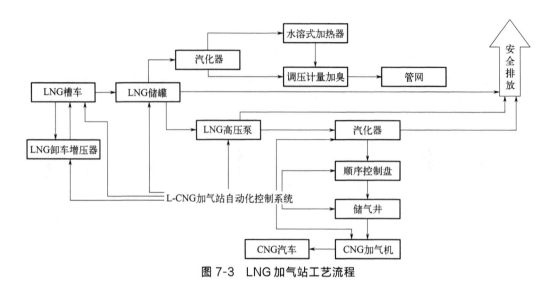

图 7-3　LNG 加气站工艺流程

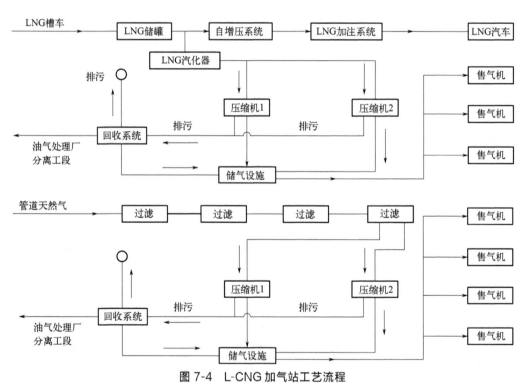

图 7-4　L-CNG 加气站工艺流程

接收站作为 LNG 加气站，使其行使管网加气功能（见图 7-5）。同时，还需要将储罐内 LNG 在需要时再通过槽车转运至 LNG 卫星站，经汽化后打入区域管网起到分拨气源及调峰作用。

需要增压加液时，LNG 槽车在卸车处利用自增压可将运载的 LNG 转移至 LNG 储罐中，加液时可通过低温泵增压至 0.3～0.5MPa，再通过加注泵打入 LNG 汽车杜瓦瓶中。需要汽化加气时，通过低温高压泵将储罐内的 LNG 送至高压空浴式汽化器，LNG 在汽化器内与外界空气自然对流，汽化后变为低温天然气。空浴式汽化器入口设置气动

第 7 章 液化天然气加气站

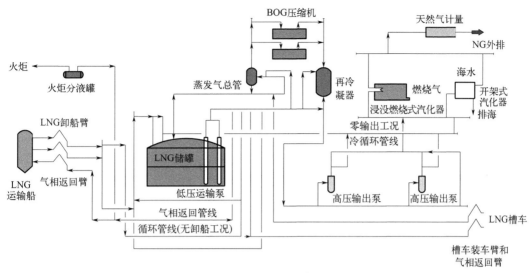

图 7-5 大型 LNG 加气站工艺流程

切断阀，正常工作时两组汽化器通过气动切换，切换周期及时间需要根据环境温度及汽化总量确定。当出口温度低于 5℃时，自动切换空浴式汽化器，同时开启备用汽化器除霜，保证汽化器达到最佳换热状态。受环境温度或季节影响，汽化器出口温度达不到 5℃以上时，需要附加水浴式汽化器升温。达标后的天然气经控制盘进入低、中、高三个储气槽，CNG 加气机分别由低到高从三个储气槽中取气并对外供气。过程中需要利用 LNG 低温高压泵将 LNG 增压汽化至 30MPa 并完成高压变送的过程。LNG 低温高压泵的控制及操作等都由自动控制装置完成，无须压缩机及冷却系统，可有效降低噪声污染并节约压缩功。

7.2.1 LNG 加气流程

LNG 加气站加气流程主要包括卸车、调压、加液、安全泄放等几个主要过程。

7.2.1.1 LNG 卸货过程

LNG 槽车卸货转移至储罐时，一般采用两种方式，即低温泵卸车流程和自增压卸车流程。目前多数 LNG 加气站采用低温泵卸车流程，不需要储罐单独泄压，可以直接进行卸车操作，且卸车速度快，自动化程度高。卸货方式也可以根据加气站工艺设备的状况灵活选用，如自增压卸车、泵增压卸车、直接泵卸车、储罐供压卸车等。自增压卸车主要依靠槽车内的 LNG 自流进入卸车汽化器中，在卸车汽化器中吸收环境热量后汽化成气态天然气，然后返回至槽车内的气相空间并持续增压。此过程不需要外加动能即可将槽车中的 LNG 打入储罐。低温泵卸车可分为自增压泵送卸车与直接泵送卸车两种方式。自增压泵送卸车需要将槽车内 LNG 打入泵池，再经低温泵打入自增压系统，自增压后再打入储罐。直接泵送卸车是通过系统中的潜液泵将 LNG 从槽车直接泵送至 LNG 储罐。储罐中的 BOG 气体可通过导管引入槽车，以降低储罐压力，弥补槽车由卸车导致的压力不足。自增压泵送卸车时间长，需要消耗 LNG。直接泵送卸车速度快，易控制,无须储罐泄压,不消耗 LNG 液体,但管道连接繁琐,需要消耗能量。

7.2.1.2 LNG 增压过程

自增压和泵增压是 LNG 增压的两种主要方式。在 4.2MPa 以下增压,一般采用自增压方式;在 4.2MPa 以上增压,一般采用高压柱塞泵增压方式。LNG 在过冷状态下输运及转移可减少 BOG 排放,而在正常情况下,LNG 总是处于饱和蒸发冒气状态。在 LNG 转移泵送过程中,快速增大输送压力,可使储罐内 LNG 趋于过冷状态,然后再进行加注或转移,一般不会出现过热沸腾等现象。所以,无论在 LNG 由槽车转移至 LNG 储罐的过程中,还是在 LNG 由储罐转移至 LNG 汽车的过程中,适当的增压过程有利于减少转移或加注过程中的 BOG 排放。采用自增压转移时,LNG 汽化后通过气相管路返回储罐,直到储罐内压力达到工作压力时,停止汽化作用。车载杜瓦瓶中的 LNG 总是处于饱和液体状态,加注之前若对 LNG 储罐进行增压调节,使之成为过冷 LNG 后再行加注,可有效避免加注时车载杜瓦瓶内的 LNG 快速蒸发汽化。由 LNG 槽车卸车并需要增压加气时,可由低温高压柱塞泵增压至 20MPa 以上,再通过高压汽化器汽化成 CNG,并进入高压储气槽储存,等待进入加注环节。

7.2.1.3 LNG 加注过程

LNG 加注过程容易出现过热沸腾、过冷沸腾等现象,容易导致系统压力剧增,从而引起爆炸危险。所以,在 LNG 加注前,需要对被加注的容器进行预冷处理,以使容器温度与加注的 LNG 温度相近,可避免加注过程中的 LNG 剧烈汽化问题。加注前,首先吹扫加注枪和售液机插枪口,把加注枪与售液插枪口相连接,然后进行预冷,当温度、密度、增压达到设定值时加注机预冷过程完成。在预冷完成后,可通过自增压或泵输送方式进行加注。一般在泵输送加注时,需要进行待机等待。输送泵启动后,在没有加注和预冷时,输送泵低速运行,LNG 在管道内循环预冷,降低管道温度。加注完成后,在持续较长时间无加气机信号时,输送泵停止工作。

7.2.1.4 LNG 控制过程

由于 LNG 汽化后产生易燃易爆气体,所以,在 LNG 汽化站等场所需要引进气动控制系统,以避免经常用电引起漏电事故,从而导致燃气爆炸。在 LNG 汽化站,可用压缩空气作为高压气源,驱动过程控制阀门,达到自动控制加气站系统流程的目的。主要控制设备包括气动执行器、过程控制阀门、前置过滤器、气液分离器、后置过滤器、干燥器、控制柜等。此外,在系统日常运行过程中因突然停电或设备突然故障等原因引发工艺过程失控时,应用 LNG 气动控制系统可确保系统正常运行。

7.2.1.5 LNG 安全系统

天然气在温度低于 -107℃ 左右时,密度大于空气,一旦泄漏,会在地面聚集,不易挥发。在常温工况时,天然气密度小于空气密度,容易飘浮扩散。根据这一特性,需要按照要求进行安全排放,必须设计集中排放方式。安全泄放工艺系统由安全阀、爆破片、EAG 加热器、放散塔等组成。EAG 加热器采用 500m³/h 空浴式加热器，或者采用汽化器后置水浴式加热器。常温工况下，放散天然气直接经阻火器后排入放散塔。阻火器内装耐高温陶瓷环，安装在放空总管路上。为了提高 LNG 储罐的安全性能，采用降压安全装置、压力报警手动放空、安全阀超压起跳三层保护措施。缓冲罐上设置安全阀及爆破片，安全阀设定压力即为储罐设计压力 0.8MPa，管道设计压力 1.0MPa。在一些可能会形成密闭空间的管道或者密封空间内，设置手动放空阀加安全阀的双重措施。

7.2.2 LNG 低温管道

7.2.2.1 LNG 管道材质

LNG 低温管道内流动的是 $-162℃$ 低温液体，是一种低温易燃易爆且随时汽化的处于饱和及过热状态的气液两相流体，所以，在选择 LNG 低温管道时，一般需要材料具有耐低温、耐腐蚀、耐高压等性能。同时，在低温工况下还需要考虑天然气自增压过临界等低温耐压等问题，即在 $-162℃$ 工况下，所选用管道材料具有一定的低温抗脆断能力及低温耐压承受能力。目前国际上一般选用 9Ni 钢作为带压管道及容器用钢，或采用普通奥氏体不锈钢 0Gr18Ni9Ti 等材料作为低温管道及容器用钢。加气站内的各种管道应参照 GB/T 14976 的规定，所选用管道外径尺寸可参考标准 GB/T 17395，管件可参考 GB/T 14383 标准的承插焊无缝管件，施工及验收应符合 GB 50235 的要求，紧固件法兰和垫片法兰符合 HG/T 20592～20635 标准。管道连接件包括阀门等过程控制装置均采用全焊式连接方式。选择连接 LNG 低温截止阀、球阀、单向阀及安全阀等阀门时，需要考虑低温密封性能及过临界低温耐压特性及密封性检验。低温连接件选用过程中还需要考虑配件低温性能及所用标准规范的一致性，在参照现有国家标准的基础上，还应参照相关国际惯用标准。

7.2.2.2 LNG 接管规格

所有加气站内管道组件的低温特性及材料性能应与 LNG 介质相适应。按照《输送流体用无缝钢管》（GB/T 8163—2018）有关规定，LNG 管道选用无缝钢管，同时，参考现行国家标准《高压锅炉用无缝钢管》（GB/T 5310—2023）、《高压化肥设备无缝钢管》（GB/T 6479—2013）或《流体输送用不锈钢无缝钢管》（GB/T 14976—2012）的有关规定。对于普通 CNG 加气站，钢管外径大于 28mm 时压缩天然气管道宜采用焊接连接，管道与设备、阀门的连接宜采用法兰连接；小于或等于 28mm 的压缩天然气管道及其与设备、阀门的连接可采用双卡套接头、法兰或锥管连接。双卡套接头应符合现行国家标准《卡套式管接头技术条件》（GB/T 3765—2008）的规定。管接头的复合密封材料和垫片应符合天然气密封检漏要求。CNG 加气柱承压软管最高允许工作压力应大于或等于 4 倍系统设计压力。软管的长度不应大于 6.0m，有效作用半径不应小于 2.5m。由于低温连接件可参照标准较少，所以在低温管线设计过程中应考虑低温应力补偿、使用环境影响等综合因素，对管道应力、壁厚等进行精准的推算，以确保能够承受足够的低温过临界压力要求。

7.2.2.3 LNG管道安装

LNG储罐总管应设置安全阀及紧急放散管、压力表及超压报警器。储罐出口应设截止阀。车载储气瓶组应有与站内工艺安全设施相匹配的安全保障措施，可不设超压报警器。储罐与加气枪之间应设置截断阀、主截断阀、紧急截断阀和加气截断阀。LNG加气站内在缓冲罐、压缩机出口、储气瓶组处应设置安全阀。安全阀的设置应符合《固定式压力容器安全技术监察规程》的有关规定。

7.2.2.4 LNG管道保温

考虑绝热条件要求，一般选用LNG真空多层绝热管道或保温管道。真空绝热管道适用于LNG储罐连接管、LNG潜液泵进出液管以及BOG返回气管路等，绝热性能优良，制造安装方便。但真空管道也存在很多的问题，如一次投资较大、加工制造成本较高、维护检修繁琐等。保温管道表面加装保温材料，相比之下包覆型天然气管道更具有实用价值和技术优势，成本低廉，加工制造简单，适用于BOG气体传输，或者作为两相流汽化过程过渡管道，但缺点是在低温工况下，保温性能较差，传热速度太快，容易出现多点冷桥。一般将改性聚氨酯泡沫塑料包覆在管道结构外侧，不仅可以降低加气站的一次投资成本，还能为后期维修提供很多的便利。此外，保温管道结构稳定，安装方便，更加适用于加气站的管道设计和施工工作。

7.2.3 LNG加气站设计原则

由于LNG加气站属易燃易爆场所（包括L-CNG加气站、CNG加气站等），尤其LNG属于低温流体，管理不当容易引发过临界爆炸，所以，在设计建造等方面应遵循相应的具体规范及原则。在此，对LNG加气站及相关原则进行以下分析阐述。

(1) LNG加气站合理规划建设

由于LNG加气站或L-CNG加气站的初期投入相当大，且回收期长，对于安全生产及服务的要求也相对较高，因而其布局应以能源与发改部门规划为基础，通过上级层层审批，以防止出现重复或盲目建设的情况，进而导致恶性竞争或浪费资源的状况发生。

(2) LNG加气站均衡布置约束

针对城市的位置、形状及其交通环境等方面的条件，对LNG加气站或L-CNG加气站的布局进行约束，以便于用户的加液或加气过程均衡布置。LNG加气站或L-CNG加气站设计时应当遵循均衡布点的原则，同时还可以扩大加气网络的相关服务区域。此外，加气站规模应确保同用户发展需求相一致，其总量供给应同用户需求相平衡。

(3) LNG加气站安全环保要求

对LNG加气站或L-CNG加气站进行规划时必须确保其整体布局同城市的总体规

划相符合。此外，城市的总体规划同时还规划了城市天然气管网的布置及其铺设，因此，管网会直接对加气站的投入及其选址造成影响。对 LNG 加气站或 L-CNG 加气站进行布局选址过程中必须要考虑到供给管网距离远近、土地价格高低、相关配套设施是否健全等，这些都会极大程度地影响到对 LNG 加气站或 L-CNG 加气站建设的投资情况及其经营成本等相关问题。LNG 加气站或 L-CNG 加气站的站址应尽可能选在城市交通的主干道上，但是应尽可能要避开人口的稠密区域。这样在方便加气的同时又避免了加气车流大所带来的道路交通拥挤现象的发生。

7.2.4 LNG 加气站运行原理

参照国家标准《液化石油气钢瓶定期检验与评定》（GB/T 8334—2022），液化气钢瓶制造生产后要经过 3.2MPa 水压试验、2.1MPa 气密性试验，也就是说钢瓶最大可承受压力为 3.2MPa，而 LNG 钢瓶正常使用压力低于 0.6MPa。钢瓶内充装液化气体时应满足《液化气体气瓶充装规定》（GB/T 14193—2009）的规定。在运输过程中，钢瓶要具备两个橡胶防震圈，防止碰撞。钢瓶定期检验周期一般为 4 年。所以，LNG 汽车用杜瓦瓶一般设计压力为 3.0MPa 左右。储罐内的 LNG 经过加压至 1.4~1.5MPa，送至加注机加注到车辆的 LNG 储液瓶内，工作时正常压力为 0.6MPa。

7.2.4.1 LNG 预冷及加注

在加注 LNG 前，需要将储罐或杜瓦瓶进行预冷处理，以防止直接将 LNG 加注后引起过热沸腾，加入的 LNG 迅速汽化，从而导致压力剧增甚至 LNG 喷灌等恶性事件发生。此外，不预冷直接进行加注 LNG 时，由于汽化量太大，大量带压蒸气需要从加注口冒出，此时加注很难继续进行。所以，在 LNG 加注前，需要对被加注容器进行预冷。一般使用 BOG 气体预冷比较经济，预冷后的 BOG 可以直接打入 BOG 储罐或有条件的可以直接打入天然气管网。等预冷完成后，就可以输送 LNG 至储罐或加注 LNG 至汽车。部分 LNG 管道长期不用时，在第二次加注时，也需要预冷，以便加注时不会出现严重的过热沸腾现象。加注过程中如果车载储罐压力过高需进行排气，车载储罐内压力越高加注速度越慢。

7.2.4.2 LNG 平压及卸载

首先，需要将槽车内的 LNG 卸载至 LNG 储罐内。由于 LNG 储罐内的压力与槽车内的压力不一定相等，会有压差。此时，在将槽车内 LNG 卸载到储罐内或者是将储罐内的 LNG 加注到槽车内时，都需要对两者之间进行平压处理，以便于 LNG 的快速传输。如果储罐压力高于槽车压力，此时将储罐的气相口用金属软管连接至槽车的下进液口，缓慢开启储罐气相阀门与槽车下进液阀门，让储罐内的气体由气相出口通过槽车的下进液口进入槽车，让气体充分冷却并通入槽车，储罐内压力逐渐与槽车内压力持平。然后，通过自增压系统，增大槽车内气相压力，然后打开槽车出液阀及储罐进液阀，将槽车内 LNG 压入储罐存储，槽车实现卸载目的，反之亦然。同样，需要由储罐加注 LNG 到汽车时，也是如此操作。

7.2.5 LNG加气站经济分析

单一的LNG加注站数量较少，一般都与CNG加气站联用，以提高LNG加气站的经济性。相比CNG加气站，L-CNG加气站经济性及效益更好。但由于气源以及其他条件的影响，目前CNG加气站数量多于L-CNG加气站。近年来，随着LNG的大规模产业化应用，LNG在国内燃气市场中所占的比例也越来越大，L-CNG加气站的数量也越来越多。此外，LNG汽车更是以其独特的优势得到了迅速的发展，进而对LNG加注站数量的需求也越来越大。LNG加注站的初期投资较大，单独选择建站投资更大，在选择LNG加注站类型时如果不进行充分的论证，很容易造成投资损失。一般而言，L-CNG加气站从其设备投资、年运行成本等方面而言，其经济性都要优于单一的LNG加注站或CNG加气站。

7.2.5.1 LNG加气站投资分析

L-CNG加气站（图7-6）投资的经济性主要涉及投资规模、销售收入、净利润、回收期等问题。此外，LNG价格及CNG的国内外价格走向也会严重影响投资收益。因此，需要因地制宜，根据区域市场LNG及CNG的需求及特点，选择合适的投资方案，以确保降低投资成本，增大投资收益及回报率。如果占地面积大，土地费用高，施工周期长，设备费用高，不利于投资回收。如果市场规模大，管理成本低，气源价格低，则有利于投资。如果所在区域LNG汽车数量少，LNG消费企业少，LNG目标距离远，则经济效益差，投资回收期长。

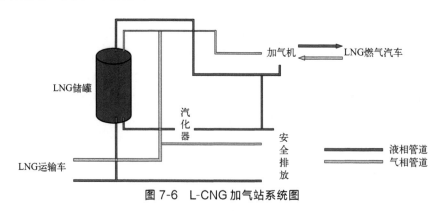

图7-6 L-CNG加气站系统图

7.2.5.2 LNG加气站效益分析

以年销售$200 \times 10^4 m^3$天然气的L-CNG加气站投资预算，主要涉及固定资产投资720万元，其中设备费400万元，土建费300万元，其他20万元。主要成本包括固定成本3450元/d，折旧1973元/d，人工1000元/(d·人)[10人×30000元/(月·人)=300000元/月]，电费300kW·h/d×1/1.17元/kW·h=256.41元/d，维护费200元/d。市场变动费用包括购气2.8元/m^3，运费0.6元/m^3，销售价格4.2元/m^3，不含税差0.6838元/m^3×97%=0.6633元/m^3。盈亏平衡点销售量3430÷0.6633=5171m^3。按

核算重卡 $200m^3$/辆，需要 $5171m^3 \div 200m^3$/辆 $= 25.855$ 辆；按客运 $100m^3$/辆，$5171m^3 \div 100m^3$/辆 $=51.71$ 辆。如果每天销售 $10000m^3$，即 50 辆重卡或 100 辆客运，则每天利润为（$10000m^3 - 5171m^3$）$\times 0.6633$ 元/$m^3 = 3203$ 元。年利润为 3203 元$\times 365d=$ 116.91 万元/a。即每天销售 $10000m^3$，则建站土地年租金应控制在 116.91 万元以内。如每天销售 $8000m^3$，则建站土地年租金应控制在 68.46 万元以内。100km 以内按照 3500 元/车$+0.3$ 元/（t·km）计费；200km 以内按照 3500 元/车$+0.35$ 元/（t·km）计费；300km 以内按照 3500 元/车$+0.4$ 元/（t·km）计费；300km 以上按照 3500 元/车$+0.7$ 元/（t·km）计费。加气站到货 LNG 价格主要根据市场价及运费确定。LNG 汽车经济性主要根据天然气燃烧特性确定，$1m^3$ 的天然气的行驶里程等效于 1.2L 汽油，使用 LNG 作燃料比燃油便宜 20% 左右。

7.2.6　LNG 加气站安全生产

由于工作介质 LNG 的易燃易爆及低温过临界特性，所以安全防火问题始终是 LNG 加气站的重要隐患问题。甲烷在空气中的体积分数为 4%，与明火接触就会发生爆炸，在考虑 LNG 加气站的安全生产问题时首要了解 LNG 的特性及其对人员、设备等可能造成的影响。在加气站的建设和运行过程中可以采用的规范标准主要有美国的 NFPA59A（2021 版）、NFPA57（2002 版）、《液化天然气（LNG）生产、储存和装运》（GB/T 20368—2021）以及相关的建筑防火、石油化工等方面的其他规范。

7.2.6.1　LNG 加气站安全系统

由于 LNG 属于低温流体，闪蒸气（BOG）是造成 LNG 过临界爆炸的主要物质，也是安全生产的主要隐患之一。真空低温储罐的 BOG 日蒸发率一般为 0.2% 左右，BOG 如果不及时排出，会使储罐压力逐渐升高，直至达到过临界状态。为保证 LNG 储罐安全存储，需要通过安装于储罐上的安全泄放装置及时排放 BOG。排放后的 BOG 经加热后可直接打入管网或继续增压至 25MPa 后打入 BOG 储罐。LNG 储罐需要安装液位报警装置及超压报警装置，设置安全放散阀，以确保储罐及部分封闭管道的超载及超压安全。少量的安全放散气经 EAG 汽化器加热后可通过放散管放空。加气站内空浴式汽化器入口一般设置气动切断阀，可自动切换使用，切换周期一般为 4h。当汽化器出口温度低于 5℃时，需要自动切换备用汽化器并进入熔融解冻状态。由于 LNG 属于危险化学品，在罐装及加注过程中都需要有严格的操作及过程控制制度，包括监控各种设备的运行状况，使加气站管理系统、安全保障系统和视频监控系统等有机结合，构成完整的安全生产管理系统并保证系统正常安全运行。

7.2.6.2　LNG 加气站安全检查

LNG 加气站内需要重点安全管控及谨慎操作的主要设备包括 LNG 储罐、LNG 汽化器、LNG 加气机等，尤其部分安全管控设备，如 LNG 安全阀、LNG 液位计等，需要按时检查及年度检修等，以确保所有安全设备正常有效工作。

(1) 规范操作过程

按照有关LNG加气站安全监察规程,确保规范操作的主要过程包括LNG卸载及加载过程、LNG汽化及调压过程、LNG安全及检修过程等,要求每个过程必须严格按照安全生产规程进行,确保LNG加气站安全可靠运行。为提高加气站的安全性,防止出现爆炸及火灾等安全事故,除定期检查站内的相关安全系统、报警系统、巡检系统外,还应根据实际情况对工作人员进行定期安全生产教育及培训,提高安全生产意识。

(2) 预冷安全技术要点

BOG增压问题一直是LNG系统的重要隐患问题,绝大多数安全生产事故都是与BOG的安全排放及管理有关,尤其在封闭管道或部分通风条件及排放设施不全的生产装置中,容易出现BOG气体超压爆炸或LNG安全阀不能正常工作从而引发爆炸的恶性事件。因此在LNG系统管理过程中需要遵循严格的程序,尤其各种过程控制装置的开关顺序、封闭空间低温流体的排放方法等。及时检查LNG储罐及管道连接处有无泄漏,非操作人员应远离危险操作区。在LNG加注及转移过程中,一旦发生管道泄漏,应立即停止操作过程,关闭储罐及存储系统,打开安全泄放装置、通风装置、报警装置,迅速撤离非工作人员。如果LNG储罐等关键装置出现异常超压等情况,应立即关闭槽车LNG加注阀,打开储罐进排泄阀,打开BOG蒸气阀等进行快速安全排放等。

7.3 本章小结

本章主要针对LNG加注站、L-CNG加气站及CNG加气站等主要特点及构成进行了简要的论述,包括LNG加气站类型、LNG加气站主要工艺流程等,涉及LNG加气站分类办法、加气流程、管道选择、设计原则、运行原理、经济分析、安全生产等主要内容。LNG作为继天然气之后的最热门的清洁能源之一,具有运输方便快捷、经济效益显著等特点。所以,研究开发快速便捷的LNG加气新技术,从能源安全及经济角度出发,加快节能产业发展,加快利用LNG作为汽车燃料有很大的发展空间及应用前景。

参 考 文 献

[1] 陈曦,厉彦忠,王强,等.LNG汽车的发展优势 [J].低温与超导,2002 (4):44-48.
[2] 祝家新,林文胜.天然气汽车加气站发展趋势及LCNG加气站技术特点 [J].能源技术,2007 (1):32-35.
[3] 陈叔平,谢高峰,李秋英,等.天然气加气站运行费用的研究 [J].煤气与热力,2006 (11):38-41.
[4] 郑志,王树立,石清树,等.城市天然气门站调压过程中工艺冷能的回收利用 [J].长江大学学报理工卷,2008,5 (4):162-164.
[5] 郭永红.CNG加气站运行状况分析与探讨 [J].城市燃气,2007 (7):11-14.
[6] 陈二锋,郁永章,张早校,等.CNG加气站常规站与子站的经济性比较 [J].压缩机技术,2005 (1):1-5.
[7] 周丽,郝会庆.三种CNG子站压缩机优势对比分析 [J].石化技术,2017,24 (6):41.
[8] 贺红明,林文胜,顾安忠.L-CNG加气站技术浅析 [J].天然气工业,2007 (4):126-128,162.
[9] 任金平,于春柳,任永平,等.LNG加气站BOG产生分析及处理 [J].天然气技术与经济,2018,12 (4):

56-58,83.
- [10] 胡韶琴,吴小芳,侯文东,等.LNG加气站的工艺设计[J].辽宁化工,2013,42(12):1487-1489.
- [11] 郑海斌.加气站工艺流程技术浅析[J].化工管理,2018(12):171-172.
- [12] 姜秀丹.L-CNG加气站操作仿真系统开发[D].青岛:青岛科技大学,2020.
- [13] 鲍朋.LNG加气站工艺技术与安全探究[J].能源与节能,2014(9):159-160.
- [14] 王树山.LNG/L-CNG加气站的工艺及管道系统设计[J].化工管理,2019(20):197-198.
- [15] 文昱舜.LNG/L-CNG加气站的工艺及管道系统设计[J].广州化工,2013,41(16):177-179.
- [16] 程大祎.LNG加气站项目管理研究[D].昆明:昆明理工大学,2018.
- [17] 林家淼.LNG加气站设计相关问题探究[J].化工管理,2017(5):195.
- [18] 张未超.撬装式加注站计算机控制系统的研究与设计[D].邯郸:河北工程大学,2018.
- [19] 候智强.LNG加气站工艺技术与安全探讨[J].中国石油和化工标准与质量,2017,37(7):119-120.

第8章

液化天然气运输

液化天然气（LNG）在常压下的饱和温度为－162℃，在运输过程中 LNG 始终处于饱和状态，不断从环境吸收热量，处于不断蒸发汽化状态，所以 LNG 一般都是在真空绝热状态下运输，以减少 LNG 沿途汽化损失。在 LNG 产业链中，LNG 运输业是 LNG 工业体系中的物流环节，承上启下，贯穿于 LNG 工业体系的方方面面，并随着 LNG 需求和供应规模的扩大而迅速发展。目前 LNG 运输方式主要有三类，即陆路运输、海上运输及管道运输。其中陆路运输主要包括 LNG 公路运输和铁路运输等方式。

8.1 LNG 基本运输方式

8.1.1 LNG 陆路运输

陆路运输是 LNG 运输的主要形式，一般运输距离短，运输总量小，运输受限少。早在 20 世纪 60 年代，美国等发达国家就已经采用大容量杜瓦容器及 LNG 公路槽车运输 LNG 至天然气卫星站，70 年代后，日本等国家开始大量使用槽车运输 LNG。LNG 陆路运输已经有了多年发展使用的历史，技术也已经十分成熟。目前我国已是 LNG 陆路运输市场总量最大的国家之一，LNG 汽化站 1500 多座，遍布全国各地。新疆广汇自 2002 年后便用 LNG 槽车把 LNG 从新疆运输到 4000 公里以外的广东、福建等地，开创了我国 LNG 陆上远程运输的先河。

8.1.1.1 LNG 公路运输

LNG 公路运输承担了将天然气液化工厂生产的 LNG 运送到各个卫星站的任务（图 8-1）。随着天然气利用的日益广泛，除了区域供气、厂矿企业等大型用户通常采用管道气供给外，对于中小型用户，特别是没有铺设天然气管网的地区，往往需要通过公路运输等将 LNG 供应给各个用户，包括以天然气为主要原料及热源的工厂、民用燃气、城镇管网调峰等，因此，LNG 的公路运输是 LNG 供应链的重要组成部分。

LNG 公路运输在我国已应用多年，设计及制造技术都已经十分成熟。LNG 公路运输主要使用 LNG 槽车，有 $30m^3$、$40m^3$、$45m^3$、$52.6m^3$ 等几种常用规格。槽车罐体采用双壁真空粉末绝热，配有操作阀及输液系统等。目前我国 LNG 运输槽车允许最大容积为 $52.6m^3$（图 8-2），国外可生产制造最大容积为 $90m^3$ 的 LNG 运输槽车。槽车适用于短距离、小规模 LNG 输送，研究表明在 500～800 公里运输半径范围内，采用槽车运输 LNG 比较理想经济。槽车在运输深冷、易燃易爆 LNG 时，需要确保 LNG 在装卸及高速行驶过程中的可靠性。LNG 槽车主要采用自增压输送和装卸泵输送两种装卸形式。自增压输送是利用自身携带的自增压系统增压并实现 LNG 装卸，这种方式简单易行，但装卸时间较长。装卸泵输送是利用 LNG 泵实现槽车装卸，这种方式装卸量大、装卸时间短。为了确保 LNG 槽车输运过程中的安全可靠性，以免发生漏热导致 LNG 大量蒸发汽化从而引起压力剧增，常用高真空多层绝热、高真空绝热、真空粉末绝热、堆积绝热等方式对真空夹层进行保冷防护。鉴于 LNG 运输存在的危险性，国家对 LNG 槽车运输时的行驶速度有明确规定，即根据《低温液体贮运设备 使用安全规则》（JB/T 6898—2015），在一级公路时 LNG 槽车最高速度不大于 60km/h，二、三级公路时介于 30～50km/h。

图 8-1 CIMC（中集）U 平台 LNG 运输车

图 8-2 荆门宏图 LNG 运输车

8.1.1.2 LNG 铁路运输

LNG 铁路运输较公路运输来说具有运输量大、运输平稳等特点。目前国际上主要有加拿大、美国等使用 LNG 铁路运输（图 8-3），主要应用于比较宽阔的平原地带，汽化后的 LNG 容易飘散，不会聚集。国内主要有中车集团等近年来研究开发 LNG 铁路槽车（图 8-4），但出于安全等方面的考虑，目前还没有规模使用。LNG 铁路运输无疑是介于管道运输和公路运输之间的一种较好的方式，目前常用的主要是 LNG 铁路槽车及罐式集装箱。其中，LNG 铁路槽车是 LNG 铁路运输未来的主要发展方向，与 LNG 公路槽车相比，LNG 铁路槽车容积更大，运行更加平稳，长距离运输更加经济高效。

我国铁路运输网络覆盖面大，基础设施完善，LNG 铁路运输优势十分明显，东南平原多辽阔，西北荒漠多高原，正好有利于 BOG 气体的沿途排放，可有效解决清洁能源远程战略安全运输问题。所以，加快推进 LNG 铁路运输体系建设，完善 LNG 运输网络，促进 LNG 东西南北贯通输运，使 LNG 海上运输与陆路运输网络联通发展，可有效解决 LNG 大规模快速有效转运问题。与 LNG 槽车公路运输相比较而言，LNG 铁路运输有运输量大、运输速度快、效率高、受大雾雨雪等恶劣天气影响小、保障平稳、供给能力强等诸多优点，使得铁路比公路运输更加经济及更有保障。

 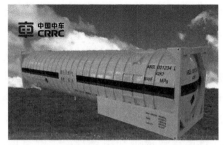

图 8-3　国外已经安全运行的 LNG 铁路槽车　　图 8-4　中车集团研发的 LNG 铁路槽车模型

8.1.2　LNG 海上运输

　　LNG 在国际天然气贸易中发展势头强劲，贸易量接近天然气贸易总量的 40%。经过 60 多年的发展，LNG 国际贸易模式和运输方式已基本形成且较为完善。LNG 运输船是 LNG 远洋运输的主要载体（图 8-5），也是 LNG 国际贸易的主要物流工具。根据国际散装运输液化气体船舶构造和设备规则，从船运液货舱与船体之间的相对关系出发，LNG 运输船主要分为整体液货舱、薄膜液货舱、半薄膜液货舱、独立液货舱和内部绝热液货舱 5 种类型。LNG 运输船是国际公认的设计制造难度最大、技术附加值最高、安全运行要求最高的船舶之一。LNG 运输船最大储量可达 $17.4\times10^4\,\mathrm{m}^3$，目前主要由美国、日本、韩国、中国及欧洲等 13 家 LNG 船舶企业建造。在 2006 年广东 LNG 项目中，为实现"国货国运，国船国造"的目标，首次引入国内造船企业参与竞标，从此开启了我国 LNG 造船业和 LNG 船运运输发展的新模式。2008 年，由沪东中华造船建造的我国首艘 LNG 船"大鹏昊"（图 8-6）首航广东 LNG 项目，标志着我国 LNG 船运输产业正式加入 LNG 国际远洋贸易中。

图 8-5　典型的球罐型 LNG 运输船　　图 8-6　我国首艘 LNG 船"大鹏昊"

　　由于 LNG 具有低温过临界及易燃易爆等特点，使得 LNG 海上运输不同于其他运输方式。LNG 运输船造价高昂，用途单一，定向使用，一般单只造价在 5 亿～10 亿美元，只能用于 LNG 运输，且一般根据项目建设方、投资方、LNG 用户的具体协议建造，使用、航线和港口都比较固定。

8.1.3　LNG 管道运输

　　LNG 输送管道一般可分为两类，即普通绝热管及真空绝热管。根据 LNG 低温绝热要求，一般采用真空管道输送，不容易出现严重的两相流及过热沸腾。LNG管道输送在调峰装置和LNG运输船等装卸设施上均已广泛应用，高效安全，受环境天气等影响较小，但输送管道需要采用价格昂贵的9Ni钢和性能良好的真空绝热材料。此外，长输管道需要增建中间冷却站，管道连接技术复杂，施工难度要求高。LNG管道运输由于受到低温输送条件、经济性、接收距离等各方面因素的影响，世界上大多LNG采用槽车及LNG船等传统运输方式。LNG管道运输中，为了确保运输的安全性和有效性，需要选用热导率小的低温隔热材料，因此选用9Ni钢作为管材材料。由于长距离运输会产生大量气体，或还没有到达终点即已全部汽化，所以LNG管道运输适用于短距离运输，包括LNG工厂内部、近距离调峰站、大型终端接收站转运至近距离卫星站及汽化站等。LNG真空管道相比CNG管道直径要小得多，具有自增压输送功能，沿途不用设置增压泵。考虑LNG单向流动和蒸发气的再次液化等问题，在需要的管道上可增建中间冷却站。因此，LNG管道运输难度较高，长距离输送初期投资很大。

8.2 LNG公路运输槽车

8.2.1 LNG运输槽车简介

槽车作为LNG陆路运输的主要工具已广泛应用于LNG转场过程中（图8-7、图8-8），且具有灵活性和高效性等特点。近年来，随着环境保护意识的加强、煤改气政策的全面实施及沿海众多大型LNG接收站的建成投产，LNG作为清洁能源及环境友好能源已越来越受欢迎，LNG运输量逐年成倍增加，LNG槽车输运转场也显得越来越重要，大型接收站转场需求及频次也越来越高。

图 8-7 荷载量 56m³ 的 LNG 槽车

图 8-8 荷载量 52.6m³ 的 LNG 槽车

8.2.2 LNG运输槽车种类

目前我国使用的LNG槽车主要有LNG半挂式运输槽车和LNG集装箱式罐车等形式。LNG半挂式运输槽车的运输载体为LNG罐车，LNG集装箱式罐车的运输载体为罐式集装箱。表8-1为常用的运输槽车形式及参数。

表 8-1　常用的运输槽车形式及参数

生产单位名称	设计压力/MPa	设计温度/℃	几何容积/m³	有效容积 m³	日蒸发率	形式
南通中集罐式储运设备制造有限公司	0.72	-196	50.5	46.70	≤0.17	半挂式槽车
张家港圣汇气体化工装备有限公司	0.70	-196	51.6	46.44	0.15	半挂式槽车
荆门宏图特种飞行器制造有限公司	0.65	-196	45.5	40.95	—	罐式集装箱
荆门宏图特种飞行器制造有限公司	0.80	-196	55.0	49.50	—	半挂式槽车
湖北程力压力容器制造股份有限公司	0.75	-196	45.8	41.22	—	罐式集装箱
石家庄安瑞科气体机械有限公司	0.65	-196	52.6	47.34	≤0.21	半挂式槽车
石家庄安瑞科气体机械有限公司	0.65	-196	52.0	46.80	—	罐式集装箱
石家庄安瑞科气体机械有限公司	0.79	-196	45.5	40.95	—	罐式集装箱
石家庄安瑞科气体机械有限公司	0.72	-196	42.5	38.25	—	罐式集装箱
张家港中集圣达因低温装备有限公司	0.65	-196	52.6	47.34	—	半挂式槽车
张家港中集圣达因低温装备有限公司	0.70	-196	45.5	40.95	—	罐式集装箱

8.2.3　LNG 运输槽车形式

LNG 半挂式运输槽车（图 8-9）和 LNG 集装箱式罐车（图 8-10）两者的主体结构基本相同，但前者为牵引车牵引，后者为底盘托运，可随时转场，并与普通集装箱一样通过铁路、海运等联运。两储罐均采用高真空多层绝热，其绝热性能的好坏直接决定 BOG 排放总量、日蒸发率、罐体安全运营等。若绝热性能不好，容易引起储罐漏热，加速 LNG 蒸发汽化过程，沿途散发可燃性气体，造成严重的运输安全问题。LNG 半挂式槽车基本参数如表 8-2 所示。

图 8-9　LNG 半挂式运输槽车

图 8-10　LNG 罐式集装箱

表 8-2　LNG 半挂式槽车基本参数（中车西安车辆有限公司生产的低温槽车基本参数）

型号	56.1m³ 低温槽车（HDS9405GDY）		52.6m³ 低温槽车（HDS9406GDYxia）	
项目	内容器	外容器	内容器	外容器
工作压力/MPa	0.65	-0.1	0.65	-0.1
设计压力/MPa	0.7/-0.1	-0.1	0.65/-0.1	-0.1

续表

几何容积/m³	56.1	3.88	52.6	6.8
设计温度/℃	-196	50	-196	50
主体材料	S30408	Q345R	S30408	Q345R
有效容积/m³	50.49		47.34	
整备质量/kg	16400		17388	

8.2.4 LNG 槽车装载流程

8.2.4.1 装载流程

LNG 可通过卫星站或者大型接收站接收 LNG，可通过低温泵送系统增压加注，满足 LNG 槽车加注量要求的 85% 左右，即可完成加注并驶离加注区。LNG 槽车装载也可使用卫星站撬装系统，通过集中控制系统完成槽车 BOG 预冷及 LNG 装载过程。目前通用装车系统设计温度为 -197℃，操作温度为 -162℃，流量为 60m³/h，最大流量为 80m³/h，设计压力为 1.4MPa，操作压力为 0.6MPa。工艺管线主要包括液相进出管路、气相进出管路、自增压系统、增压泵送系统、完全排放系统等。液相进出管路依次安装流量计、调节阀、切断阀、变送器、LNG 装车臂等；气相进出管路依次安装切断阀、变送器、BOG 装车臂；系统还包括静电控制器、各类安全阀、紧急启停器、总线控制器等。其中，LNG 装车工艺流程如图 8-11 所示。

对初次加注 LNG 的槽车，加注前需要采用氮气吹扫并置换空气。置换完成后进行 BOG 预冷过程，预冷完成后连接液相加注臂，加注 LNG。对已经使用的空箱或半箱 LNG 槽车，加注前需要对槽车罐体、连接管路及加注系统进行 BOG 预冷过程；预冷完成后连接液相加注臂，加注 LNG；加注完成后，关闭液相加注阀，分离液相加注臂，关闭气相排气阀及相关连接阀门。加注过程中，需要连接防静电装置，以免引起静电火灾。

8.2.4.2 设备仪器

(1) LNG 装车臂

LNG 装车臂主要包括液相装车臂及气相装车臂。LNG 装车前需要同时通过液相装车臂与气相装车臂连接槽车，将储罐内的 LNG 通过装车臂增压后打入槽车（图 8-12），并完成 LNG 装载过程。装车臂解决了 LNG 装车及卸车增压时因为没有金属万向充管道而继续使用软管增压的问题，解决了使用软管存在的安全隐患问题，实现了 LNG 装卸臂的全金属硬管结构连接，保证装卸车的安全生产。LNG 装车臂适用于 LNG 介质带压装卸。一般液相管和气相管均通过多个旋转接头与无缝钢管焊接而成，可以在 360°空间自由旋转，配置弹簧平衡机构，具有良好的低温自润滑、自密封、耐磨损等功能。旋转接头一般采用 9Ni 钢材质，在低温工况下需要进行深冷磨合，保证低温密封性

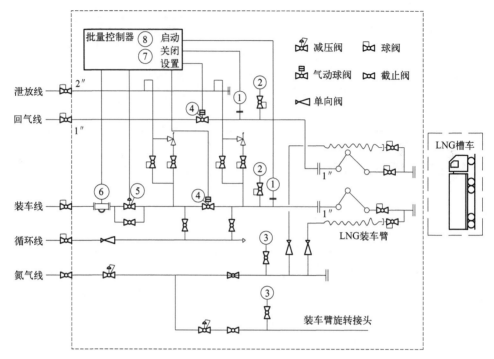

图 8-11 装车工艺流程

1—TIF（温度指示器）；2—PIT（压力指示器）；3—PG（压力变送器）；4—XV（两位阀）；
5—FV（流量控制阀）；6—FT（流量变送器）；7—关闭开关；8—启动开关；
1″—装车液相臂和气相液臂入口；2″—装车臂槽车连接的出口

及耐磨性。装车臂上必须安装 LNG 切断阀及氮气吹扫阀，非装车状态下防止水汽进入并结霜。装车臂上的多个旋转接头一般采用循环氮气密封，防止水汽凝结成冰并"冻死"装车臂。

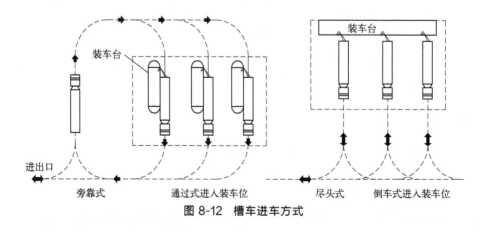

图 8-12 槽车进车方式

(2) LNG 测量仪器

由于 LNG 槽车装车过程中会产生大量 BOG 返回气，LNG 质量流量及体积流量测量等均有比较大的误差。通过称重测量质量流量时，由于大量 BOG 气体一边装车一边蒸发，所以很难通过质量流量精准测量装载质量。LNG 液相部分可以通过质量流量准确测量，但蒸发的 BOG 却无法称重，在装载时已经汽化，部分被回收，部分被打入管网，所以，很难获得准确的气体质量流量。采用体积测量时，由于 LNG 处于过饱和状态，存在严重的两相流，随时间及流动地点的变化而不断变化，所以，测量所获得的单位体积密度也不能准确表述其实际数值。此外，测量过程中还要考虑预冷消耗等。正常情况下，LNG 的体积是流体温度和压力的函数，是一个因变量，而常用的孔板流量计、层流质量流量计、涡轮流量计、涡街流量计、电磁流量计、转子流量计、超声波流量计和椭圆齿轮流量计等的流量测量值是 LNG 的体积流量，当 LNG 处于过冷状态时，无相变过程，测量精度较高，但通常输送工况下，LNG 处于过饱和状态，属多相流，所以存在较大测量误差。对于确定的管道，LNG 质量是一个随着时间、空间温度、压力的变化而变化的量。相比之下，通过测量流体的温度、压力、密度和体积等参数，再进行修正、换算和补偿等可间接获得质量流量。但这种测量方法中间环节多，LNG 低温多相流质量流量测量的准确度也难以得到保证和提高。目前，最准确的 LNG 质量流量测量方法是传热分析计算法，即根据不同车型，按初次预冷、中间装载等不同阶段分析计算传热量，从而确定真正的 LNG 装载量。分析计算法相比其他方法较准确，但计算程序相对麻烦，尤其不适用于规模装载过程。随着 LNG 测量技术的不断发展，还需要研发一些直接测量质量流量的计量方法和装置，从而推动 LNG 低温多相流测量技术的不断进步。

(3) LNG 控制装置

在 LNG 槽车装载过程中，低温 LNG 主要依赖各种过程控制设备进行管理，主要包括各类控制阀门、温度及压力传感器、各种低温连接管道等。目前常用的 LNG 控制阀门主要有 LNG 截止阀、LNG 球阀、LNG 单向阀、LNG 安全阀等，主要用于控制流量大小及实现切断功能。目前常用温度传感器主要包括低温气体温度计、蒸气压温度计、声学温度计、顺磁盐温度计、量子温度计、低温热电阻和低温温差电偶等，主要连接于 LNG 管道进出口，感温元件体积小、准确度高、复现性和稳定性好。压力传感器由压力敏感元件和信号处理单元组成，包括表压传感器、差压传感器和绝压传感器等。传感器以机械结构型的器件为主，以弹性元件的形变指示压力，也可采用半导体压力传感器，具有体积小、质量轻、准确度高、温度特性好等特点。DCS 控制器主要用于完成对流量、压力、温度等信号的采集，按照预定程序启动，实现对装车系统的控制，包括采集流量、开关阀门、实现定量控制等。主要功能包括温度控制、流量控制、装载控制、静电控制、数据收集等。

8.2.5 LNG 槽车卸载模式

LNG 槽车有两种卸载模式，即自增压卸载输送及低温泵送卸载输送（图 8-13、图 8-14）。

8.2.5.1 自增压卸载模式

自增压卸载模式是低温流体惯用的一种利用自身 BOG 增压输送的办法。LNG 在低温工况下可以从环境获得热量,一直处于饱和蒸发状态。自增压过程实际是利用低温流体与环境存在较大温差并进行快速热交换之后,利用自身蒸发后的气体膨胀增压,以获得输送自身运动的能量,从而推进气态或液化气向目标运行。LNG 自增压卸载过程正是利用了这一原理,进行自增压输送。这种输液方式简单,只需装上简单的自增压管路和阀门即可,但需要一定的传热增压时间,气液两相同时增压,且需要接收的容器有足够的承压能力及平压过程。一般自增压输送的压力小于 0.5MPa,即增压输送的压力越小越好,主要原因是接收 LNG 转移的储罐也是带压操作,转移压差不宜太大,以免造成超压危险。

图 8-13 自增压卸载输送

图 8-14 低温泵送卸载输送

8.2.5.2 低温泵送模式

LNG 槽车采用低温泵送方式与一般的流体增大扬程输送原理一致,即采用离心泵或高压柱塞泵增压输送 LNG。这种输送方式转移流量大,卸载时间短,泵后压力高,可以适应各种压力规格的储罐,且泵前压力低,运输效率高,对槽车自身没有压力要求。但相比自增压系统,往往需要槽车携带低温泵送系统,整车造价高,结构较复杂,需要单独配备相应的泵送连接管路系统。

8.2.6 LNG 槽车卸载流程

LNG 槽车通过自增压或低温泵增压使 LNG 从槽车内卸载至 LNG 储罐的过程称为卸车。具体流程如下:

① LNG 槽车连接液相卸车臂(液相管)及气相卸车臂(气相管)。

② 打开槽车卸车增压器前放散阀、卸车增压器进口阀。

③ 打开槽车增压气相阀对槽车增压系统进行预冷。

④ 当放散阀口结霜时关闭卸车增压器前放散阀。

⑤ 启动 LNG 卸车增压器,将 LNG 槽车压力升至 0.5MPa。

⑥ 打开 LNG 槽车进液阀,打开液相管放空阀,在液相管放空处扫除管内空气,并预冷液相管,待结霜后关闭液相管放空阀。

⑦ 打开 LNG 储罐进液阀、进液管紧急切断阀、进液总阀,以此打通 LNG 储罐进

液流程,通过预冷储罐进液管道向储罐缓慢充装 LNG。

⑧ LNG 储罐压力不再升高后,逐步打开 LNG 储罐下进液阀,缓慢加快 LNG 储罐的充装速度,并注意观察压力和液位的变化。

⑨ 槽车内的 LNG 卸完后,关闭 LNG 储罐下进液阀,打开 LNG 储罐上进液阀,用槽车内的 LNG 气相将槽车软管与管道内的 LNG 吹扫至 LNG 储罐。

⑩ 关闭储罐进液总阀,打开气液平衡阀,将卸车管道压力通过气相线泄压至 BOG 系统。当槽车内气相平衡时,关闭槽车进液阀,打开前端放空阀,将槽车软管内的 LNG 气相放空,打开气液阀,平衡压力后关闭。

卸车过程中发生泄漏时应立即按下紧急关闭按钮并采取相应应急措施。卸车过程中遇有电闪雷击、卸液设备故障、周围非安全正常事件时应暂停卸液。

排查安全隐患。卸车过程中,槽车后部操作箱内存在着大量的阀门和接头,如安全阀、液相阀、放空阀等,直接连通储罐,如果发生事故,就会造成泄漏,引起爆炸。

卸车完成后,还需要仔细检查,避免事故发生。

8.3 LNG 移动加注槽车

8.3.1 LNG 移动加注槽车简介

LNG 移动加注槽车适用于 LNG 燃料移动式补给与救援。因运输介质为 LNG,危险货物类项号为 2.1 类。采用危化品专用车底盘+罐体+加液设备,标配前盘制动器、ABS(防抱死制动系统)、防飞溅挡泥板、限速装置等。LNG 移动加注槽车是在 LNG 低温液体运输车的基础上,将 LNG 加气站的流程及控制系统集成于二类汽车底盘上,并将储罐内的 LNG 经管路、低温泵、加气枪等加注到汽车 LNG 储气瓶中的专用加气装置。其主要设备包括车载 LNG 真空多层绝热储罐、LNG 低温泵、LNG 调压汽化器、LNG 加气系统、电机、箱体等。各设备均安装于车尾部箱体内,包括管路系统、控制系统、配套设施等,以此构成 LNG 移动加注槽车。设计过程需要严格贯彻国家及行业有关技术法规和标准,产品的可靠性、经济性、安全性和环保要求均须符合国家强制性标准要求。移动加注槽车弥补了 LNG 加气站不能按需移动加注的缺点,体现了异地灵活随机加注的优点。

8.3.2 LNG 移动槽车工作原理

LNG 移动加注槽车(图 8-15)就是"迷你"版的 LNG 加气站,高度集成加气装置,拥有全套 LNG 加气站功能,并且布置灵活、便于移动加注等(图 8-16),所以更适用于场地条件特殊、供气需求急切的场所。LNG 移动加注槽车与加气站的加气功能相同,主要用于 LNG 汽车市场前期开发、边远特定用户、特殊 LNG 低温试验等场合。普通 LNG 移动加注槽车额定储存量为 $20\sim30m^3$(约 $8\sim12t$),需要配备低温售气机 1 台,进口低温泵 1 台,控制系统和安全装置各 1 套,能够一次为 $40\sim80$ 辆汽车加气。

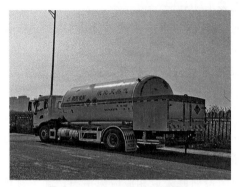

图 8-15　LNG 移动加注槽车

图 8-16　LNG 移动加注槽车加气系统

LNG 车载杜瓦瓶主要用于储存 LNG 液体（图 8-17），加注时以液体方式进行加注，并随车携带，使用时再汽化成气体供 LNG 车使用。一般会随车安装一高速汽化器，在汽车高速行驶时，与空气强制对流换热。大型工程车辆盛装、储存、供给燃料 LNG，例如，中车西安设计的杜瓦瓶几何容积 2.5m³，工作压力 1.6MPa，最大允许装载质量 968kg，额定质量 1958kg（图 8-18）。

图 8-17　中车西安 LNG 车载杜瓦瓶

图 8-18　中车西安 XZB9403GDY 型 LNG 半挂车

8.3.3　LNG 移动加注槽车工艺流程

① 卸载流程：由 LNG 低温泵将槽车内的 LNG 卸载至低温加注储罐内。

② 直接加注：LNG 由低温泵抽出，通过加注机向 LNG 汽车等直接加注。

③ 调压流程：卸载完毕后利用低温泵从储罐内抽出部分 LNG 并通过汽化调压后打入储罐，当储罐压力达到设定压力时停止汽化。

8.3.4　LNG 移动加注槽车市场现状

LNG 移动加注槽车是固定式 LNG 加注站、L-CNG 加气站、CNG 加气站的移动模式，不但可以加注 LNG 液体，还可加注 BOG 气体，但主要针对 LNG 液体进行加注。近年来，世界各国都在大力推广 LNG 移动加注技术，其中美国在 LNG 移动技术等领域占有领先位置。LNG 移动加注槽车不但适用于城市边缘地带，更适用于没有固定加注站的临时加注地。LNG 移动加注槽车的关键在于 LNG 的储存、移动运输及移动加注,可有效解决某些 LNG 移动客户需求,较固定式 L-CNG 加气站、CNG 加气站更加灵活便捷。LNG 移动加注槽车的主要设备如低温常压储罐和空浴式汽化器等有关核心技术已经完全成熟。

8.3.5 LNG 移动加注槽车主要优点

LNG 移动加注槽车可为 LNG 汽车远途补充燃料,或为边远无 LNG 加注站地区的 LNG 汽车提供 LNG 加注服务,也可为使用 LNG 作燃料的大型物流运输车队提供远程燃料补给,或在 LNG 加气站临时维修时替代加气站,保证正常供气。此外,还可在区域 LNG 加气站建站前期解决加气问题,或解决 LNG 车辆紧急加气、临时加气、保障加气等问题。LNG 移动加注槽车弥补了 LNG 加气站的不足,可以灵活地、随时地为 LNG 汽车补充燃料。但相关法规和技术规范要求移动式加注车只能在取得充装许可证的 LNG 加气站使用或者在其他应急抢修状态下使用。

8.4　LNG 铁路运输槽车

LNG 铁路运输相比 LNG 公路运输还具有受气候影响较小、运输半径更大等战略运输特点。不过 LNG 铁路槽车(或称罐车)一旦发生碰撞、侧翻、泄漏、爆炸等重大安全事故时,扑救难度大、影响范围大、造成损失大,尤其对线路的正常运营影响大,这也是 LNG 铁路槽车运输没有广泛应用的主要原因。

8.4.1　国外 LNG 铁路运输发展简述

国外除了加拿大、美国等少数几个国家利用铁路运输 LNG 外,日本也是重要的 LNG 铁路运输国(图 8-19)。近年来得益于大量进口 LNG 并用于发电事业(占到了日本总发电量的 70%),使得日本成为 LNG 进口最多的国家之一。LNG 铁路运输开始使用罐式集装箱,主要是由于其便于联运和转移。该技术最早使用于美国、日本及加拿大等国家,大多应用于比较开阔的平原地带,如加拿大等主要应用于人口稀少且没有隧道的北部开阔地带(图 8-20)。根据美国采用北美铁道协会 AAR 标准 C-Ⅲ分册《铁路罐车》、美国机械工程师协会 ASME 规范第Ⅻ卷《运输罐建造和延续使用规则》、美国石油学会标准 API620—2012《大型低压储罐设计与建造》、美国机械工程师协会 ASME 第 8 卷标准等进行 LNG 槽车的设计制造。欧洲采用欧盟标准《大型移动式真空绝热压力容器》(EN 13530-2—2002)、英国 BS 73/37611DC 标准等设计制造。美国 LNG 铁路槽车设计载重量 50t,设计容积 130m^3,设计压力 0.61MPa,采用真空绝热罐体(图 8-21)。俄罗斯 LNG 铁路槽车设计载重量 40t,设计容积 100m^3,设计压力 0.5MPa(图 8-22)。

日本自 2000 年起也开始通过铁路运输 LNG,并逐步成为陆路运输 LNG 的主要方式。首先由大阪燃气株式会社于 2000 年开始新潟至金泽段 LNG 铁路运输,主要集中在日本东北部和北海道地区。到 2008 年时日本已在新潟至金泽、新潟至青森、新潟至秋田、新潟至富山、苫小牧至旭川、苫小牧至带广、苫小牧至钏路、姬路至富山等八个区段进行LNG铁路运输。日本主要采用罐式集装箱LNG铁路运输模式，主要便于海陆联用，可以混装，通过多年的LNG铁路运输，相关标准日趋完善，运输过程由贸易各方分别根据不同的分工环节进行严格管理。铁路部门负责LNG装卸安全与配送管理，供应商负责LNG槽车装载与卸车，LNG铁路运输生产已日趋成熟。LNG罐式集装箱由运输企业委托具有LNG装载设备设计制造资质的厂家研制，并经日本通产省设立的"高压气体保安协会"审核通过后使用。主要参照标准有《压力容器的结构》《高压气体安全法》《LNG地上储罐指南》《LNG地下储罐指南》等。日本LNG铁路罐式集装箱主要采用真空绝热罐体、长方体形钢结构外部框架，以满足铁路运输稳定性及海洋联用标准设计要求。罐式集装箱尺寸分为20ft（1ft＝0.3048m）、30ft和50ft三种规格，分别可以装运5.6t、10.5t、13.5t LNG，运输时主要以30ft罐箱为主，标准容积57.6m^3，设计压力0.75MPa，自重0.905t，额定运载20t，一辆车皮可搭载两个30ft罐箱。为了保障LNG铁路安全运输，买卖双方实际实行"保守单线"经营，确保LNG铁路输运的安全及可靠性。日本也是目前大型LNG接收站建站最多的国家，沿日本沿海建设共计34座，总接收能力近亿吨。

图8-19 日本LNG罐式集装箱

图8-20 加拿大LNG铁路罐车

图8-21 美国LNG铁路机车

图8-22 俄罗斯LNG铁路罐车

8.4.2 国内LNG铁路运输发展简述

多年来，中国LNG产业的发展也是处于极其落后及停滞的状态，主要是受制于国内的能源结构发展状态（以石油和煤炭为主的能源结构体系）及国内的能源体制等问题。直到2000年以后，新疆广汇建立第一个LNG液化工厂并在全国范围内销售LNG，国内才开始真正意义上工业化发展LNG事业。2006年国内建成第一个大型LNG接收站——广东大鹏，才开启了LNG大规模进口的先河，相对日本等国家迟缓了近20年。世界LNG资源主要集中在中亚、东亚及非洲等地区，但中国一直没有抢占先机，在占有LNG资源及投资建设LNG项目等方面错失了很多有利机会。国内LNG工业发展整体起步较晚，装备制造业等更是相对落后，从而严重影响了LNG铁路运输业的发展。LNG铁路运输多年来也一直处于停滞状态，没有取得实质性发展，主要原因在于铁路运输的安全性及其他体制问题的制约，加上LNG产业发展迟缓。

8.4.2.1 主要发展经历

2000年以后，随着沿海大型LNG接收站的建成投产，及国内一批LNG液化工厂、LNG卫星站的产业化规模化运营，遍及全国范围内的LNG物流网络建设变得越来越重要。除了LNG公路运输外，LNG铁路运输还处于试运行状态，还没有建立LNG大规模铁路输运转移的新机制，以解决LNG公路运输体量小、速度慢、时间长等输运缺点。常用的LNG铁路运输方式主要有LNG铁路槽车与LNG铁路罐式集装箱两种运输形式。从2000年开始，国内部分企业依据《系列1集装箱 技术要求和实验方法 液体、气体及加压干散货罐式集装箱》（GB/T 16563—2017）、《低温液体贮运设备 安全使用规则》（GB/T 6898—2015）以及其他国标、行业标准，按照集装箱的要求开始设计制造LNG罐式集装箱、高真空多层绝热LNG槽车，且随后将该技术全面推广应用到LNG罐式集装箱、LNG绝热气瓶以及工业气体产品等领域。新疆广汇2004年建成运行了1.8km的LNG专用运输铁路。2012年9月，铁道部下达了《LNG铁路安全运输可行性研究工作方案》。2013年9月青海油田LNG公司LNG铁路运输试验在青藏线格尔木—拉萨段铁路首获成功。中集安瑞科为国内首次LNG铁路试运行试验提供了GX42T7LNG-01型40ft LNG罐式集装箱。同年，中国铁路总公司立项研制LNG铁路槽车，目标是研制出适应我国标准轨距的LNG铁路槽车，填补LNG铁路运输空白，提高LNG大规模、长距离陆路运输能力，解决国家能源消费结构调整带来的运输问题。2015年由我国中车长江公司设计的LNG铁路槽车采用无中梁结构，具有自重小和重心低的优势，其中无押运间罐车容积接近130m^3，载重达45.5t。2015年6月，中国铁路总公司正式批复同意中车西安公司GYA70B、GYA70C型LNG铁路罐车设计方案。2016年完成样车试制，进行了车体静强度、车辆冲击和车辆动力学等各项试验，并对罐体套合、抽空、检漏等制造技术，罐车结构可靠性，结构强度和车辆动力学等性能进行了验证。2019年，由中车长江公司联合中国铁道科学研究院和中国海油集团完成了LNG铁路运输关键技术相关试验，为国内LNG罐箱技术条件制定、铁路运输组织以及应急救援提供了重要依据。此次试验主要围绕LNG泄漏、超压排放以及LNG液池低温等三方面造成的影响展开，分别验证了极端工况下LNG管路阀门泄漏对车体、罐体、钢轨、路基、接触网的影响，LNG排气口超压排放对邻近罐箱体、电气化铁路接触网的影响以及LNG液池对车体、罐体、钢轨、路基的影响，等等。

8.4.2.2 两类运输槽车

LNG铁路槽车与LNG铁路罐箱相比，具有装载量大（前者是后者的2～4倍）、成本较低、监管容易、适用于远距离大批量运输等特点，缺点是转运麻烦、造价较高、投资较大（见表8-3）。此外，LNG铁路槽车需要按照《铁路机车车辆产品设计许可实施细则》及 LNG 真空容器、低温容器、压力容器、危化品运输等相关标准设计制造，制造过程按铁路机车要求执行，所需时间长，技术含量高。

表 8-3　LNG 运输装备技术参数对比（以中车西安公司生产车辆进行对比）

项目	LNG 槽车 （HDS9405GDY， 中车西安公司）	LNG 铁路罐车 （GYA70B,中车西安公司）	LNG 铁路罐式集装箱 （40ft 1AA 型罐体 2 个+ NX70（H）平车,中车西安公司）
载重/kg	23600	41000	16860×2＝33720
自重/kg	16400	51300	14421×2＋23800（平车）＝52642
容积/m³	50.49	114.2	43.43×2＝86.86
车辆长度/mm	13000	20266	12192×2＝24384
单位车辆长度 质量/(t/m)	3.1	4.55	2.16
自重系数	0.7	1.25	1.56

(1) LNG 罐式集装箱

LNG 罐箱相比 LNG 槽车，技术成熟，可批量生产，按照低温容器及相关集装箱标准设计制造，可实现公路、铁路、水路等多路联运，运输灵活，装卸方便，调度快捷，脱离容易，救援方便，可与普通集装箱混装，缺点是装载量小，耗费时间，成本较高（图 8-23、图 8-24）。针对目前研发的 LNG 铁路槽车与 LNG 铁路罐箱而言，两者在运输过程中均对外需要不间断地对空间环境排放天然气，如果遇到紧急长时间停车，均具有很大的危害，尤其不能长时间停留在隧道等空气不流通的密闭环境，以免天然气聚集，引起爆炸事故，所以具有的共同缺点是只能在平原开阔地带使用，不适用于多隧道、人口聚集等复杂环境。出于铁路干线安全考虑，发展 LNG 罐式集装箱也是重要的途径之一，其储存容器类似于被固定在集装箱框架内的可移动的具有稳定性的罐箱。与 LNG 铁路槽车结构相比，由于采用了链接固定方式，LNG 集装箱较槽车具有更好的机动性、移动性，使用更加灵活方便，且能直接通过公路转移联运至卫星站。如 30ft 集装箱可转运 10t 以上 LNG，每节车皮可转运 2 个罐式集装箱。首先可通过汽车将 LNG 罐箱从 LNG 工厂或沿海大型 LNG 接收站转运至火车站，然后通过火车转运至使用地火车站，再通过汽车转运至使用地各卫星站。

图 8-23　中车西安 JY43（1AA）型 LNG 罐箱

图 8-24　中集安瑞科 LNG 罐式集装箱

LNG罐箱由罐体和箱体框架两部分组成（图8-25、图8-26），罐体为圆柱形双层真空容器并使用椭圆形封头，采用Q235碳钢/345锰钢外壳及304不锈钢/316不锈钢内壳等材料。框架采用矩形345锰钢结构，适合于公路、铁路及海路运输。罐式集装箱可根据用户要求选择CCS（中国船级社）、LR（英国劳氏船级社）、GL（德国船级社）、BV（法国船级社）等船级社认可。额定充满率应不大于90%，安全附件应至少包括安全阀、紧急切断装置、液面计、灭火器、阻火器、导静电装置和压力表等。安全阀的开启压力为设计压力的1.05～1.1倍，回座压力应不低于开启压力的0.9倍。当真空绝热层失效或处于火灾情况下时，安全阀的泄放能力应足以将内容器的压力限制在不超过设计压力的1.2倍的范围内。气相和液相的管路上应装设紧急切断装置，且在装卸、遇火或发生意外移动时，紧急切断装置应能快速关闭。在非装卸时，紧急切断阀应处于闭合状态。紧急切断装置一般由紧急切断阀、远程控制系统和易熔塞自动切断装置组成。

图8-25　南通中集能源生产45ft LNG罐箱

图8-26　45ft LNG罐箱堆码等待装运

罐箱主要设计依据《移动式压力容器安全技术监察规程》（TSG R0005—2011）、《压力容器》（GB/T 150.1～150.4—2011）、《冷冻液化气体罐式集装箱》（NB/T 47059—2017）、《国际海运危险货物规则》、《集装箱检验规范》、《系列1集装箱　技术要求和实验方法　液体、气体及加压干散货罐式集装箱》（GB/T 16563—2017）及其他相关专业规范、标准及国家或行业其他现行标准。目前流行的两种罐式集装箱基本参数见表8-4、表8-5。

表8-4　30ft LNG罐式集装箱基本参数

名称	对应参数
30ft梁型罐式集装箱/mm^3	9500×2500×1550
额定质量/kg	30480
设计温度/工作温度/℃	−197/−162
保温材料及厚度	玻璃纤维/聚氨酯,50mm
罐体材料厚度/mm	5/6
封头材料厚度/mm	6/8
水压试验压力/MPa	0.6/0.9
主体材料	外壳碳钢Q235B、内壳不锈钢304/316L
板材料	SUS304镜面不锈钢板
角柱材料	16Mn

表 8-5　40ft 1AA 型 LNG 罐式集装箱基本参数

名称	对应参数
40ft 梁型罐式集装箱/mm³	12192×2438×2591
几何容积/有效容积/m³	43.43/39.09
容器净重/kg	14421
设计温度/工作温度（内壳）/℃	－197/－162
设计温度（外壳）/℃	－40/50
设计压力/工作压力/MPa	1.0/0.9
耐压试验压力/MPa	1.17（气压）
主体材料	外壳碳钢 Q345R、内壳不锈钢 30408
堆码/kg	192000（6 层）
危险类别	2.1
尺寸箱型代码	42K7
罐箱导则	T75

中车西安公司 JY43（1AA）型 LNG 罐式集装箱可供铁路、公路、水路联运，装卸方式采用密闭装卸。罐体外壳采用 16MnDR，设计压力为 0.6MPa，其主要性能参数见表 8-6。

表 8-6　JY43（1AA）型 LNG 罐式集装箱主要性能参数

项目	内容器	外壳
设计压力/MPa	0.6	－0.1
设计温度/℃	－196	－0.8
几何容积/m³	42.5	约 9（夹层）
罐体材料	S30408	16MnDR
最大允许装载质量/kg	16860	
额定质量/kg	30480	
外形尺寸（长×宽×高）/mm³	12192×2438×2591	

NX70（H）型共用平车（图 8-27），主要由底架、地板、集装箱锁闭装置、端门、制动装置、车钩缓冲装置、转向架等部分组成。采用 17 型 E 级钢车钩、大容量缓冲器、KZW-A 型空重车自动调整装置、NSW 型手制动机、K6（K5）型转向架，提高了技术性能，确保商业运行速度 120km/h，其主要性能参数见表 8-7。

表 8-7　NX70（H）型共用平车主要性能参数

项目	参数
载重（均布）	70t
自重	23.8t
集装箱装载方式	平放链接
2 只 1CC 或 1C 或 1CX	1×30.48t
1 只 1AAA 或 1AA 或 1A 或 1AX	2×30.48t

续表

项目	参数
1 只 45ft 国际非标箱	1×30.48t
1 只 48ft 国际非标箱	1×30.48t
1 只 50ft 集装箱	1×30.48t

X70 型集装箱专用平车（图 8-28）可装运单箱总重≤35t、外形尺寸符合 ISO 668 规定的两个 20ft 集装箱或一个 40ft 集装箱。主要由车体、锁闭装置、制动装置、车钩缓冲装置、转向架等组成。采用 17 型 E 级钢车钩、大容量缓冲器、KZW-A 型空重车自动调整装置、NSW 型手制动机和不锈钢制动配件管系以及转 K6 型转向架，提高了技术性能，确保商业运营速度达到 120km/h。

图 8-27　NX70（H）型共用平车

图 8-28　X70 型集装箱专用平车

国内已具备 10ft、20ft、40ft、45ft 等多种尺寸规格，多种介质用途的低温罐箱设计研发/创新和制造能力，目前流行的 1AA 型 40ft LNG 罐箱尺寸 12192mm×2438mm×2591mm；载重 16.1t，自重 14.4t，罐箱额定总质量 30.5t；内罐几何容积 43.43m³；设计内罐－197℃，外罐－40～50℃；内罐采用 S304 材质，外罐采用 Q345R 材质；框架采用 Q345E 材质；采用真空多层绝热；设计压力 1.0MPa，试验压力 1.17MPa。

（2）LNG 铁路罐车

随着世界 LNG 资源"抢夺"日趋激烈，应用范围越来越广，目前亟须大力发展 LNG 铁路运输业，实现中西部过剩 LNG 资源东送及东南进口 LNG 向内辐射输送的新格局，完善 LNG 铁路运营网络建设，加快 LNG 资源大批量物流配送步伐。我国地域辽阔，LNG 资源分布不均，进口量逐年增大，2021 年已成为 LNG 进口量最大的国家。同时，我国铁路里程已达 4 万公里，也是世界上铁路里程最长的国家，也是高速铁路发展最快的国家。通过铁路运输 LNG，可以实现运量大、速度快、全天候、安全可靠、保障平稳等目标，也可以作为长输管线输送 CNG 的重要补充，发挥运输半径大及运输网络完善的优势，形成 LNG 铁路运输与 CNG 长输管线输送并驾齐驱的态势，以促进 LNG 的大规模应用。

中车西安公司开发的 LNG 铁路罐车主要用于 LNG 清洁能源的铁路运输，采用高真空多层绝热技术。其中，GYA70B 型罐车（图 8-29）载重为 41t，自重为 52t，轴质量为 23t，容积约 114.2m³，车辆长度为 20916mm，车辆定距为 15150mm；设计内罐体压力－0.1～0.6MPa，外罐体为－0.1MPa；最高运行速度为 120km/h；GYA70C 型采用 T85 型火箭燃料运输的液氢加注运输车及 70 吨级罐车相关成熟技术（图 8-30），设置押运间，容积约 110m³，单车载重 40t，使用寿命 25 年，载重是最大 LNG 汽车槽车的 2 倍，比液体集装箱单车提高运能 24t。此外，该车具有运量大、运输成本低、运输速度快、运输效率高等优势。充分考虑用户需求，可满足不同方位的装卸需求；罐体采用高真空多层绝热结构，具有良好的绝热保冷功能。

图 8-29 GYA70B 型 LNG 铁路罐车

图 8-30 GYA70C 型 LNG 铁路罐车

GYA70B 型 LNG 铁路罐车主要运输 LNG，装卸方式采用密闭装卸，其主要性能参数见表 8-8。

表 8-8 GYA70B 型 LNG 铁路罐车主要性能参数

项目	内罐体	外罐体
设计压力/MPa	0.6	−0.1
设计温度/℃	−196	−0.8
几何容积/m³	114.2	约 13（夹层）
罐体材料	S30408	16MnDR
载重/t	41	
车辆长度/mm	20916	

GYA70C 型与 GYA70B 型的区别是带有押运间，并采用 T85 型液氢加注运输车的基本结构及 70 吨级罐车相关成熟技术。GYA70C 载质量为 40t，容积约 114.2m³，车辆长度为 20916mm。该罐车基于 T85 型液氢铁路加注运输车及 70 吨级罐车的相关成熟技术，底架有中梁结构，罐体采用高真空多层缠绕绝热结构，内、外罐体连接采用 8 点支撑与水平支撑组合结构。罐体与底架连接、底架、押运间、操作间借鉴 70 吨级罐车的成熟结构，转向架、钩缓、制动符合铁路 70 吨级货车通用技术要求，其主要性能参数见表 8-9。

表 8-9 GYA70C 型 LNG 铁路罐车主要性能参数

项目	内罐体	外罐体
设计压力/MPa	0.6	−0.1
设计温度/℃	−196	−0.8
几何容积/m³	114.2	约 13（夹层）
罐体材料	S30408	16MnDR
载重/t	40	
车辆长度/mm	20916	

中车西安公司曾设计制造 GY95S 型 CNG 铁路罐车、T85 型液氢铁路罐车，目前已经安全运行 20 多年。液氢和 LNG 均为易燃易爆介质。液氢储运温度为－253℃，LNG 储运温度为－162℃，液氢罐车的设计、制造比 LNG 罐车要求更高。因此，我国具有设计、制造 LNG 罐车的基础和技术能力。

GY95S 型液化石油气罐车在我国准轨线路运行，用于装运混合液化石油气、丙烷、丙烯等介质，装卸方式为上装上卸。主要由底架、罐体装配、押运间、加排及安全附件、制动装置装配、内梯、外梯及车顶走板、车钩缓冲装置、转向架等部件组成。配装转 K2 型转向架后，车型号定为 GY95SK（图 8-31）。

GY95SK 型液化气罐车主要性能参数见表 8-10。

表 8-10　GY95SK 型 LNG 铁路罐车主要性能参数

项目	GY95S	GY95SK
自重/t	40.5	40.9
载重/t	40.3	
轴重/t	20.2	20.3
总容积/m³	96	
商业运营速度/(km/h)	100	120
通过最小曲线半径/m	145	

T85 型液氢运输加注车为低温绝热移动式压力容器铁路罐车（图 8-32），用于直接向火箭液氢贮箱加注、补加和卸出液氢；长途运输或短期储存液氢；向其他设备转注液氢。该车各项技术指标、性能结构均达到同类产品国际先进水平，其主要性能参数见表 8-11。

图 8-31　GY95SK 型液化气铁路罐车

图 8-32　T85 型液氢铁路罐车

表 8-11　T85 型液氢铁路罐车主要性能参数

装运介质	液氢
载重	5t
自重	77.5t
轴重	20.75t
罐体总容积	85m³

GYA70AS 型液化石油气罐车采用无中梁结构（图 8-33）。主要由罐体装配、加排装置、牵枕装配、侧梯及走台装配、制动装置、车钩缓冲装置、转向架等部件组成。采用 17 型 E 级钢车钩、大容量缓冲器、KZW-A 型空重车自动调整装置、NSW 型手制动

机和不锈钢制动配件管系以及转 K6 型转向架（大自重车体用），提高了技术性能，确保商业运营速度 120km/h。车体二位端设有押运间，满足人员押运的规定要求。GYA70AS 型液化石油气罐车主要性能参数见表 8-12。

图 8-33　GYA70AS 型液化石油气罐车

表 8-12　GYA70AS 型液化石油气罐车主要性能参数

装运介质	液化石油气、丙烯、丙烷
载重	48t
自重	44.6t
轴重	23t
罐体总容积	113.8m³

GY80S 型液化气体铁道罐车在我国准轨线路运行，主要用于装运液氨等密度较大的介质，兼顾液化石油气等，装卸方式为上装上卸。该车采用无中梁结构，主要由牵枕装配、罐体装配、押运间、侧梯及车顶走板装配、加排系统装配、制动装置、车钩与缓冲装置、转向架等组成。配装转 K2 型转向架后，车型号定为 GY80SK 型，其主要性能参数见表 8-13。

表 8-13　GY80S 型液化气体罐车主要性能参数

项目		GY80S	GY80SK
自重/t		36.2（液氨）	37.2（液氨）
		34.2（液化石油气）	35.2（液化石油气）
载重/t		41.8（液氨）	41.8（液氨）
		33.8（液化石油气）	33.8（液化石油气）
轴重/t		19.5（液氨）	19.75（液氨）
		17（液化石油气）	17.25（液化石油气）
总容积/m³		80.4	
设计压力/MPa		2.16	
商业运营速度/(km/h)		100	120
通过最小曲线半径/m		145	

GY80 型液化气体铁道罐车在我国准轨线路运行，用于装运液氨等密度较大的介质，兼顾液化石油气等，也可以装运与上述介质性质相似的其他液化气体。该车采用无中梁焊接结构，主要由牵枕装配、罐体装配、加排系统装配、制动装置、车钩及缓冲装置、转向架等部件组成。车体一端设有通过台和手制动装置。配装转 K2 型转向架后，

车型号为 GY80K（图 8-34），其主要性能参数见表 8-14。

图 8-34　GY80K 型液化石油气罐车

表 8-14　GY80 型液化气体罐车主要性能参数

项目	GY80	GY80K
自重/t	34.9(液氨)、32.9(液化石油气)	35.5(液氨)、33.5(液化石油气)
载重/t	41.8(液氨)、33.8(液化石油气)	41.8(液氨)、33.8(液化石油气)
轴重/t	19.2(液氨)、16.7(液化石油气)	19.3(液氨)、16.8(液化石油气)
总容积/m³	80.4	
设计压力/MPa	2.16	
商业运营速度/(km/h)	100	120
通过最小曲线半径/m	145	

2017 年中车西安公司 LNG 铁路罐车的研制与应用，填补了我国 LNG 铁路运输的空白，提高了大批量、长距离输运 LNG 的能力，满足了国家能源消费结构调整需求。

8.4.3　LNG 铁路运输优缺点对比

罐式集装箱的优点是可以海陆联运，中转方便快捷，中途不用卸载 LNG，直达目的地；罐车的优点是可以大批量长距离远程运输，稳定性好，运行效率高，适用于大规模转运过程。此外，铁路运输受自然环境影响较小，运输线路固定，易于按时按点输运。但铁路运输存在的运输风险、事故造成的后果及影响远远高于公路运输，一旦 LNG 罐车侧翻或过临界爆炸等会造成重大安全事故，所造成的损失及不良后果远远大于公路运输，这也是 LNG 铁路运输没有广泛应用的主要原因。相比之下，公路运输适用半径 200~300km 以内的零散 LNG 转运，机动方便，适用于小规模短途运输，运行灵活。相比铁路运输，即便造成安全事故，也可以就地解决，一般不会严重影响正常的线路输运。此外，由于 LNG 的生产及运输涉及天然气的开采及大规模的投资液化等过程，具有一定的垄断性。部分发达国家在 LNG 项目的投资、开发、运输及应用等过程中就已经具有了一定的排他性，比如，自建铁路运输特定线路的 LNG，线路管理及安全防护等均由投资方负责，物流配送管理由铁路部门负责，确保了整个线路的可靠性、安全性以及部门监管的有效性。

LNG 铁路运输过程中的最大问题是"走一路，放一路"，即 LNG 在输运沿途一直处于蒸发汽化状态，汽化后的天然气容易聚集并引起爆炸。尤其在人口聚集区或空气不流通的隧道等地方，LNG 运输的危险性更大，这也是为什么铁路系统难以或不愿接受

LNG 运输的主要原因。LNG 汽化后的天然气属易燃易爆气体，一旦发生泄漏，容易聚集并引起爆炸，从而波及整个 LNG 罐车或 LNG 罐区，造成灾难性的危害。此外，LNG 罐装及运输过程中容易导致泄漏，溢流的 LNG 容易对操作人员及管理人员造成低温冻伤。铁路是国家物流运输的重要通道，一旦发生严重的 LNG 泄漏或爆炸等安全事故，必然会造成极大的负面效应。所以，需要有效降低安全风险，加强 LNG 输运各环节的管控措施，以防爆防漏为主要管控目标，提高 LNG 安全管理效能。最后，在 LNG 运输过程中，需要应用现代信息技术开展远程监控服务，主要包括运行地理位置信息监控、温度压力等关键运行状态参数监控，做到早防早报，及时预警，做好紧急事故应急处置与救援预案，为 LNG 铁路运输的商业化运营提供安全保障。

8.5　LNG 长输管道运输

LNG 管道运输指通过管道来运输 LNG。LNG 管道主要有真空绝热管道、普通绝热管道和非绝热管道三类。真空绝热管道由内管、外管与支撑件构成，造价和施工管理费用均比较高，一般用于中短距离 LNG 输送。其输送过程漏热少，LNG 蒸发汽化量少。普通绝热管道外敷玻璃棉等绝热材料，绝热性能较真空绝热管差，一般用于大规模长距离输送，一次投资成本低。非绝热管道主要用于短距离且需要汽化或无须考虑汽化的特殊场合等。LNG 输送管道也有柔性软管和刚性硬管之分。柔性软管适用于短距离卸装 LNG；刚性硬管适用于长距离输送 LNG。柔性软管一般采用波纹加强设计，刚性硬管一般采用真空绝热设计。输送低温流体时，需要管道具有一定的低温韧性及相应机械强度。长距离输送过程中，需要中途增设加压站及预冷站，以防止 LNG 输送过程中温度上升、压力下降而增加两相流，从而增大输送阻力。

8.5.1　LNG 管道保冷

长输低温管道一般采用多孔无机材料或有机材料两类。选用低温材料时应重点考虑材料在 −162℃ 时的热导率、吸水性能、阻燃性能、低温性能等。

(1) 聚氨酯泡沫

硬质聚氨酯泡沫塑料，简称聚氨酯硬泡，它在聚氨酯制品中的用量仅次于聚氨酯软泡。聚氨酯硬泡多为闭孔结构，具有绝热效果好、质量轻、比强度大、施工方便等优良特性，同时还具有隔声、防震、电绝缘、耐热、耐寒、耐溶剂等特点，广泛用于冰箱、冰柜的箱体绝热层，作为冷库、冷藏车等的绝热材料，建筑物、储罐及管道保温材料，少量用于非绝热场合，如仿木材、包装材料等。一般而言，较低密度的聚氨酯硬泡主要用作隔热保温材料，较高密度的聚氨酯硬泡可用作结构材料。

(2) 超细玻璃棉

超细玻璃棉绝热材料是以石英砂、长石、硅酸钠、硼酸等为主要原料。经过高温熔化制成小于 $2\mu m$ 的纤维棉状，再添加热固型树脂黏合剂加压高温定型制造出各种形状、规格的板、毡、管材制品。其表面还可以粘贴铝箔或 PVC（聚氯乙烯）薄膜。超细玻璃棉容重轻、热导率小、吸收系数大、阻燃性能好。可广泛用于热力设备、空调恒温、冷热管道、烘箱烘房、冷藏保鲜，以及建筑物的保温、隔热、隔声等方面，并具有良好的化学稳定性，是公认性能优越的保温、消声、隔热理想材料。

(3) 碳纤维材料

碳纤维指的是含碳量在 90% 以上的高强度高模量纤维，用腈纶和黏胶纤维作原料，经高温氧化碳化而成，是制造航天航空等高技术器材的优良材料。碳纤维主要由碳元素组成，具有耐高温、抗摩擦、导热及耐腐蚀等特性。碳纤维外形呈纤维状，柔软，可加工成各种织物，由于其石墨微晶结构沿纤维轴择优取向，因此沿纤维轴方向有很高的强度和模量。碳纤维的密度小，因此比强度和比模量高，可作为增强材料与树脂、金属、陶瓷及碳等复合，制造先进复合材料。

(4) 柔性橡胶棉

柔性橡胶发泡材料（FEF）具有低密度、耐屈挠、密闭式气泡结构等特点。FEF 广泛应用于中央空调冷冻机房，建筑、船舶、车辆等行业的各类水汽管道的保温、隔热。还可加工制作成健身器材、医疗器械、日用品把套与扩套等，使用温度介于 $-200 \sim 175$℃。FEF 具有抗水汽渗透性，施工方便，可有效吸收外力冲击，便于维护。FEF 以薄板、管、卷和胶带的形式制造，有或没有涂层和自粘背衬和/或不同的封闭系统。

(5) 聚异氰脲酸酯

聚异氰脲酸酯泡沫塑料由异氰酸酯 MDI（二苯基甲烷二异氰酸酯）本身发生三聚反应生成。从分子结构上来看聚异氰脲酸酯泡沫塑料 PIR 更加稳定，具有优良耐热性、耐寒性及阻燃性。改性聚异氰脲酸酯泡沫塑料 PIR 最低使用温度可达 -190℃。PIR 是一种理想的有机绝热材料，热导率小、耐候性强，既可预制成型，也可现场浇注成型。广泛应用于低温制冷等管道的深冷绝热工程和建筑业绝热保温以及集中供热供水管道的保温工程等。

(6) 酚醛泡沫棉

酚醛泡沫塑料以芯层发泡、皮层不发泡为特征，外硬内韧，比强度高，耗料省，日益广泛地代替木材用于建筑和家具工业中。聚烯烃的化学或辐射交联发泡技术取得成功，使泡沫塑料的产量大幅度增加。经共混、填充、增强等改性塑料制得的泡沫塑料，具有更优良的综合性能，能满足各种特殊用途的需要。例如，用反应注射成型制得的玻璃纤维增强聚氨酯泡沫塑料，用空心玻璃微珠填充聚苯并咪唑制得的泡沫塑料，质轻而耐低温。

8.5.2　LNG 管道参数

LNG 真空绝热软管采用双层不锈钢金属软管，夹层中添加专用多层绝热复合材料并保持高真空状态。

(1) LNG 真空绝热软管

LNG 真空绝热软管（图 8-35）弯曲半径小，使用方便，长度可根据用户要求而定，可与真空管道连接（图 8-36）。真空软管两端配以贮槽和槽车专用快速接头，可大量减少槽车充排液体中的液体汽化损失，使用时软管外表不结水，不结霜。设计压力可根据用户需要确定，设计温度−197～50℃，管道冷损 0.5～2W/m。内外层均为特种不锈钢金属软管（SUS304），采用多层真空绝热材料，主要用于 LNG 槽车充排液体、贮槽与低温用液设备之间硬连接转换、真空硬管与低温用液设备之间转换连接等。其中，不锈钢软管参数见表 8-15、表 8-16。

图 8-35　LNG 真空软管及连接件

图 8-36　LNG 真空软道连接形式

表 8-15　不锈钢金属软管主要参数

基本参数	真空承插卡盘连接	真空承插法兰连接	焊接连接
连接形式	卡盘	法兰	焊接
接头绝热形式	真空	真空	珠光砂或真空
接头处的现存绝热处理	不需要	不需要	需要
供货范围（内管）	DN8～25	DN8～80	DN10～500
设计压力	≤8MPa	≤16MPa	≤64MPa
安装	简易	简易	焊接
材料	300 系列不锈钢		
长度	≤8.2m		
设计温度	−196～90℃（液氢、液氮，−270～90℃）		
介质	LNG、液氮、液氧、液氩、液氢、液氮、LEG（液化乙烯）		

表 8-16　不锈钢金属软管规格参数

管道	公称通径	DN10	DN15	DN20	DN25	DN32	DN40	DN50	DN65	DN80	DN100
规格	内管	φ10	φ15	φ20	φ25	φ32	φ40	φ50	φ65	φ80	φ100
	外管	φ34	φ40	φ52	φ64	φ84	φ84	φ104	φ125	φ150	φ185
工作压力	根据用户需要设计（≤3.2MPa）										
设计温度	−196℃										
工作介质	液氧、液氮、液氩、液氢										
内、外筒材质	SUS304										

续表

结构形式	高真空多层绝热
夹层压力	<0.004Pa
管道真空漏率	$<2\times10^{-10}$PaL/s

（2）LNG 真空硬管

LNG 真空硬管（图 8-37）主要用于长距离输送，主要应用不锈钢材料制造，根据管线图分段制作，各段管道采用真空多层缠绕绝热，保冷效果好。各管道之间采用现场对焊连接或法兰连接（图 8-38），安装、维护方便，可大量节省现场安装工作量和安装费用。同时，采用合理的低温补偿结构，技术指标先进，性能稳定，安全可靠。管道表面光洁，耐腐蚀。LNG 高真空多层绝热低温管道技术参数如表 8-17 所示。

图 8-37　LNG 真空硬管具体形式

图 8-38　LNG 真空硬管连接形式

表 8-17　LNG 高真空多层绝热低温管道技术参数

管道规格	公称通径	DN15	DN20	DN25	DN32	DN40	DN50	DN65	DN80	DN100	DN125	DN150
	内管	$\phi25$	$\phi25$	$\phi32$	$\phi38$	$\phi45$	$\phi57$	$\phi76$	$\phi89$	$\phi108$	$\phi133$	$\phi159$
	外管	$\phi76$	$\phi89$	$\phi89$	$\phi108$	$\phi108$	$\phi114$	$\phi133$	$\phi159$	$\phi168$	$\phi219$	$\phi219$
工作压力	根据用户需要设计											
设计温度	$-196\sim60$℃											
工作介质	LNG 等低温液体											
内、外筒材质	1Cr18NiTi,0Cr18Ni9											
绝热形式	高真空多层缠绕绝热											
夹层压力	<0.004Pa											
管道冷损量	0.5W/m（设计数据）											
管道真空漏率	$<2\times10^{-9}$Pa·m³/s											
内管强度试验	根据工作压力进行											
气密性试验	根据工作压力进行											
设计依据	①根据国家有关标准和 Q/320582 HRK—2004 ②按用户提供的低温输送管道系统布置图要求进行											

8.5.3　LNG 泄漏风险

LNG 运输过程中容易发生泄漏，发生泄漏后容易造成危害事故。

(1) LNG 泄漏事故

LNG 管道内连接处是容易造成 LNG 泄漏的主要地方（图 8-39），管道连接不当或者管道连接操作不规范等问题，容易造成 LNG 连接处泄漏，并容易引发爆炸及火灾。LNG 管道很容易受人为、设备失修或外部紧急因素的影响，造成 LNG 管道破损、LNG 泄漏爆炸着火等极端危险（图 8-40）。其中人为因素是造成 LNG 事故的主要原因，包括操作不当、管理不善、违规操作、人为破坏等。

图 8-39　LNG 接收站储罐泄漏着火

图 8-40　LNG 槽车泄漏汽化

(2) LNG 爆炸事故

由于 LNG 汽化后为易燃易爆的天然气，聚集后容易引起爆炸（图 8-41），天然气在空气中的浓度为 5%～15%，遇火即发生爆炸，自燃温度为 537℃，而低于 5% 或者高于 15% 都不会发生爆炸。LNG 管道在检修施工过程中，需要进行焊接、切割等动火作业，若不严格执行安全动火管理制度，就易发生火灾爆炸事故（图 8-42），造成人员伤亡和财产损失。

图 8-41　LNG 储罐爆炸着火

图 8-42　LNG 运输船爆炸着火

(3) LNG 人身危害

LNG 对人体的危害，主要来自其低温和造成缺氧的可能。LNG 温度很低，和皮肤接触后会造成皮肤冻伤（图 8-43）。人体在 0℃ 以下的环境持续停留一段时间后，会造成永久性的伤害，而且可能生成血块或其他副作用。另外，天然气是一种会造成窒息的气体，浓度很高的天然气吸入人体并不会造成组织的伤害，但是若浓度高到把空气中的氧气完全取代，就会造成缺氧的现象。所以，在使用 LNG 时应严格遵守安全规章制度，避免对人体造成伤害（图 8-44）。

图 8-43　LNG 低温冻伤与防护

图 8-44　LNG 连接安全检查

8.6　LNG 远洋运输船舶

LNG 船是在 -162℃ 低温工况下运输 LNG 的专用船舶，是高技术、高难度、高附加值的"三高"产品，被喻为世界造船"皇冠上的明珠"，目前只有美国、日本、韩国、中国和欧洲某些国家可以建造。

8.6.1　LNG 运输船简介

LNG 船的建造始于 1959 年，美国将一艘二战时期的补给船改装并重新命名为 "Methane Pioneer" 号（甲烷先锋号），从 Lake Charles（莱克查尔斯港）载运了 5000m^3 LNG 横渡大西洋到达英国 Canvey Island（坎维岛）。1964 年，全球第一艘新造 LNG 运输船 Methane Princess 号（甲烷公主号）交付，舱容为 $2.74 \times 10^4 m^3$；1971 年，$5 \times 10^4 m^3$ 的 LNG 运输船 Descartes 号诞生；80 年代，LNG 运输船（图 8-45）的最大舱容已达到 $13 \times 10^4 m^3$；90 年代，达到了 $15.3 \times 10^4 m^3$；2008 年，卡塔尔订购 2 艘超大型 LNG 运输船 Q-flex 和 Q-max，舱容分别高达 $21 \times 10^4 m^3$ 和 $26.6 \times 10^4 m^3$。其中，Q-max（图 8-46）为现今最大的 LNG 运输船，船长 345m，船宽 53.8m，吃水 12m。2008 年，沪东中华承建的第一艘 LNG 船"大鹏昊"顺利交船，是当时世界最大的薄膜型 LNG 船，船长 292m，宽 43.35m，型深 26.25m，装载量为 $14.7 \times 10^4 m^3$，时速 19.5 节（1 节 = 0.514444m/s）。2022 年，沪东中华承建的"中国海油中长期 FOB 资源配套 LNG 运输船项目"首制船在长兴造船基地点火开工，为第五代"长恒"系列 $17.4 \times 10^4 m^3$ LNG 运输船，总长 299m，型宽 46.4m，型深 26.25m，也是中国目前承建的最大、最先进的 LNG 船。LNG 远洋船舶一般具有固定航线，同时受靠泊码头限制，船舶尺度往往呈系列分布，习惯上将 $12 \times 10^4 \sim 18 \times 10^4 m^3$ 的 LNG 运输船称为常规型。

8.6.2　LNG 运输船发展

20 世纪 80 年代以后，随着日本、韩国相继成为世界第一、第二大 LNG 进口国，日本和韩国船厂先后从欧洲船厂和 LNG 船舶专利公司引进了独立液货舱型和薄膜型船舶的建造技术及建造专利，并分别于 80 年代初期和 90 年代初期开始建造 LNG 船舶。

随着日韩船厂 LNG 船舶建造数量的增加，欧美船厂 LNG 船舶建造数量在 LNG 船舶市场所占份额逐步减少。2001 年至 2006 年 10 月底，韩国船厂建造了这期间所有建成的 89 条 LNG 船舶中的 55 条，而日本船厂建造了 28 条，余下的 6 条由欧洲船厂建造。事实证明，LNG 船舶建造中心已由欧美转向亚洲。

图 8-45　LNG 运输船

图 8-46　卡塔尔 Q-max 运输船

8.6.2.1　国际 LNG 运输船贸易

（1）LNG 新船订单

在 2004 年时共承接 LNG 新船订单最多共计 71 艘，总舱容 $1080\times10^4\,m^3$。2008 年承接 LNG 新船订单 5 艘，完工 56 艘。2009 年承接 LNG 新船订单 0 艘，完工 44 艘。2010 年承接 LNG 新船订单 5 艘。2011 年，承接 LNG 新船订单 48 艘。2020 年，承接 LNG 新船订单 40 艘，交付 35 艘，全球共有 572 艘 LNG 运输船投入运营。2021 年，承接 LNG 新船订单 111 艘，交付 68 艘，全球 LNG 船队总数为 700 艘，总货运量为 $1.041\times10^8\,m^3$。从承接 LNG 新船订单及新船交付上来说，LNG 新船数量一直处于增长状态，年均增长 50 艘左右，也说明全球 LNG 贸易总量及产量一直处于增长状态。

（2）LNG 船舶需求

欧洲船舶协会预测，未来 LNG 运输船市场需求依然增大，2025 年将达到 $500\times10^4\,t$，2030 年将达到 $750\times10^4\,t$，LNG 远洋运输仍将保持平稳增长，其中东北亚地区对 LNG 的进口贸易将成为全球市场的主要力量。目前世界最大 LNG 进口国主要包括中国、日本、韩国等，均属于东亚国家。尤其中国在 LNG 领域的增长速度比预期更快，近年来，中国 LNG 进口量同比年增长 26.39%，从 2006 年的 $600\times10^4\,t$、2011 年的 $1100\times10^4\,t$、2015 年的 $2600\times10^4\,t$，增长到 2021 年的 $8140\times10^4\,t$。全球 LNG 需求量在 2011 年时为 $2.4\times10^8\,t$，2014 年时为 $2.9\times10^8\,t$，2020 年时为 $3.84\times10^8\,t$，其中，中国、印度、日本等国需求的增长成为主要推动力。LNG 运输船订单从 2019 年的 61 艘、2020 年的 54 艘，增长到 2021 年的 86 艘，截至 2022 年已达 104 艘。LNG 运输船的单价以 $17.4\times10^4\,m^3$ 为例，从 2019 年的 1.86 亿美元、2020 年的 1.86 亿美元，增长到 2021 年的 2.10 亿美元，截至 2022 年已达 2.33 亿美元。目前，全球 LNG 运输船建造基本形成垄断格局，手持建造订单船企共有 13 家，多数船企被排除在该型船建造的门槛之外。

8.6.2.2 世界 LNG 运输船建造

1959 年，美国第一次改装成功"甲烷先锋号"LNG 运输船并开始了世界 LNG 运输船的建造。1964 年，英国建造世界第一艘 $2.7\times10^4\mathrm{m}^3$ LNG 运输船"甲烷公主号"。1971 年，$5\times10^4\mathrm{m}^3$ 的"笛卡尔"建成投产。随后，法国，瑞典、意大利、挪威等开始建造各类 LNG 运输船。进入 20 世纪 80 年代后，日本开始大规模进口 LNG，并于 1981 年日本引进欧美技术并规模制造 LNG 运输船，逐步取代欧洲并成为 LNG 造船大国。进入 90 年代后，韩国也开始大规模进口 LNG，并于 1994 年开始建造 LNG 运输船，逐步取代日本，成为 LNG 运输船的主要建造国。自 2006 年广东大鹏接收站建成后，2008 年，中国第一艘 LNG 船"大鹏昊"建成投产，标志着中国也加入了 LNG 运输船的建造行列。2022 年前半年，LNG 运输船订单大多下在亚洲船厂，几乎有一半流入了韩国三大造船商——韩国造船与海洋工程公司、大宇造船与海洋工程公司和三星重工。三家船厂分别赢得订单数为 21 艘、18 艘和 24 艘。而三星重工仅 1 天就收到了 14 艘 LNG 运输船的订单。根据 ICU（国际煤气联盟）统计，随着 2021 年 57 艘船和 2022 年前 4 个月 7 艘船的交付，截至 2022 年 4 月底，全球 LNG 运输船现役船 641 艘，总运力接近 $600\times10^8\mathrm{m}^3$，包括 45 艘浮式储存及再汽化装置（FSRU）和 5 艘浮式储存装置（FSU）。这意味着从 2020 年到 2021 年，船队规模增长 10%，LNG 航次增长 12%。世界 LNG 运输船建造市场大体经历了从美国到欧洲，从欧洲到日本，从日本再到韩国的演进过程。目前是韩国一家独大，日本接近退出，欧洲基本退出，中国开始介入。韩国主要有大宇造船、三星重工、现代重工等主要造船企业，日本主要有三菱重工、三井造船、川崎重工等主要造船企业，中国主要沪东中华等造船企业能够制造 LNG 运输船。

8.6.2.3 中国 LNG 运输船建造

LNG 船作为远洋运输的主要工具，是保证 LNG 能源安全的重大装备。中国从 2006 年开始进口 LNG，2007 年、2008 年、2009 年、2010 年依次进口 $291\times10^4\mathrm{t}$、$334\times10^4\mathrm{t}$、$553\times10^4\mathrm{t}$、$936\times10^4\mathrm{t}$。随着沿海一系列大型 LNG 接收站的建成投产，LNG 进口量呈逐年上升态势，到 2021 年时，LNG 进口 $8140\times10^4\mathrm{t}$，已超过日本，成为世界 LNG 进口第一大国。对 LNG 进口的巨大市场需求，必然引起 LNG 远洋运输的大幅增加，这也正为中国 LNG 造船工业提供了历史发展机遇。2015 年，由江南造船厂为中国海油建造的国内首艘 $3\times10^4\mathrm{m}^3$ LNG 运输船"海洋石油 301 号"正式交付；同年由中集圣达为浙江华祥海运建造的 $7000\mathrm{m}^3$ 船用 C 型运输罐正式交付。经过 20 多年的发展，沪东中华跻身全球 LNG 船建造强企行列。先后研发第一代"长青"系列、第二代"长健"系列、第三代"长安"系列、第四代"长兴"系列、第五代"长恒"系列共 5 个系列 LNG 运输船，这也为我国 LNG 造船业能够跻身世界先进行列奠定了坚实的基础。除沪东中华外，国内还有大连船舶重工、江南造船、中远川崎、熔盛重工等潜力型 LNG 造船企业，未来必将与沪东中华一起，承担中国 LNG 造船业跻身世界前列的责任，并为 LNG 远洋运输业提供强有力的支持。

8.6.2.4　LNG 运输船全球状况

LNG 船用核心围护系统技术主要来自法国大西洋造船厂（Gaz Transport & Technigaz，GTT：薄膜型，1972 年推出）和挪威苔罗森伯格公司（Moss Rosenberg：球罐型，1970 年推出）。其中，韩国主要采用 GTT 技术，建造的 LNG 运输船数量最多，主要由三星造船公司（Samsung Heavy Industries）和大宇造船厂（Daewoo Shipbuilding）建造，包括 LNG 运输船和浮式储存及再汽化装置。日本主要采用 Moss 技术，建造的球罐型运输船最多。根据 2017 年 GIIGNL（国际液化天然气进口商集团）发布的《2016 年 LNG 工业年度报告》，韩国建造的 LNG 运输船最多，达到 275 艘，占世界总数 478 艘的 57.5%。交付服役的前三位公司分别是三星、大宇和现代。其次是日本三家公司，分别是三菱长崎、川崎坂出和三井造船。中国 LNG 运输船建造属于后起之秀，排在第三位。

LNG 舱容（cargo capacity）标准载量在 $1.7\times10^4 \sim 25\times10^4 m^3$ 之间，并以 $9\times10^4 \sim 17\times10^4 m^3$ 居多，占总数的 70% 左右，其中薄膜型又占 LNG 船总数的 80% 左右，尤其新建 LNG 船以薄膜型为主。世界最大的 LNG 运输船——Q-max 由韩国三星造船建造。Q-max 货轮长 345m、宽 53.8m、高 34.7m，吃水 12m，舱容为 $26.6\times10^4 m^3$，甲板装有再液化系统，停靠卡塔尔拉斯拉凡港（Ras Laff Anterminal）。Q-max 采用两台低速柴油机推动，可以 19.5 节速度行驶。目前全球共有 20 艘 Q-max 型 LNG 运输船，从世界上最大的气田——南帕尔斯/北部穹窿凝析气田运送 LNG 到世界各地。所有 Q-max 型 LNG 运输船均由韩国三星重工（Samsung Heavy Industries）和大宇造船厂（Daewoo Shipbuilding）为卡塔尔天然气运输公司（Qatar Gas Transport Company，Nakilat）建造。卡塔尔液化天然气有限公司（Qatar Liquefied Gas Company Ltd.，Qatargas）成立于 1984 年，是世界上最大的 LNG 生产公司，也是卡塔尔国有的天然气公司。Qatargas 在近海生产天然气供应给在莱凡角的 LNG 工厂，主要利用世界最大的南帕尔斯/北部穹窿凝析气田生产和销售 LNG 和天然气凝液。第一艘 Q-max 型 LNG 运输船——Mozah 于 2008 年交付，2009 年开往西班牙毕尔巴鄂港，交付第一批 $26.6\times10^4 m^3$ 的 LNG。其次，舱容排第二的是 Q-flex 型运输船，共 30 多艘。Q-flex 型 LNG 运输船长 315m，宽 50m，舱容为 $21\times10^4 m^3$。世界 LNG 船龄最长 "SCF Arctic" 号于 2014 年退役，船龄共 45 年。多数船龄在 38~40 年之间。

2022 年上半年，LNG 运输船订单大增，目前已经突破 100 艘（2021 年 86 艘，2014 年 70 艘，2004 年 71 艘），合同总价值超过 220 亿美元。同时新造船价格也出现大幅上涨，新造 LNG 船单价达到 2.4 亿美元。韩国 KSOE 公司（韩国造船与海洋工程公司）获得 23 亿美元共 10 艘 $17.4\times10^4 m^3$ LNG 运输船订单。此外，LNG 运输船的运价正大幅上涨。以 $17.4\times10^4 m^3$ 为例，每天的租金达到 10 万美元。未来几年，由于东亚、欧洲等地区对天然气的需求持续增大，以及随着全球"碳达峰碳中和"的持续推进，新能源发展提速和绿色金融发挥导向作用，LNG 需求增长必将加速。

8.6.3　LNG 运输船分类

8.6.3.1　根据货舱系统分类

根据货舱形式（cargo containment system）分类，LNG 船一般分为 2 类，即薄膜型（membrane，属 IGC Code A 型）和独立液舱型（independent）或称自支撑型（self-supporting）（属 IGC Code B 型）。也有分成 3 类的情况：薄膜型、球罐型和菱型（prismatic）。

(1) 薄膜型 LNG 船

① TZ：Technigaz Mark Ⅰ/Ⅱ/Ⅲ 由法国 Technigaz 公司研制；

② GT：Gaz Transport No. 82/85/88/96 由法国 Gaz Transport 公司研制；

③ GTTCS-1：Combined System 结合了 GTT MarkⅢ 和 GTT No. 96 货舱的特点，因 Gaz Transport 与 Technigaz 于 1995 年合并为一家，故称 GTT。

(2) 独立液舱型 LNG 船

① 球罐型：Moss Spherical，由挪威 Moss Rosenberg 公司在 20 世纪 70 年代研制，现技术由挪威的 Moss Maritime 公司掌握；

② 菱形：SPB-Self-supporting Prismatic IMO TypeB，由日本石川岛播磨重工（IHI）研制。

(3) 其他货舱类型 LNG 船（早期 LNG 船舶）

① Esso/Alumin；

② Worms/GDF；

③ Conch；

④ Cylinders2。

根据液化汽化功能分类，包括 LNG 船是否具备再液化及再汽化功能等，或 LNG 船是否具有移动液化及储存功能等，一般分为 3 类。

(1) 传统 LNG 船

传统 LNG 运输船包括目前流行的传统意义上的各式 LNG 运输船，不具有其他液化或汽化等附加特殊功能。

(2) 具有再液化装置的 LNG 船——reliquefication

具有再液化功能或装置的 LNG 船可将汽化后的 BOG 气体重新液化装船，从而可减少 BOG 气体的排放损失。

(3) 具有再汽化装置的 LNG 船——LNG-RV(regasification vessel)

LNG 再汽化装置运输船具有再汽化系统，在船上可将 LNG 汽化后，通过海底管道送至岸上储存或直接打入天然气管网。采用 LNG-RV 型船，在岸上不必专门投资修建 LNG 船的停靠码头、接收站及相关汽化站设备，只要通过敷设在海底的管道就可以把天然气输送到岸上的储存设施。LNG-RV 型船适用于小型区域用户、临时用户或应急输气用户。

8.6.3.2 根据动力系统分类

根据动力系统不同，LNG 船可分为蒸汽推进（steam turbine）、双燃料柴油机（due diesel engine）、双燃料柴油机＋电力推进（DFDE）、燃气轮机（gas turbine）四种类型。

8.6.3.3 根据货舱容积分类

按 LNG 运输船容积大小进行分类：中小型 LNG 运输船容积小于 $10\times10^4\,m^3$；大型 LNG 船容积介于 $12.5\times10^4\sim16.5\times10^4\,m^3$；超大型 LNG 船 Q-flex 为 $21\times10^4\,m^3$，Q-max 为 $26\times10^4\,m^3$。薄膜型船因薄膜及绝缘材料和结构的不同分为 GTT No.96 型和 GTT MarkⅢ型。GTT No.96 型主次薄膜为 0.7mm 的 36％的镍合金不锈钢板，主次绝缘层为内装珍珠岩粉的夹板木箱；GTT MarkⅢ型主薄膜采用 1.2mm 的 304L 不锈钢板，次薄膜为三重材料——玻璃纤维布/铝箔/玻璃纤维布碾压而成，主次绝缘层为强化聚亚胺酯泡沫塑料块。球罐型货舱用裙状筒体结构以直接焊接的方式支撑在船体上构成一个自支撑的液货舱，筒体结构起到了支撑液货舱和隔离低温的液货舱与船体直接接触的作用。货舱材料采用 30～169mm 的 AA5083 铝合金材料，货舱外部包裹聚苯乙烯绝缘层。

8.6.3.4 根据液舱结构分类

根据液舱结构可把 LNG 运输船分为球罐型和薄膜型 2 种。其中，球罐型主要是早期使用船只的结构类型；薄膜型为近些年发展出来的新结构，尤其适用于大容量、低成本制造。

(1) 球罐型 LNG 船

球罐（Moss）型 LNG 船一般设置 4～5 个大型 LNG 真空球罐（图 8-47、图 8-48），装载 LNG 后远洋运输。常见的 Moss 型船由 4～5 个球罐以及支撑船体组成。Moss 系统为挪威 Moss Maritime 公司的专利技术，该型储罐采用 AA5083 的铝合金制造，球体外采用镶板式聚氨酯泡沫绝热。在球体的赤道上安装支承围裙，支承围裙为爆炸成型特殊构件，与船体结构相连，可减少热量传导。以 $14\times10^4\,m^3$ 的 LNG 船为例，最大球罐内径超过 40m，空罐总重 900t。球罐通过支承围裙与船体相连但独立于船体。由于 Moss 型采用球形抗压设计结构，更适用于 LNG 低温流体的远洋输运，能够很好地承受各种不利海运条件或恶性气象条件带来的激烈震荡等问题，能够承受较宽的 LNG 压力变化范围及最高压力，不容易造成 LNG 过临界爆炸等恶性问题，输运的安全性远高于薄膜型。早期的 LNG 海运主要采用 Moss 型结构。

(2) 薄膜型 LNG 船

薄膜型 LNG 船就是以船体直接作为储存 LNG 储罐外支撑壳体的 LNG 船（图 8-49），即船体作为储罐的直接承载部分。薄膜型储罐分为 GTT No.96 型和 GTT MarkⅢ型，独立罐式储罐分为 Moss 型和 IHI-SPB 型。GTT No.96 型和 GTT MarkⅢ型以前称为

GT 型和 TGZ 型。在 1995 年将气体运输（GT）和燃气技术（TGZ）重命名为 GTT（Gaz Transport & Technigaz）之后，GT 型和 TGZ 型分别被称为 GTT No.96 型和 GTT Mark Ⅲ 型，其货舱围护系统均采用法国 GTT 公司专利技术。GTT Mark Ⅲ 型 LNG 船的液货舱系统包括两层薄膜和相应绝热层，主层的薄膜采用 1.2mm 厚的压筋板，主要增强瓦楞结构承载舱内 LNG 的强度及应力变形；中间为铝合金薄膜，两面为玻璃纤维布制成的绝热夹层结构；次层薄膜可与主层和次层绝热层一起预制并形成整体，该绝热材料为增强型聚氨酯泡沫。GTT No.96 型 LNG 船的货舱围护系统也包括两层薄膜和绝热层，主次薄膜均为 0.7mm Invar（段瓦钢）板（36Ni 不锈钢），温度在 $-163\sim 20℃$ 之间变化时几乎无变形，热膨胀系数极小；主次层薄膜之间以及次层薄膜和船体内壳之间都填充膨胀珍珠岩。

图 8-47 Moss 型 5 球罐 LNG 运输船

图 8-48 Moss 型 4 球罐 LNG 运输船

薄膜型 LNG 运输船技术主要来源于法国 GTT 公司等，也是近些年来大型 LNG 船舶的主要发展趋势（图 8-50）。薄膜型较 Moss 型具有装载量大、迎风面小、性价比高等明显优势。薄膜型 LNG 运输船货舱按其采用绝热种类和施工方式的不同分为 GTT No.96 型和 GTT Mark Ⅲ 型，GTT No.96 型的绝热形式为绝热箱；GTT Mark Ⅲ 型由绝缘板和刚性绝热材料组成。在精度控制及焊接等方面，GTT No.96 型在船体建造方面比 GTT Mark Ⅲ 型质量要求更高，即掌握 GTT No.96 型建造技术，即可掌握 GTT Mark Ⅲ 型建造技术。在液货舱主、次层 Invar 板焊接方面，GTT No.96 型大量采用自动焊，焊接质量容易控制，GTT Mark Ⅲ 型主要采用手工焊，焊接质量不易控制。

图 8-49 2008 年中国首艘薄膜型 LNG 船"大鹏昊"

图 8-50 沪东造船第五代"长恒"系列 LNG 运输船

8.6.3.5 根据动力装置分类

根据动力装置的不同，LNG 船又可分为蒸汽透平 LNG 船、电力推进 LNG 船和柴油驱动 LNG 船三种类型。

(1) 蒸汽透平 LNG 船

蒸汽透平 LNG 船配置蒸汽透平推进系统，以高温高压蒸汽（515℃，6.2MPa）推动汽轮机做功，并推动 LNG 船高速前进。

(2) 电力推进 LNG 船

以双燃料中速柴油发电机组供电并推动 LNG 船高速运行。电力推进系统有数台双燃料中速柴油机，以 BOG 或柴油为燃料，带动中压发电机组产生电能并输送至推进电机推进 LNG 船前进。

(3) 柴油驱动 LNG 船

由常规的低速柴油机提供动力，可以常规重油为燃料，产生动力并经变速后，直接驱动轴系、螺旋桨推进 LNG 船前进。

8.6.4 LNG 运输船储罐

LNG 船储罐系统分为三类：独立球型（Moss）、SPB 型船、薄膜型（GT 型）。对三种储罐系统在设计、建造和营运等过程中的难易程度进行对比，见表 8-18。

表 8-18　三种 LNG 储罐系统在设计、建造和营运难易程度比较

比较对象		SPB 型	Moss 型	GT 型
尺寸		紧凑	大	紧凑
船质量		轻	最重	轻
日蒸发率		0.05	0.08	0.07
储罐数量		最少	多	多
上甲板空间		完全不受限制	非常受限制	不受限制
任意装载量水平		可能	可能	不可能
航行		容易	不容易	容易
压力控制		简单	复杂	最复杂
温度控制		简单	复杂	复杂
不可泵送的液体量		最少	少	多
维护	外部	容易	不容易	容易
	内壳/绝热	最容易	容易	非常困难

LNG 船的储罐可以看作独立于船体的特殊构造，在设计过程中，主要考虑低温介质的带压储存问题及易燃易爆介质的安全储运问题等。LNG 运输船的大小、形式及外形尺寸等通常受到 LNG 产量、远洋路线、运河海峡、港口码头和用户接收条件等的限制。目前流行的 $14.5 \times 10^4 m^3$ 是最常用的 LNG 船舶容量，最大容量 LNG 船（卡塔尔）已达到 $27 \times 10^4 m^3$。LNG 船的使用寿命一般为 50 年左右。大型 LNG 运输船的储罐系统主要有自撑式（SPB）和薄膜式两种。自撑式有 A 型、B 型、C 型三种，A 型为菱形或称为 IHI SPB，B 型为球形，C 型储罐也称 C 型独立液货舱，是一种自持式液舱，它

们是按照压力容器的标准进行设计和制造的。近年来，薄膜型 LNG 船成为大型船的首选，C 型则是中小型船舶的首选。

8.6.5 LNG 运输船附件

LNG 的工业化生产和海运始于 1964 年，20 世纪 70 年代开始大规模发展，LNG 远洋运输也随之兴起，LNG 运输船也越建越大。目前主要进口 LNG 的国家有中国、日本、韩国等 40 多个国家，主要生产 LNG 的国家有澳大利亚、美国、俄罗斯、卡塔尔等。中国 LNG 运输船行业发展现状良好，国内迅速扩大的 LNG 市场需求为 LNG 船运行业发展提供了前所未有的机遇。

8.6.5.1 LNG 运输船再次液化系统

LNG 船在运输过程中会产生大量 BOG，根据 LNG 船的航行条件等，部分双燃料船可以消耗部分 BOG，但 BOG 的排放具有稳定性，而 LNG 船根据不同的航行条件，所需要的 BOG 量并不守恒，部分 BOG 需要增加燃烧装置（GCU）焚烧，从而造成 BOG 浪费。此外，目前还没有单纯利用 BOG 作为推动力的 LNG 船，大多采用柴油机组，主要是动力大、功率大等原因。目前船用再汽化装置主要采用部分再液化系统，主要用于低功率工况下多余 BOG 消费，主要采用氮气膨胀液化、C_3/MR 液化等工艺流程。

氮气膨胀液化工艺（图 8-51）主要包括 BOG 三级增压过程、BOG 一级预冷过程、BOG 二级预冷过程、BOG 三级预冷过程、BOG 四级节流制冷过程，气液两相分离并再次获得 LNG。其中制冷过程主要包括 N_2 预冷过程（与 BOG 换热）、N_2 二级预冷过程、N_2 膨胀过程、N_2 一级制冷过程、N_2 二级制冷过程、N_2 三级制冷过程、N_2 压缩过程（利用膨胀机回收的压缩功）、N_2 水冷过程、N_2 一分二（一部分进入一级预冷，一部分通过 BOG 预冷）、N_2 一级预冷过程、N_2 一级预冷过程与 N_2 预冷过程（与 BOG 换热）汇合、N_2 二级预冷过程、N_2 膨胀过程、N_2 制冷过程，并以此再循环（图 8-52）。

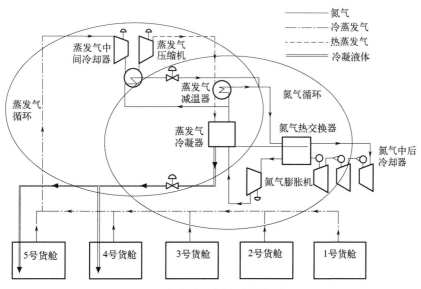

图 8-51　氮气膨胀制冷液化典型原理

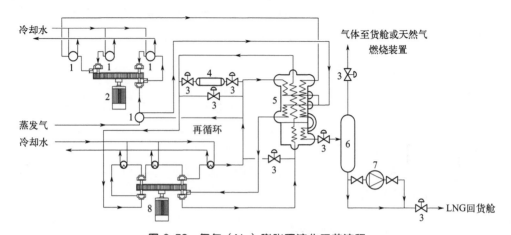

图 8-52 氮气（N_2）膨胀再液化工艺流程

1—预热器；2—蒸发气压缩机；3—旁通；4—氮气缓冲罐；5—换热器；
6—气液分离器；7—LNG 回流泵；8—氮气膨胀机

C_3/MR 液化等工艺是目前比较流行的液化工艺系统（图 8-53），主要采用 C_3H_8 作为制冷剂，将高压天然气及混合制冷剂预冷至 -38℃，然后再采用两级预冷过程，便可将天然气冷却至 -162℃并液化为过冷的 LNG 液体。二级预冷过程一般采用 C_2H_4 作为制冷剂，将天然气及混合制冷剂预冷至 -104℃左右，三级预冷过程一般采用 CH_4+N_2 混合制冷剂，将天然气预冷至 -162℃并液化成过冷的 LNG。C_3/MR 液化工艺适用于中小型 LNG 液化系统，也适用于 LNG 船的 BOG 回收过程。

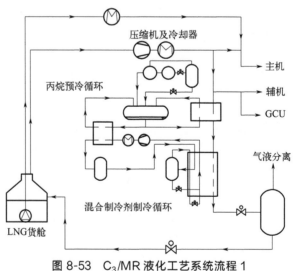

图 8-53 C_3/MR 液化工艺系统流程 1

混合制冷剂 LNG 液化工艺系统（图 8-54）的主要设备包括混合制冷剂压缩机、混合制冷剂换热器（冷箱）、混合制冷剂分离器、LNG 气液分离器等。丙烷系统的主要设备包括丙烷压缩机、丙烷冷凝器、丙烷蒸发器、丙烷经济器、气液分离器和丙烷储藏罐。大多 C_3/MR 液化工艺流程稍有区别，但制冷原理等基本一致。

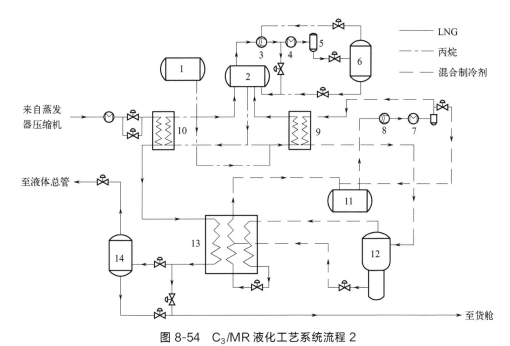

图 8-54 C$_3$/MR 液化工艺系统流程 2

1—丙烷存储罐；2—丙烷分离器；3—丙烷压缩机；4—丙烷冷凝器；5—丙烷接收器；6—丙烷经济器；
7—混合制冷剂后冷却器；8—混合制冷剂压缩机；9—混合制冷剂预冷却器；10—蒸发气预冷凝器；
11—混合冷却器膨胀筒；12—混合制冷剂分离器；13—蒸发气冷凝器；14—废气排放分离器

8.6.5.2 LNG 运输船船岸连接系统

自从 1987 年国际气体运营者协会（SIGTTO）液化气船船岸应急切断的连接建议和规范发表以后，船岸连接系统（ship shore link system，SSL）已经被广泛使用在全球 LNG 工业上，除了初步用紧急切断（emergency shut down，ESD）信号连接外，系统支持通信和数据传输，可以做到实时信息共享，以及进行危险情况的联动操作。

由于 LNG 船装载量大，且汽化后产生易燃易爆气体，相当于载有几十个原子弹的能量，一旦 LNG 在靠岸装卸过程中发生泄漏，容易造成严重的码头安全事故。为了预防和控制 LNG 接收或卸载风险，根据有关国际公约 [主要依据 SIGTTO 1987 年发布的《液化气体货物传输船岸连接紧急切断的建议和指南》，国际海事组织（IMO）制定的《国际散装运输液化气船舶构造与设备规则》（IGC 规则）、《国际船舶使用燃气或其他低闪点燃料安全规则》（IGF 规则），《石油和天然气工业 LNG 用设备和设施 自船至岸上的分界面和口岸运作》（ISO 28460），中国船级社（CCS）《液化天然气燃料加注船舶规范》《天然气燃料动力船舶规范》《液化天然气浮式储存和再气化装置构造与设备规范》等]，要求 LNG 运输船配备标准化的船岸（船船）连接系统（SSL）、紧急切断（ESD）系统（图 8-55），在船岸之间传输信号及通信等，以确保 LNG 装卸安全规范。船岸连接系统是 LNG 船舶停靠在 LNG 终端码头进行 LNG 装卸货作业时，为了保证其安全和船岸通信而特别研发的一种连接系统。主要功能是保证船岸两侧安全系统同时触发阀门紧急切断。可通过该系统触发 ESD 的第一阶段，即保证双方阀门同时自动关闭，并停止输送泵,从而保证双方的安全。主要包括光纤连接、电气连接和气动连接三种方式。气动连接只具备 ESD 功能,一般作为光纤和电气连接的备用应急连接系统使用。该系统由空气调节阀、压力开关、压力指示器、电磁阀、软管及 LNG 快速接头等组成。对于 LNG 燃料动力船、加注船和 LNG 终端可以选择 ESD 或 SSL-USL 控制系统,可同时满足 LNG 燃料加注和 LNG 输送作业时的连接需求。

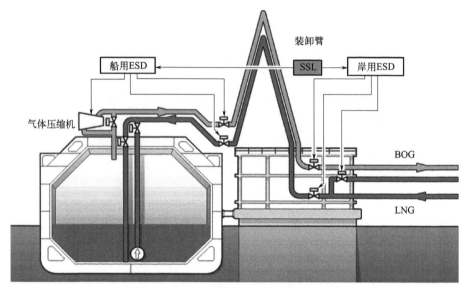

图 8-55　LNG 岸船用 ESD 紧急切断系统

SSL 系统主要包括主机系统、光纤系统、电动系统、码头设备、辅助系统和设备等。主机系统安装在控制柜内,连接多个设备,包括电话接口设备、双向 ESD 紧急切断系统接口、IAS(入侵报警系统)控制报警功能、ESD 紧急切断功能、ESL 紧急切断系统、缆绳张力系统、显示数据传输设备等。其中,ESL 专为 LNG 的输运业务开发,可提供可靠连接,实现紧急情况下快速和可控的关停。ESL 主要部件包括控制单元、连接系统、电缆转盘、主机测试单元、船方测试单元。光纤系统包括控制箱单元、光缆转盘、专用光纤、专用光纤接头模块、专用电话(岸与船同等兼容)、码头组件等。电动系统控制整个电动船岸连接系统,也可以作为独立的备用系统。码头设备包括光纤卷筒、电缆卷盘、专用设备等。辅助系统和设备包括适配器(Miyaki 连接器、EEXD 防爆连接单元)、热线电话等。

8.7　本章小结

本章主要讲述了三类 LNG 运输方式,包括陆路运输、海上运输及管道运输,主要涉及 LNG 公路运输槽车、LNG 移动加注槽车、LNG 铁路运输槽车、LNG 长输管道运输、LNG 远洋运输船舶等基本方式。近年来由于国家对 LNG 能源的巨大需求,以及沿海近 30 座大型 LNG 接收站的建成投产,LNG 远洋运输及陆路运输的规模不断扩大,所连接的遍布全国各地的 LNG 卫星站的数量也在不断扩大。LNG 进口资源及由此形成的区域管网已成为西气东输管网天然气的有效补充,并通过 LNG 卫星站补气和长输管网输气协同构建了中国天然气供给的大市场。LNG 物流运输已经成为 LNG 事业发展的重要支柱产业之一,加大 LNG 运输装备产业发展、研究开发大量适用于我国环境的 LNG 新技术已经成为 LNG 能源发展的重要组成部分。

参 考 文 献

[1] 郭旭,罗晓钟,王荣华,等. 国内 LNG 运输技术与设备的发展现状 [J]. 低温与特气,2016,34(2):11-14.
[2] 田葆栓. 中国铁路 LNG 运输装备发展与关键技术问题 [J]. 煤气与热力,2018,38(8):13-18,21.
[3] 程明,许克军,蒲黎明,等. LNG 管道保冷材料的应用和发展 [J]. 天然气与石油,2013,31(5):65-68,9.
[4] 张耀光,刘桂春,刘锴,等. 液化天然气船舶(LNG 船)制造国内外进展 [J]. 海洋经济,2012,2(6):7-14.
[5] 孙超,李洁瑶,蔡敬伟. LNG 船市场发展现状及趋势 [J]. 中国船检,2018(3):84-87.
[6] 黎翔,吴军,关海波. LNG 船对船输送系统简介 [J]. 中国水运(下半月),2019,19(4):1-3.
[7] 张海涛. LNG 船再液化技术对比分析 [J]. 机电产品开发与创新,2019,32(2):87-89.
[8] 苑海超,石国政,范洪军. LNG 船的船岸(船船)连接系统 [J]. 中国船检,2018(6):98-101.
[9] 徐帅,施方乐. 制冷液化技术在 LNG 船上的应用 [J]. 船舶与海洋工程,2018,34(5):35-38.
[10] 袁红良,楼丹平,王衡元. 整流鳍在 LNG 船上的应用 [J]. 船海工程,2017,46(1):18-22.
[11] 成婷婷,李忠吉,韩需霆. 国内 LNG 发展现状分析 [J]. 山东工业技术,2016(9):196.
[12] 贺耿,王正,包光磊. LNG 槽车装车系统的技术特点 [J]. 天然气与石油,2012,30(4):11-14,97.
[13] 韩建红,张书勤,陈延龙. 我国铁路 LNG 运输可行性分析与安全对策措施 [J]. 中国石油和化工标准与质量,2017,37(1):68-70.
[14] 王成,张勇. LNG 管道运输风险因素分析 [J]. 现代经济信息,2012(9):292.
[15] 李照明. $GYA_{70B(70C)}$ 型液化天然气铁路罐车研制 [J]. 铁道车辆,2019,57(4):24-25,44,2.

第 9 章

液化天然气汽化站

液化天然气（LNG）汽化站的主要作用是将运来的 LNG 经汽化器汽化后打入天然气管网并增压输送。汽化站按照供应对象的不同又被称为单点直供汽化站或 LNG 卫星站，用以接收、储存和汽化上游采购的 LNG 并向当地供气。LNG 汽化站可视作小型的 LNG 接收站，部分汽化站亦设有液化装置。LNG 汽化站可为很多中小城市燃气管网补充 LNG 气源，并作为供气调压设施在用气高峰时进行调峰补气。

9.1 LNG 汽化站概述

9.1.1 LNG 汽化站简介

LNG 是以甲烷为主的液态混合物，常压下的沸点温度为 $-162℃$，密度约 $430kg/m^3$。LNG 已成为目前无法使用长输管线天然气供气城市的主要气源或过渡气源，也是许多使用管输天然气供气城市的补充气源或调峰气源。LNG 汽化站（图 9-1）是一个接收、储存和分配 LNG 的卫星站，也是城镇或燃气企业把 LNG 从生产厂家转往用户的中间调节场所。LNG 汽化站凭借其建设周期短以及能迅速满足用气市场需求的优势，已逐渐在我国东南沿海众多经济发达、能源紧缺的中小城市快速建成投产，并成为所在城市永久供气设施或管输天然气到达前的过渡供气设施。

图 9-1 LNG 汽化站

LNG 汽化站主要由运输槽车、储罐、卸车增压系统、储罐增压系统、空浴式汽化系统、水浴复热系统、调压计量系统、自动控制系统组成。LNG 汽化站给用气管网供气时，首先采用槽车将 LNG 运至汽化站，利用 LNG 卸车增压器使槽车压力增大，然后将槽车内 LNG 送至 LNG 低温储罐储存。当 LNG 需要从储罐外输时，先通过自增压系统使储罐压力升高，然后打开储罐液相出口阀，通过压力差将储罐内的 LNG 送至汽化器汽化增压后，经调压、计量、加臭等工序最后打入用气管网。

9.1.2 LNG 汽化站发展现状

自 2001 年起，我国建成第一座生产型的 LNG 装置——上海 LNG 调峰站，揭开了中国 LNG 供气的序幕。根据安隽博统计数据，截至 2021 年 12 月 30 日，中国目前具有汽化调峰功能的天然气液化项目总计 53 座，LNG 中心气源站为 1890 座。兼具液化和汽化功能的调峰站 53 座，其中，已投产具液化和汽化功能的调峰站 36 座，在建具液化和汽化功能的调峰站 5 座，拟建具液化和汽化功能的调峰站 12 座，涉及 LNG 中心气源站 1890 座，$5000m^3$ 及以上规模大型储备库 79 座，已投产 $5000m^3$ 及以上规模储备库 30 座，在建 $5000m^3$ 及以上规模储备库 16 座，拟建 $5000m^3$ 及以上规模储备库 33 座，$5000m^3$ 以下规模 LNG 汽化站 1809 座，已投产 $5000m^3$ 以下规模汽化站 1481 座，在建 $5000m^3$ 以下规模汽化站 34 座，拟建 $5000m^3$ 以下规模汽化站 251 座（表 9-1）。

表 9-1 中国 LNG 核心用户（汽化站）项目统计 2021 年 4 季度（安隽博石油天然气研究部数据）

地区	具气化调峰功能的天然气液化项目	LNG 中心气源站	主力工业用户	总计
东北地区	2	193	10	205
黑龙江省	0	62	2	64
吉林省	2	34	1	37
辽宁省	0	65	4	69
东北蒙区	0	32	3	35
西北地区	12	146	5	163
新疆维吾尔自治区	0	31	0	31
甘肃省	2	32	3	37
宁夏回族自治区	1	12	0	13
青海省	2	6	0	8
西北蒙区	0	3	0	3
陕西省	7	62	2	71
华北地区	17	289	28	334
北京市	2	15	0	17
天津市	1	34	2	37
河北省	6	137	6	149

续表

地区	具气化调峰功能的天然气液化项目	LNG中心气源站	主力工业用户	总计
山东省	2	90	18	110
山西省	5	11	2	18
华北蒙区	1	2	0	3
华中地区	8	194	10	212
河南省	3	65	1	69
湖北省	4	35	2	41
湖南省	1	94	7	102
西南地区	7	240	19	266
重庆市	1	22	1	24
四川省	1	35	3	39
贵州省	0	98	4	102
云南省	5	82	11	98
西藏自治区	0	3	0	3
华东地区	5	365	39	409
江苏省	1	132	17	150
上海市	1	4	4	9
浙江省	1	132	9	142
安徽省	2	97	9	108
华南地区	2	463	67	532
江西省	1	89	0	90
福建省	0	93	23	116
广东省	1	173	30	204
广西壮族自治区	0	95	10	105
海南省	0	13	4	17
港澳台地区	—	—	—	—
总计	53	1890	178	2121

注：1. 统计截至2021年12月30日。项目动态变更快速，实际数量以最新数据为准。
    2. 数据来源：安隽博石油天然气研究部《2020年统计年鉴：中国天然气项目分布与统计》。

随着我国130多家LNG液化厂及东南沿海一系列大型LNG接收站的建成投产，LNG供应在我国将形成南、中、西的供应格局。加之LNG汽化工程的关键设备如低温储罐、汽化器、低温阀门及运输设备的大规模国产化，可以预见，在未来若干年我国将会形成以大型LNG接收站为核心，全国各地LNG汽化卫星站为中转站，长输管网及卫星站连接的天然气大网，形成全国范围内的天然气能源供给网络格局。地区经济的整体水平是该地区LNG卫星站数量的首要决定因素，引领我国经济发展的东南沿海地区卫星站的数量排名明显高于中西部地区。

9.2 LNG 汽化站设计

9.2.1 LNG 汽化站设计标准

由于 LNG 是一种低温液体，从本质上来讲 LNG 是一种液体燃料，也是一种可燃气体的液化产物。LNG 从一开始就是气体，最终使用时也是以气体形式使用，但在制定标准上出现了很多问题。从行业上讲，LNG 属于石油化工行业，但在学科上，LNG 属于制冷及低温工程领域。由于 LNG 属于低温流体范畴，具有过临界特性，整个液化、存储、运输及汽化等过程均是一种低温物理过程，而且容易导致过临界爆炸，是一种具有正常燃烧爆炸和低温过临界爆炸特性的危化品，尤其是两种特性结合的时候，更难制定某一确定的基准，所以设计过程大多基于实践经验，按以往已经使用的"相似标准"进行"模仿式"的标准化设计。在 LNG 汽化站设计时，常采用的设计规范为：《城镇燃气设计规范》(GB 50028—2006)、《建筑防火通用规范》(GB 55037—2022)、《火灾自动报警系统施工及验收标准》(GB 50166—2019)、《石油天然气工程设计防火规范》(GB 50183—2015)、《燃气工程项目规范》(GB 55009—2021)、美国《液化天然气生产、储存和装卸标准》(NFPA-59A)。其中《石油天然气工程设计防火规范》(GB 50183—2015) 是由中国石油参照和套用美国 NFPA-59A 标准起草的，许多内容和数据来自 NFPA-59A 标准。由于 NFPA-59A 标准消防要求高，导致工程造价高，目前难以在国内实施。目前国内 LNG 汽化站基本参照《城镇燃气设计规范》(GB 50028—2006) 和《燃气工程项目规范》(GB 55009—2021) 设计，实践证明安全可行。

9.2.2 LNG 汽化站选址布置

(1) LNG 汽化站选址

由于 LNG 属于危化品，具有易燃易爆的特性，同时属于低温流体，具有低温烫伤及过临界爆炸特性，所以，LNG 汽化站的选址需要基于以上问题考虑。同时，汽化站的位置与其安全性有着密切的关系，因此汽化站应布置在交通方便且远离人员密集的地方，与周围的建构筑物防火间距必须符合《城镇燃气设计规范》(GB 50028—2006) 的规定，而且要考虑容易接入城镇的天然气管网，为远期发展预留足够的空间。

(2) LNG 汽化站总图布置

LNG 汽化站属于石油天然气生产范畴，设备操作区及人员办公区应该留有足够的间距，同时考虑人员疏散及消防等功能。合理布置 LNG 汽化站内的建构筑物、工艺设施，可使整个汽化站安全、经济、美观。LNG 站区总平面应分区布置，即分为生产区（包括卸车、储存、汽化、调压等工艺区）和辅助区，生产区布置在站区全年最小频率风向的上风侧，站内建构筑物的防火间距必须符合《城镇燃气设计规范》(GB 50028—2006) 的规定。

9.2.3　LNG 存储过程

LNG 由槽车转运至汽化站后，首先需要进行存储，存储的主要设备有立式储罐、卧式储罐及球罐等。LNG 存量一般是以 7 天高峰月的平均日用气量来确定，同时考虑到长期供气 LNG 工厂的数量、检修时间、运输周期及用户用气波动等因素，工业用气量要根据用气设备性质及生产的具体要求确定。若只有一个 LNG 工厂，则储罐的总容积应考虑 LNG 工厂检修期间，汽化站储存足够的 LNG，能够保证正常汽化 LNG 并在高峰期供应用户天然气。LNG 低温储罐内外夹层间的真空度需要定期测定，以免发生 LNG 泄漏及降低绝热效果；储罐外壁消防喷淋管、防雷避雷、防静电接地线等需要日常检查，以免发生安全事故；安装在储罐的各类 LNG 安全阀等各种过程控制装置需要定期检验，以免安全阀不能正常工作，导致压力剧增；储罐外表面要定期检查有无变形、腐蚀、结霜、出现冷凝水等异常现象；储罐液位计指示关键设备等需要定期检查其精准度。

9.2.4　LNG 汽化过程

汽化器是汽化站向外界供气的主要设备，一般采用空浴式自然对流汽化器，即采用大气环境的热量加热汽化器内的 LNG，使其在饱和线以上过热汽化，将 LNG 加热变成天然气，自增压后打入天然气管网。汽化器汽化能力宜为用气城镇高峰小时计算流量的 1.3~1.5 倍，不少于 2 台，并且应有 1 台备用。当环境温度较低，空浴式汽化器出口天然气温度低于 5℃时，应将出口天然气进行二次加热，以保证整个供气的正常运行。空浴式汽化器需要定期除霜、定期切换。当汽化后的天然气温度低于设定温度时，需要自动或者手动切换空浴式汽化器。离自然水源比较近的江河湖海边的汽化站多采用水浴式汽化器，即将汽化换热器置于水源处（水源温度一般高于 0℃）并与水源进行换热，从而加热-162℃ LNG 并促使其汽化。

9.2.5　LNG 汽化站设备

9.2.5.1　LNG 汽化站主要设备

(1) LNG 储罐

储罐类型现在通常依据储存规范 EN 14620 定义，按容量分类，主要包括以下几种：

① 小型储罐：容量 5~50m^3，常用于民用燃气汽化站、LNG 汽车加气站等场合。
② 中型储罐：容量 50~100m^3，常用于卫星式液化装置、工业燃气汽化站等场合。
③ 大型储罐：容量 100~1000m^3，常用于小型 LNG 生产装置。
④ 大型储槽：容量 1000~40000m^3，常用于基本负荷型和调峰型液化装置。
⑤ 特大型储槽：容量 40000~200000m^3，常用于 LNG 接收站。

储罐是 LNG 汽化站的主要设备，直接影响汽化站的正常生产，也占有较大的造价比例。储罐隔热方式主要有真空粉末隔热（常用于小型 LNG 储罐）、正压堆积隔热（广泛用于大中型储罐及储槽）、高真空多层隔热（用于小型 LNG 储罐）等。一般采用双层真空低温储罐（图 9-2），内罐和外壳均采用金属材料，一般内壳采用耐低温的 9Ni 不锈钢，外壳采用 16MnDR 等碳钢材料。个别大型汽化站采用预应力混凝土罐（混凝土外壳＋内筒＋绝热材料＋耐低温钢）或薄膜型（垫板采用厚度为 0.8～1.2mm 的 Invar36Ni 钢）等。常用的立式 LNG 储罐一般为双金属壁结构，带压储存，采用真空粉末隔热。LNG 的日蒸发率为不大于 0.23%。流程包括进排液系统、进排气系统、自增压系统、吹扫置换系统、仪表控制系统、抽真空系统、测温系统、安全系统等。LNG 球罐夹层通常为真空粉末隔热。球罐的内外球壳板加工成型后，在安装现场组装。一般球罐的使用范围为 $200\sim1500m^3$，工作压力 $0.2\sim1.0MPa$。

图 9-2　LNG 低温卧式储罐

(2) LNG 汽化器

LNG 汽化器是一种专门用于 LNG 汽化的换热器，主要用于大型 LNG 接收站、LNG 工厂、LNG 汽化站、LNG 加液站等，是 LNG 实现蒸发汽化的关键设备。按汽化器的换热原理分类，主要有空浴式汽化器、开架式汽化器（ORV）、燃烧式汽化器（SCV）、水浴式汽化器等。

空浴式汽化器（图 9-3）是主要利用空气自然对流加热管内 LNG 并使其汽化成天然气的一种空气换热设备。汽化器由铝翅片管按一定的间距连接而成，一般垂直设置翅片管，可通过连接弯头端面连接，从而延长翅片管长度。为了增大空气侧的换热面积，在换热管的外侧一般加装六面星形翅片，采用垂直自然对流换热，换热效率较低，但运行成本也低，不需要外加热源，经常作为 LNG 汽化站内的主汽化器，多台并联作用。空浴式汽化器受环境温度影响较大，冬天翅片外表面易结冰结霜，影响换热效率，有时还需要辅助加热设施，或间歇式融冰融霜启停过程等。

水浴式汽化器是以水为热媒的汽化器（图 9-4）。在大型 LNG 接收站中，开架式汽化器、浸没燃烧式汽化器以及管壳式汽化器等以海水为热媒的汽化器，均属于水浴式汽化器。在 LNG 卫星站中，水浴式汽化器主要包括电加热式、燃料燃烧式等，它具有传热效率高、结构紧凑、占地面积小等优点。水浴式汽化器比空浴式汽化器换热效率高，主要在冬季使用，但需要有水源及循环水系统。

图 9-3　空浴式汽化器　　　　　　　图 9-4　蒸汽加热水浴式汽化器

开架式汽化器（图 9-5）是利用江河湖海等水资源所包含的热量蒸发汽化管道内的 LNG 的一种大型低温管内过热沸腾换热器，汽化量根据换热器设计大小决定。特点是结构简单，运行费用较低，操作维护方便，适用于基本负荷型 LNG 接收站。多以海水为热源，采用耐腐蚀材料。LNG 在管内向上流动，由汽化器顶部喷淋的热水向下流动并逆流换热汽化管内 LNG。

燃烧式汽化器属天然气加热炉型汽化器，它以燃烧 LNG 汽化后的天然气为热源，高温烟气与 LNG 管道直接换热并汽化，大大提高了传热效率。

浸没燃烧式汽化器（图 9-6）是通过天然气加热炉加热水后再通过水再加热 LNG 管道，并使 LNG 汽化，换热管束浸泡在水浴中，LNG 自下部管道进入，汽化后从上部排出。工作时通过加热炉点火器将一定比例的天然气与空气混合打入加热炉燃烧，产生的高温烟气经分配管上的小孔喷射到水浴中，形成大量热气泡，迅速上升并有效地加热管束中的 LNG 并汽化。

图 9-5　开架式汽化器　　　　　　　图 9-6　浸没燃烧式汽化器

LNG 汽化时管道内部压力增大，应多观察焊缝及管道有无开裂现象，定期检测静电接地线路，保持汽化器外部清洁；经常观测汽化器接地基础，发现有下陷或损坏现象，应及时上报处理；定期切换使用汽化器，发现不正常结霜等现象时应及时处理。LNG 汽化站一般远离市区，应用空浴式汽化器时，土地资源影响不大，同时可增加水浴式汽化器来解决冬季汽化结霜问题，所以 LNG 空浴式汽化器是小型 LNG 接收站、汽化站、加注站等的主要汽化器类型。空浴式汽化器主要分为增压式和供气式两类，增压式只具有蒸发部，而供气式包含蒸发部和加热部两部分。空浴式汽化器主要应用于LNG卫星站，也可用于大型LNG接收站。

(3) EAG 加热器

安全放散气体（EAG）加热器用于加热放散前的BOG，避免BOG放散温度低，密度高，不易散去。气态天然气的临界浮力温度为－107℃（不同天然气气源具有不同的浮力温度）。汽化站一般需要控制气态天然气温度高于－107℃，密度小于空气，使渗漏或泄漏的天然气能够安全向上飘离汽化场，防止低温天然气向下积聚并形成易燃易爆气体。此时需要设置EAG空浴式加热器，使BOG通过EAG加热器加热后，密度小于空气，并利于泄漏气高空放散。EAG空浴式加热器放散量可按容积100m³、安全放散速度500m³/h进行设计，并将单个安全阀放散管和储罐放散管接入集中放散总管进行放散。

(4) LNG 增压撬

LNG储罐增压原理与杜瓦自增压原理相似，即利用自动增压调节阀和自增压空浴式汽化器实现增压功能。增压撬（图9-7）内集成管道系统、LNG储罐紧急切断系统、仪表管道、减压阀组、增压阀组、放散阀组、储罐增压器和手动操作阀门等，必要时可安装或连接于LNG储罐并增压。当储罐内压力低于设定压力时，自增压阀打开，储罐内LNG流入增压撬，经与空气换热汽化增压，储罐压力升高，遂将罐内LNG"压出"并送至汽化器汽化。当压力升高至自动增压调节阀10％溢度时，自动增压阀关闭，增压过程结束。

图9-7 储罐增压撬

LNG储罐内LNG温度为－162℃，而出站天然气温度为10℃以上。所以要求低温储罐、低温泵等绝热性能要好；汽化站内管道、仪表、阀门及配件在低温工况下操作性能要好，并且具有良好的低温机械强度、低温密封性能和低温抗腐蚀与抗裂变等性能。过滤器等辅助设备日常运行管理需要纳入有关压力容器验收检查规范；国内无标准时执行国际惯用标准，站内压力容器焊接、改造、维修或移动等必须进行申报。

9.2.5.2 LNG汽化站其他设备

(1) 仪器仪表

LNG汽化站有部分低温工况下运行的仪器及仪表等，根据规定定期进行仪器仪表调整校验。定期做零位调整，使指针保持起始位置；查看仪表指示、记录是否正常，现场一次仪表指示值和控制室显示仪表指示值是否一致；检查仪表电源，保持在正常范围内［AC（交流电）220V或DC（直流电）24V］，防止过高或偏低。检查仪表各接线管、接线盒是否完好，接地良好；检查仪表本体和连接件损坏和腐蚀情况；检查仪表和工艺接口泄漏情况；仪表要轻拿轻放，要经常清洁，保养时用软棉纱擦干净，并检查外形有无异常现象；仪表指示不正常时应马上进行检修，仪表装卸时小心，不可随意拆卸，做好相应准备工作后才能拆卸。如拆卸变送器必须先断电，电源电缆和信号电缆接头分别用绝缘胶布、黏胶带包好，妥善放置。拆卸压力表、压力变送器时，要先关闭取压部阀门，注意取压口可能出现堵塞现象，造成局部憋压、物料冲出伤人等。

(2) 管线阀门

LNG 管线及阀门需要定期检查。检查工艺管线保冷层的保护、工艺管线的各类阀门、管道支架、管道法兰静电连接、管道静电接地等，做好操作平台的日常维护工作；注意工艺管道活动支架的正常滑动。检查管道、阀门有无泄漏；日常检查常开阀门如安全阀根部阀、调压阀、紧急切断阀，常闭阀门如排空阀、排液阀的运行状态。定期检测紧急切断阀是否正常；保持工艺管道的畅通，严禁出现憋液、憋压现象；日常巡检过程中应注意管道支架因地基下陷，对管道产生下拉力，使管道发生弯曲的现象，如出现这种现象应及时上报、处理。严禁在管道上面放置重物及人在上面行走。严禁击打管线及阀门；日常巡检中应注意工艺管道、阀门、支架腐蚀情况，在日常维护中应及时地进行防腐和补漆。对易腐蚀的螺栓、螺帽及转动件的外漏部可根据具体情况加油或油脂。过滤器主要用于过滤出站天然气中的颗粒杂质及水。应定期检查过滤器本体、压差计、焊缝、接头、裂纹及变形等；检查过滤器表面有无油漆脱落、出现锈蚀，做好外表面的防腐工作；检查有无异常噪声及震动；检查过滤器支撑基础及紧固件是否发生损坏、开裂和松动等。

9.3 LNG 汽化站气源

汽化站、增压站或加气站可供选择的气源有压缩天然气（CNG）、液化石油气（LPG）、液化天然气（LNG）等。一般燃气管道能够到达的地区主要以管道供气为主，管道无法到达的地区需要根据周边气源情况及下游用气规模确定选择哪种气源作为点供气源，其中 LNG 的使用最为广泛。

9.3.1 CNG 气源

根据不同的发展阶段，针对不同的用户和不同的加气车辆，CNG 汽车加气时主要有慢加气方式和快加气方式，有单线进气方式，也有三线进气方式等，并各有优缺点。在以 CNG 作为气源的两种供气方式中，一种是以几何容积 $18m^3$ 的 CNG 槽车作为储气设施的减压供气站，最大存储量为 $4500m^3$。如果母站距离供气点很近而且具有两个及以上的母站，可以按照一天的储量进行配置，否则应结合母站运距按照 3~5 天的储量进行配置。这种供气方式流程如图 9-8 所示。

图 9-8 CNG 供气方式 1 流程

另一种是以几何容积小于等于 $4m^3$ 的 CNG 储气瓶组作为储气设施的减压供气站，最大存储量为 $1000m^3$，按照不低于 1.5 天的储量进行配置，这种供气方式流程如图 9-9 所示。

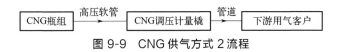

图 9-9 CNG 供气方式 2 流程

CNG 加气设备及工艺非常成熟，即管道天然气经压缩机增压后充装至 CNG 槽车后运至各个用气点。管道气源较为稳定，母站数量较多，供气相对稳定。但 CNG 供气压力接近 30MPa，容易造成高压危害，且一次运量较少，仅相当于同等体积 LNG 的 1/3。

9.3.2 LPG 气源

LPG 主要由石油伴生气液化而来，气源主要产自油田，经液化后再拉到汽化站汽化后再打入管网。以 LPG 作为气源的两种供气方式中，一种是以固定储罐作为储气设施的汽化站，按照 3 天左右的储量进行配置。这种供气方式流程如图 9-10 所示。另一种是以几何容积 $\leqslant 4m^3$ 的 LPG 储气瓶组作为储气设施的汽化站，按照不低于 1 天的储量进行配置。这种 LPG 供气方式流程如图 9-11 所示。

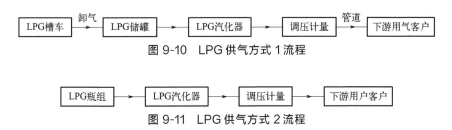

图 9-10 LPG 供气方式 1 流程

图 9-11 LPG 供气方式 2 流程

LPG 供气方式应用较早，设备及工艺比较成熟；热值比天然气高；压力较低，液态便于储存运输。但是 LPG 密度比空气大，泄漏不易扩散，容易积聚，危险系数高；价格较高，随石油价格波动，价格不稳定。

9.3.3 LNG 气源

原先 LNG 在城镇燃气应用领域主要是以调峰为主，大多来自国内的 LNG 工厂，调峰时作为长输管线的气源补充，起到增压调峰作用。但近年来，随着东南沿海大量 LNG 接收站的建成使用，海外 LNG 作为城镇燃气应用已经成为部分管网的主流气源，也就是说在东南沿海部分管网内主要是以进口的 LNG 汽化后的天然气作为城镇燃气使用。由于进气途径、储气规模、存储设备、辐射距离等差异，气源的来源途径也有差异，但生产使用工艺大都相同。目前气源主要来源于 LNG 液化工厂、LNG 接收站、作为卫星站的 LNG 汽化站、作为补充的 LNG 撬装站、LNG 加气站、LNG 瓶组站等。各来源彼此相互关联，都是 LNG 产业链的重要组成部分。以 LNG 作为气源的供气方式中，一种是以固定储罐作为储气设施的汽化站，按照 3 天左右的储量进行配置。LNG

槽车供气流程如图 9-12 所示。

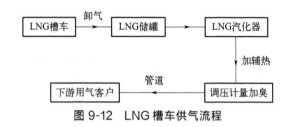

图 9-12　LNG 槽车供气流程

另一种是以几何容积≤4m³ 的 LNG 储气瓶组作为储气设施的汽化站，按照不低于 1.5 天的储量进行配置。LNG 气瓶组供气流程如图 9-13 所示。

图 9-13　LNG 气瓶组供气流程

LNG 汽化比为 1∶630 左右，气源气质纯净，几乎没有杂质气体及重烃等成分，汽化后密度比空气轻，泄漏后容易扩散，不易积聚，且便于储存运输，通常价格优势明显，可作为点供气源的最佳选择。但是 LNG 温度较低，容易过临界爆炸，容易造成低温冻伤。此外，LNG 气源相对较少，受气候影响较大。

9.4　LNG 汽化站工艺流程

首先，LNG 由槽车运至汽化站，再利用 LNG 卸车自增压器增压并将槽车内 LNG 送至低温储罐内储存（图 9-14）。当室外环境温度较低时，空浴式汽化器出口的天然气温度会低于 5℃，此时须在空浴式汽化器出口串联水浴式加热器，对汽化后的天然气进行加热，高于 5℃时再打入城镇管网。为保证储罐内的 BOG 气体增压安全需要，设置 LNG 安全减压阀用于排出 BOG，再返回 BOG 储罐储存，经调压、计量、加臭后可直接打入管网。

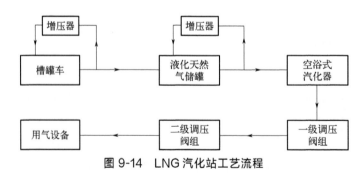

图 9-14　LNG 汽化站工艺流程

9.4.1　LNG 卸车工艺

LNG 卸车工艺（图 9-15）通常采用的方式包括槽车自增压方式、压缩机辅助方式、站内增压卸车方式、低温泵抽卸车方式等。卸车工艺管线包括液相管线、气相管线、气液连通管线、安全泄压管线等。一般小规模汽化站设计采用站内增压卸车方式。汽化站储罐运行压力一般为 0.5~0.7MPa，卸车前需对储液储罐减压，打开专门设置的手动 BOG 阀进行卸压，储罐卸压后压力为 0.3~0.4MPa。集装箱储罐中的 LNG 在 0.1MPa、-162℃条件下，利用站内卸车增压器给集装箱储罐增压至 0.7MPa，利用压差将 LNG 通过液相管线送入汽化站低温储罐。末段集装箱储罐内的低温 NG（天然气）气体，利用 BOG 气相管线进行回收。LNG 通过公路槽车或罐式集装箱车从 LNG 工厂运抵用气城市汽化站，利用槽车上的空浴式升压汽化器对槽车储罐进行升压，或通过站内设置的卸车增压汽化器对罐式集装箱车进行升压，使槽车与储罐之间形成一定的压差，利用此压差将槽车中的 LNG 卸入汽化站储罐内。卸车结束时，通过卸车台气相管道回收槽车中的气相天然气。卸车时，为防止 LNG 储罐内压力升高而影响卸车速度，当槽车中的 LNG 温度低于储罐中的温度时，采用上进液方式。槽车中的低温 LNG 通过储罐上进液管喷嘴以喷淋状态进入储罐，将部分气体冷却为液体而降低罐内压力。若槽车中的 LNG 温度高于储罐中的温度时，采用下进液方式，高温 LNG 由下进液口进入储罐，与罐内低温 LNG 混合而降温，避免高温 LNG 由上进液口进入罐内蒸发而升高罐内压力导致卸车困难。实际操作中，由于目前 LNG 气源地距用气城市较远，长途运输到达用气城市时，槽车内的 LNG 温度通常高于汽化站储罐中的温度，只能采用下进液方式。所以除首次充装 LNG 时采用上进液方式外，正常卸车时基本都采用下进液方式。为防止卸车时过冷沸腾产生较大的温差应力损坏管道或影响卸车速度，每次卸车前都应用储罐中的 LNG 对卸车管道进行预冷。同时应防止快速开启或关闭阀门使 LNG 的流速突然加快而导致过临界并损坏管道。

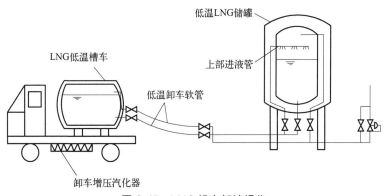

图 9-15 LNG 槽车卸液操作

LNG 专用槽车开到装卸区停稳、熄火、拉手刹，用斜木垫固定车轮，防止滑移；先把装卸台上的静电接地线与 LNG 槽罐车可靠连接，再用三根软管分别把卸液箱卸液口与槽罐车装卸口可靠连接；并打开卸液箱接口处排气阀，打开槽车顶部充装阀、回气阀，使气体进入软管，再从排气阀放气置换软管内空气，关闭排气阀，检查软管接头处是否密封至不漏气。将槽车气相口、液相口与汽化增压器可靠连接，打开槽车气相口放散阀，缓慢打开槽车的液相口阀门，让少量 LNG 液体通过液相管流入汽化增压器，对增压器管道进行吹扫。槽车出液口与储罐进液口可靠连接,打开储罐装液口放散阀,缓慢打开槽车的装卸液口阀门,让少量 LNG 液体通过液相管流入连接软管,并利用天然气对管道进行吹扫。用气相软管连接 LNG 储罐与槽车的气相口,先打开槽车放散阀门,然后缓慢打开 LNG 储罐的气相口阀门,对软管进行吹扫,吹扫完毕后,关闭放散阀门,打开槽车的气相口阀门,用 LNG 储罐的气相压力对槽车进行均压,直至储罐与槽车内气相压力平衡,然后关闭 LNG 储罐与槽车的气相口阀门,打开槽车放散口阀门对管道内残存气体进行排放。(注意:如储罐压力高,当槽车压力均压快要到达 0.7MPa 时,关闭槽车及储罐的气相口阀门,打开槽车的放散口阀门对管道内的残存气体进行排放。)

排放完毕后,关闭槽车气相口阀门。拆除气相软管与储罐的气相口连接。查看槽罐车内压力和储罐内的压力,如储罐内的压力大于槽罐车内压力时,这时打开储罐顶部充装管道至槽罐车增压器进液管之间的阀门和增压器进液口阀门,使储罐内的气相与槽罐车内的液相相通,以降低储罐内的气相压力。当储罐内与槽罐内的压力相同时,关闭储罐顶部充装管至槽罐车增压器进液管之间的阀门。打开槽车气相口阀门,缓慢打开槽车的液相口阀门,让少量 LNG 液体通过液相管流入汽化增压器,通过增压器对槽车进行增压操作,增压时操作员应实时观察槽车内的压力变化情况,当压力升至 0.65MPa 时,立即关闭液相口阀门,打开槽车出液口和储罐进液口阀门,使 LNG 进入储罐,同时启动潜液泵进行卸液。打开槽罐车与槽罐车增压器进液管之间的阀门,以及槽罐车增压器回气至槽罐车气相管之间的阀门,通过槽罐车增压器增压以提高槽罐车内的气相压力。当槽车内压力大于储罐内压力 0.2MPa 左右,可逐渐打开槽罐车出液阀至全开状态。这样槽罐车内的液化天然气通过卸液箱的软管与储罐上的装卸口连接卸入液化天然气(LNG)储罐。卸车过程中,操作人员应及时观察储罐与槽车内压力变化,实时对槽车进行补压操作。当储罐压力接近槽车压力(0.65MPa)时,则需关闭底充只开启顶充并对 LNG 储罐压力进行放散,LNG 储罐压力散至 0.5MPa 时,停止储罐放散,如此反复操作直至槽车卸车完毕。放散及拆卸管线时应注意现场风向并派专人进行现场监护,阻止外来车辆驶入卸车区域,以保证卸车过程安全。

卸车完毕后,首先关闭储罐的进液阀门、槽车出液阀门、气相口及液相口阀门,然后打开槽车的放散口阀门,对管道内残留气体进行放散,放散完毕后关闭放散阀门,拆除槽车与储罐的连接软管,现场将软管及汽化增压器收整至指定位置。

9.4.2 LNG 增压工艺

LNG 储罐(图 9-16)储存参数为 0.1MPa、-162℃,运行时需要对 LNG 储罐进行增压,以维持其 0.5~0.7MPa 的压力,以保证正常流量。当 LNG 储罐压力低于升压调节阀设定开启压力时,调节阀开启,LNG 进入储罐增压器,汽化为 NG 后通过储罐顶部的气相管进入储罐内,储罐压力上升;当 LNG 储罐压力高于设定压力时,调节阀关闭,储罐增压器停止汽化,随着罐内 LNG 的排出,储罐压力下降。通过调节阀的开启和关闭,从而将 LNG 储罐压力维持在设定压力范围内。LNG 汽化站增压系统由储罐增压器及若干控制阀门组成,系统主要包括空浴式汽化器、自力式增压调节阀、其他低温阀门和仪表等。

图 9-16　LNG 立式储罐

利用储罐自增压系统调整压力范围介于 0.2~0.3MPa，获得 2kgf（1kgf=9.81N）左右的供液压力。工作时打开储罐增压器进液阀及出气阀。管道等设备首次使用 LNG 时，应使用氮气置换管道内空气，再用天然气置换氮气。打开连接阀及储罐出液阀，LNG 通过空浴式汽化器汽化，同时对汽化后的气体进行加热并接近常温。汽化后的天然气再经一级调压阀组调压至 0.09MPa，然后通过工艺管道打入用气设备前的二级调压阀组，经过二级调压后进入用气设备。如发现储罐的压力达到 0.6MPa 时，这时可打开储罐气相阀，同时关闭储罐出液阀，让气相代替液相进入空浴式汽化器供气使用；当储罐压力值下降至正常值 0.2MPa 时，再开储罐出液阀，同时关闭气相阀。在使用储罐气相阀时，应确保储罐压力大于 0.15MPa，保证生产正常用气供应。LNG 汽化站技术人员须严格按操作规程进行 LNG 相关作业，必须熟悉储罐附件如压力表、液位计、温度计、真空计等的性能及工作原理；储罐外筒为外压真空容器，严禁在负压下进行焊接作业；应定期检查储罐外筒体，观察有无结冰结霜现象。如发现结霜时应立即进行倒罐或停止充装作业，关闭相关进、出口紧急切断阀门；定期检查储罐的连接管道、阀门等，观察有无结霜现象；定期检查储罐的压力表、液位计、温度计、真空计是否正常并按期校验；定期检查连接阀、安全阀的密封性能，保证开关动作正常；定期对储罐外壳及连接管路及连接阀等进行除锈防腐处理；定期对储罐真空度进行运行检测。

9.4.3　LNG 汽化工艺

LNG 汽化工艺一般采用空浴式和水浴式加热器相结合的串联工艺，夏季主要使用自然对流换热，冬季可辅助利用水浴式汽化器加热，一般满足管道气源温度 -10℃ 要求。空浴式汽化器（图 9-17）分为自然对流和强制对流换热两种。自然对流汽化器需要定期除霜，定期切换。工程设计中多选用两组汽化器切换使用，在每组空浴式汽化器的入口处均设有手动和气动低温阀门。空浴式汽化器通过手动或自动联锁开关低温阀门进行切换，夏季切换周期一般为 2h/次，冬季切换周期一般为 4h/次。当出口温度低于 -15℃ 时，低温报警自动或者手动切换空浴式汽化器。冬季 NG 出口温度低于 -10℃

时,水浴式加热器低温报警并自动启动水浴式加热器。使用空浴式汽化器和调压系统时,使用前应检查设备的密封性。采用清洁干燥氮气进行密封试验检查,采用1.5级或以上精度的压力表进行测试,试验压力为最高工作压力的1.2倍,保压时间2h。关闭空浴式汽化器出口阀时,应缓慢打开空浴式汽化器的进液阀,待空浴式汽化器内压力与储罐内压力相等时,缓慢打开空浴式汽化器出口阀;打开调压阀,关闭用气阀,打开调压阀进出口阀门;分别逐个调节调压阀至设定压力,一般一级调压阀调至0.09MPa,二级调压阀根据用户要求设定。旋紧调压阀调节螺栓,同时注意阀后压力表指针的变化,当指针接近设定压力时,缓慢调节直至压力稳定在设定压力值位置;打开用气点阀门,点火用气,观察用气使用情况,并注意调节调压阀,以满足用气点使用压力,稳定后锁紧调压阀调节螺栓,旋上保护罩;在用户使用最大用气量时,观察汽化器结霜情况。当出现结霜时,说明汽化能力不够,应采取加喷淋水、加强通风、增加汽化器面积等措施避免结霜。

图 9-17 空浴式汽化器

9.4.4 BOG回收工艺

由于LNG在输运及储存过程中始终处于饱和状态,环境热源不断加热后,LNG一直不停蒸发,蒸发后的气体即为BOG,此外,压力突然降低后,会造成LNG过热,此时也会产生BOG气体。BOG主要来源于LNG槽车回气和储罐每天0.3%的蒸发过程。现在常用的LNG槽车容积为$40m^3$,回收BOG的时间按照30min计算,卸完LNG的槽车内气相压力约为0.55MPa,根据末端天然气压力的不同,回收BOG后槽车内的压力也不同,一般可以按照0.2MPa计算。回收槽车回气需要BOG加热器流量为$280m^3/h$,加LNG储罐的自然蒸发量,则可计算出BOG加热器流量。LNG饱和液化在0.1MPa时的储存温度为-162℃,即BOG饱和蒸气温度也为-162℃,为保证设备的安全,要将BOG加热到15℃左右。回收的BOG经调压、计量、加臭后可以直接打入管网。常温放散LNG直接经阻火器后排入放散塔。阻火器内装耐高温陶瓷环,安装在放空总管路上。为了保证运行阶段储罐的安全以及卸车时工艺的顺利进行,储罐气相管装有降压调节阀及手动BOG排气阀。降压调节阀可根据设定压力自动排出BOG。根据增压工艺中升压调节阀的设定压力以及储罐的设计压力,该降压调节阀的压力可设定为高于升压调节阀设定压力,且低于储罐设计压力。手动 BOG 排气阀用于对接收 LNG 的储罐进行减压操作,适用于卸车前对储罐进行减压的情况。

9.4.5 LNG 泄放工艺

LNG 汽化后生成的天然气为易燃易爆物质,在温度低于-107℃左右时,天然气密度大于空气,一旦泄漏将在地面聚集,不易挥发;而常温时,天然气密度远小于空气密度,易扩散。根据其特性,按照规范要求必须进行安全排放。EAG 临界温度一般为-107℃。为防止 EAG 在放散时聚集,需要设置 EAG 加热器,对放空的低温 NG 进行集中加热后,经阻火器后通过 10m 高的放散塔高点排放。常温放散 NG 直接经阻火器后排入放散塔。阻火器内装耐高温陶瓷环,安装在放空总管路上。当发生严重泄漏等问题时,应采取紧急停产及相应放散措施,保护现场,并采取必要的紧急抢险处置措施,防止事故的蔓延和扩大。

9.4.6 LNG 加臭工艺

天然气在打入管网时需要进行加臭处理,即主汽化器出口天然气进入调压段,调压为 0.3MPa,进入计量段,计量完成后即可加臭处理,并打入输配管网。调压段采用 2+1 结构,主调压为双路设置,进口压力 0.4~0.8MPa,出口压力 0.2~0.4MPa;BOG 路调压为单路设置,进口压力 0.4~0.8MPa,出口压力 0.2~0.4MPa。计量段采用 1+1 结构,设置气体涡轮流量计 1 台,计量精度 1.0 级,量程比大于 1:16。流量计表头采用机械字轮显示,以免丢失计量数据。流量计配备体积修正仪,自动将工况流量转换成标准流量,并自动进行温度、压力和压缩系数的修正补偿。加臭设备一般为撬装一体设备,可根据流量计传来的流量信号按比例进行加臭,也可按固定剂量进行加臭,臭剂为四氢噻吩。加臭系统具有运行状态显示、定时报表打印等功能,同时可设定运行参数。

9.5 LNG 汽化站发展前景

LNG 汽化站用途特殊,是合理有效利用 LNG 的主要设施之一,尤其是调峰功能,可有效弥补用气高峰时城镇管网供给不足、压力不够的问题。所以,随着城市燃气管网的快速建设及 LNG 汽车的大量使用,LNG 汽化站的数量将会不断增长,作用将会越来越大。LNG 汽化站是城镇将 LNG 从工厂转往用户的中间环节,不但能够迅速满足用气市场需求,且具有建设速度快等优势。近年来在我国东南沿海众多经济发达、能源紧缺的中小城市已经快速建成一批 LNG 汽化站,作为永久供气及补气设施。未来,随着东南沿海大型接收站及 LNG 气源管网的迅速建设,LNG 汽化站将起到越来越重要的"中转补气"作用。同时,LNG 汽化站是利国利民的民生工程,大力发展 LNG 汽化天然气对提高人们生活质量、改善大气环境污染有着重要意义。

9.6　本章小结

本章主要介绍了 LNG 汽化站的功能及作用，主要涉及汽化站设计、汽化站气源、汽化站工艺流程等几个主要方面。对汽化站设计标准、选址布置、存储过程、汽化过程、汽化站内主要设备及工作原理，以及卸车工艺、增压工艺、汽化工艺、回收工艺、泄放工艺、加臭工艺等进行了简单的描述。并对比介绍了以 CNG、LPG、LNG 作为气源时的供气方式及其流程和优缺点等。随着我国对 LNG 需求量的不断扩大，LNG 汽化站的数量会越来越多，其汽化天然气并作为中转站的作用也会越来越突出。

参 考 文 献

[1] 安隽博. 2022 中国 LNG 核心用户（气化站）分布图，项目数据库 [Z].
[2] 王刚. 浅谈 LNG 气化站的发展及安全运营 [J]. 海峡科技与产业，2020 (5)：55-57.
[3] 刘锡麟. CNG 加气站的系统配置 [J]. 城市煤气，2001 (4)：5-9.
[4] 张铁，谢存禧. LPG/柴油双燃料发动机中 LPG 供气系统的研制 [J]. 天然气工业，2001 (6)：80-83，119.
[5] 杨伟波. 几种 LNG 供气形式在城镇中的应用 [J]. 能源技术，2006 (6)：261-263.
[6] 梅鹏程，邓春锋，邓欣. LNG 气化器的分类及选型设计 [J]. 化学工程与装备，2016 (5)：65-70.

第10章

液化天然气接收站

液化天然气（LNG）接收站（图10-1）属大型LNG中转站，一般都拥有百万吨级及千万吨级接收能力，是接收远洋LNG资源的重要枢纽，其建设情况将直接影响LNG的接收供应及战略储备能力。世界各地LNG接收站数量也随着LNG的规模应用呈现上涨趋势，并且目前有一大批LNG接收站正在规划建设中，尤其以东亚为代表的LNG区域应用需求能力不断大幅增加，全球LNG生产及接收能力也持续增大。LNG作为清洁能源越来越受到世界各国的青睐，目前主要进口国有40多个，其中，日本、韩国等很多东亚国家都将LNG列为首要能源之一，在能源供应链中的比例也逐步增大，正以每年约12%的速度高速增长。LNG已成为全球增长速度最快的能源之一。LNG的生产和贸易日趋活跃，正在成为继石油、天然气之后的重要战略能源之一。为保证能源供应多元化和改善能源消费结构，一些能源消费大国越来越重视LNG的引进，其中，以中国为代表的东亚国家对LNG的需求增长最快，目前在东南沿海规划兴建LNG接收站40多个，接收能力接近1×10^8 t，相当于国际LNG产能的1/4。很多LNG生产国如美国、澳大利亚、卡塔尔、俄罗斯等国也纷纷将其新的利润增长点转向LNG，大力建设LNG液化工厂，使LNG成为继石油、天然气之后全球能源争夺的重要焦点之一。

图10-1 大型LNG接收站终端

10.1 LNG接收站基本概况

LNG接收站主要分布于日本、美国、中国、西欧各国及东南亚国家等，其中中国、日本、韩国等东亚地区是LNG进口量最大的区域。美国是世界上最早开发LNG的国家,20世纪70年代,美国开始建设LNG接收站。美国LNG接收站主要由私人公司或上市公司投资建设,投资LNG接收站的主要是石油公司和煤气公司,其施工单位主要为本国的公司,采用总承包交钥匙工程建设的方式。日本在2022年之前是全球进口LNG最早最多的国家(2022年后被中国超越),日本最大燃气公司东京燃气主要运营的LNG接收站为根岸、袖浦、扇岛3大接收站,其中根岸为日本最早的LNG接收站,袖浦为日本最大的LNG接收站,扇岛则是全地下罐的LNG接收站。其中袖浦LNG接收站(Sodegaura LNG Terminal)拥有者和操作者均为东京电力(Tokyo Electric)和东京燃气(Tokyo Gas),1973年建成,拥有35个LNG储罐,可储存$2.66\times10^6 m^3$ LNG,有39个汽化器,每年可以汽化输送$404\times10^8 m^3$天然气。

10.1.1 LNG接收站基本功能

LNG接收站既是远洋运输LNG的终端接收单元,又是陆上天然气供应的主要来源,处于LNG物流中的关键环节。从LNG液化工厂通过远洋运输至LNG接收站,再经过LNG陆路槽车中转至卫星站,然后储存、汽化后打入城镇管网,供燃气用户使用。大型LNG接收站大多选择建在沿海地区,且具有能够停靠大型LNG远洋运输船的码头,再通过码头将LNG中转至接收站。所以,接收站需要有大型LNG船舶停靠的码头、卸货管道及鹤臂等,并具有大型LNG接收储罐等系统和储存设施。同时,建立完善的天然气供应体系,具有适应区域供气系统要求的LNG中转及汽化能力。接收站建设规模一般都在$100\times10^4 t$级以上,平均达到$500\times10^4 t$级别,且必须满足区域供气系统的总体要求。长输管道天然气主要解决城镇用户的正常天然气使用,而LNG主要用于用气高峰调峰和季节调峰,可以发挥其灵活调节压力的优点,起到关键调节作用。为此,LNG接收站在汽化配额的基础上应考虑区域供气调峰配额。此外,建设LNG能源战略储备是安全供气的重要措施,发达国家为保证能源供应安全均建设了大型能源储备系统。我国自2006年建设第一个大型LNG接收站至今,已由国家三大石油公司在中国沿海布局,建设了近1.16×10^9接收能力的大型接收站。随着煤改气政策的不断实施,城镇燃气用气规模也在不断增长,LNG储备量也应持续增加,以确保天然气气源战略储备能力,并在关键时刻,持续战备供应1个月以上。LNG战略储备及调节功能的实施,可有效利用国际资源,缓解石油进口压力及价格波动影响,实现战略资源供应及来源的多样化。

10.1.2 LNG全球贸易概况

2016年全球LNG贸易量达到$2.63\times10^8 t$,亚洲的日本、韩国、中国和印度等进口$1.92\times10^8 t$,占全球总贸易量的72.7%。主要出口国有18个,其中出口亚洲最多的是卡塔尔,占亚洲LNG市场的27.5%,其次是澳大利亚,占据22.8%。2022年全球有124个LNG接收站,其中亚洲有67个,占全球总量的54%。2022年中国已建成24座LNG接收站。IGU(国际燃气联盟)发布的《2020全球液化天然气报告》的统计数据显示,截至 2019 年末,全球共有 129 座已投运的 LNG 接收站,其中,陆上 LNG 接收站共 104 座,浮式 LNG 接收站共 25 座。按区域分布来看,全球已投运 LNG 接收站主要分布在亚洲,共有 86 座,日本和中国的数量最多。在运营能力方面,2019 年末,全球已投运的 LNG 接收站的年接收能力已达 8.16×10^8 t。亚洲投运 80 座,其中,日本 37 座,中国 23 座,韩国 6 座,印度 4 座,印度尼西亚 3 座,巴基斯坦 2 座,马来西亚 2 座,泰国、新加坡、孟加拉国各 1 座;欧洲投运 22 座,其中,西班牙 6 座,法国 4 座,英国 3 座,土耳其 3 座,荷兰、比利时、葡萄牙、波兰、希腊、立陶宛各 1 座;北美投运 14 座,其中,美国 10 座,墨西哥 3 座,加拿大 1 座;南美投运 11 座,其中,巴西 3 座,阿根廷 2 座,智利 2 座,牙买加、波多黎各、巴拿马、哥伦比亚各 1 座;中东和非洲投运 4 座,科威特、埃及、以色列、约旦各有 1 座。全球 LNG 出口设施集中在天然气资源较为丰富的地区,如美国、俄罗斯、中东、澳大利亚、中南亚、南美、挪威等地。

10.2 LNG 接收站主要装备

LNG 接收站是由众多 LNG 相关设备组成的一个有机整体,通过相互协作,将海上运输来的 LNG 存储于大型 LNG 储罐,在需要时外输至用户(图 10-2)。主要设备包括大型 LNG 储罐、LNG 码头、LNG 卸料臂、LNG 输送泵、LNG 汽化器、BOG 压缩机、海水泵、火炬塔、拖轮等。

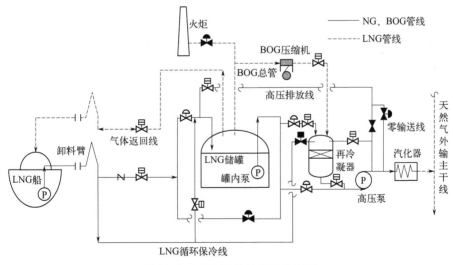

图 10-2 LNG 接收站主工艺流程

P—泵

10.2.1 LNG 运输船

LNG 运输船主要运输 -162℃ LNG 低温液体。LNG 运输船的大小及尺寸通常受到航道尺寸、港口码头和接收站条件等的限制。运输船的低温储罐原来是以 5~6 个大型真空圆球形储罐排列为主构成,近年来,使用大型 Invar 薄膜板方舱型船体运输 LNG,

且运输体量明显增大,最大容积已达到 $17.4×10^4 m^3$,整体尺寸已接近大型航母。在设计过程中,需要考虑低温介质属性及易燃易爆物等特性。LNG 运输船的设计寿命一般为 40～50 年,建造技术成熟,以远距离、大运量、低成本设计建造为主旨。薄膜型、Moss 型是现代 LNG 船舶的基本形式,尤其是 35Ni Invar 薄膜型的技术日趋成熟,安全可靠性和营运操作性与 Moss 型无明显差别,但船价相对较低,已成为主流船型。薄膜型船舶建造技术日益成熟,在价格及运量上比球罐型船舶更具有竞争力。LNG 运输船主要设计依据包括航线、运量、距离、码头、航道等多个条件,最终以经济性、可靠性、大型化、低成本等为主要目标。

10.2.2 LNG 拖轮

LNG 拖轮是指用来拖动 LNG 运输船的船舶,其结构牢固、稳定性好、船身小、主机功率大、牵引力大、操纵性能良好,本身没有装卸能力,主要拖带靠近码头的载运 LNG 的运输船。LNG 拖轮是为 LNG 运输船停靠码头、离泊码头、引导助航提供动力辅助和安全保证的工作船舶,是 LNG 码头装卸生产必不可少的作业船舶。LNG 拖轮较小,没有装载船舱,动力装置功率强大,利用拖带运输方式工作。按照 LNG 接收站建设位置的不同,可分为远洋拖轮、沿海拖轮、港湾拖轮和内河拖轮。不同的拖轮特点不同,远洋拖轮、沿海拖轮在海上航行,船首翘得高,构造坚固,以防海上波浪冲击;港湾拖轮在港湾内使用,船身短,操纵灵活;内河拖轮在江河中航行,吃水浅。按照用途可分为一般拖轮和消拖两用拖轮,消拖两用拖轮是具备消防功能的拖轮,用于大吨位船舶的靠离作业和近海拖带,并为水上消防安全提供保障。

10.2.3 LNG 卸料臂

LNG 卸料臂(图 10-3)主要安装于 LNG 码头,是 LNG 码头区别于其他码头的主要标志性设备,也是将 LNG 从运输船通过真空管线输送到低温储罐的机械传动臂,根据其外形又名 LNG 鹤管。由于主要装卸低温 LNG,所以 LNG 卸料臂不同于其他液体装卸臂。LNG 卸料臂具有耐低温输送-162℃ LNG 而不冻裂及泄漏的能力,同时具有低温绝热及防冻抗结霜能力。LNG 卸料臂通常包括输送管道及旋转支撑结构等,其附件主要包括旋转接头、快速连接器、紧急脱离装置,而紧急脱离系统包括紧急脱离接头、手动脱离装置、液压装置等。当 LNG 运输船抵达码头后,通过液相卸料臂和卸料管线,借助 LNG 船上卸料泵将 LNG 输送至 LNG 接收站的储罐内。LNG 卸料臂分为全平衡型(FBMA)、旋转平衡型(RCMA)、双平衡型(DCMA)等几种类型(图 10-4),选择使用时应考虑装卸速度及装卸量的大小,并根据栈桥长度、管线距离、储罐高度、低温泵扬程、紧急脱离装置(PERC)等,确定压力等级、输配管径等。BOG 气体回流臂则应根据 BOG 回流量等确定。LNG 装卸臂通过快速接头分别连接 LNG 运输船和 LNG 储罐管道并实现 LNG 传输功能,且安装多个具有低温密封功能的旋转结构,用于解决输送过程中的漂浮不稳定问题。其中,卸料臂操作参数如表 10-1 所示。

图 10-3 典型 LNG 卸料臂

图 10-4 工作中的 LNG 卸料臂

表 10-1 卸料臂的操作参数

项目	LNG	BOG
密度/(kg/m³)	435~470	1.7
黏度/cP①	0.120~0.156	0.006
设计温度/℃	−170~+65	−170~+65
操作温度/℃	−160	−129
设计压力/MPa	1.75	1.75
操作压力/MPa	0.55	0.0153
最大流速/(m³/h)	4667	11130

① $1cP = 10^{-3} Pa \cdot s$。

国内从事大型 LNG 卸料臂制造的企业主要有"中船 716 所"、连云港"远洋流体"和江苏"长隆石化"三家单位。中船 716 所于 2022 年 1 月研制的 LNG 卸料臂（图 10-5、图 10-6）在国内首座"双泊位"LNG 码头——天津 LNG 接收站正式投用，实现了该装备在国内实船应用零的突破。远洋流体于 2006 年开始研制 LNG 槽车装车臂（图 10-7），2011 年开始研制泵船 LNG 加注设备，拥有旋转接头试验台、超低温深冷处理装置、脱缆钩拉力试验机等装置，并于 2022 年 7 月成功制造 16 寸（1 寸=0.0333m）LNG 卸料臂，并投运于嘉兴 LNG 储运站项目，实现了该装备的国产化应用。长隆石化于 2022 年 9 月制造出 16 寸大口径 LNG 卸料臂（图 10-8），关键部件指标均符合国际最新标准规范要求，并在中国海油盐城绿能港进行了首次工程化应用。LNG 卸料臂主要结构参数见表 10-2、表 10-3。

表 10-2 16 寸 LNG 装卸臂的主要结构参数

卸料臂管径/寸	16	卸料臂法兰接口/寸	16
升降立柱/m	21.2	内臂长度/m	9.5
外臂长度/m	11	设计风速/(m/s)	≤50
操作风速/(m/s)	≤22		

表 10-3　16 寸 LNG 装卸臂的主要结构参数

公称直径	DN100、DN150、DN200、DN250、DN300、DN350、DN400、DN500
公称压力/MPa	PN1.6、PN2.5、PN4.0、PN6.3
工作温度/℃	−196～250
阀体材质	304 不锈钢、316 不锈钢等
适用介质	液化气、原油、轻质油、丙烯等

图 10-5　中船 716 所生产的 LNG 卸料臂

图 10-6　中船 716 所生产的 LNG 转轮机构

图 10-7　远洋流体 16 寸大型 LNG
卸料臂样机

图 10-8　长隆石化 16 寸大型 LNG
卸料臂工程应用

LNG 卸料臂上连接紧急脱离装置（图 10-9），主要用于危险时刻 LNG 加注机械紧急停止并与连接的 LNG 船进行脱离，以免造成爆炸危险。当达到脱离条件时，控制系统自动或手动触发脱离信号，控制电磁阀实现液压装置驱动前后工艺阀门切断，打开连接机构，货轮与装卸臂快速分离。低温紧急脱离装置采用双油缸驱动结构，一只液压缸关闭低温球阀，另一只打开紧急脱离装置（图 10-10）。通断机构采用齿轮连接结构，并在紧急脱离时可关闭开关阀。《港口作业安全要求　第 2 部分：石油化工库区》（GB 16994.2—2021）、《液体装卸臂工程技术要求》（HG/T 21608—2012）、《港口装卸用输油臂》（SY/T 5298—2002）等标准规范中明确规定，输送原油、轻油、液化烃、可燃液体、腐蚀性液体介质、有毒液体介质或低温液体介质的液体装卸臂，应配备液压操纵的紧急脱离系统，以便输油臂与船舶紧急脱离，以备异常情况时船舶尽快逃离码头。

图 10-9　LNG 卸料臂旋转接头

图 10-10　LNG 卸料臂紧急释放系统

LNG 系统所使用的紧急脱离装置（图 10-11）一般采用独立的液压驱动装置，以确保安全独立控制且不受其他危险因素影响，必要时可准确按时打开控制阀门及脱离。尤其在管道 LNG 发生泄漏及控制失效的情况下，紧急脱离装置依然可以通过液压系统驱动机械装置控制。

图 10-11　紧急脱离装置结构

LNG 卸料臂主要由立管、内臂、外臂、旋转接头、船/臂连接装置等组成（图 10-12、图 10-13）。具体包括卸料臂基础立柱部分、卸料臂立管部分、卸料臂内臂、旋转接头、卸料臂外臂、脱离装置、船/臂连接装置等。

图 10-12　快速连接接头

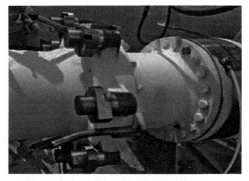

图 10-13　低温性能测试

LNG 卸料臂的安装包括卸料臂的仓库组装、陆上转运、工作船码头组装、海上运输、设备吊装以及安装等（图10-14）。安装前需要准备好施工设备和工具（表10-4）。

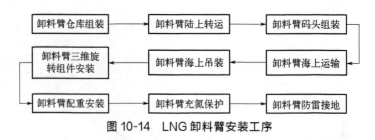

图 10-14　LNG 卸料臂安装工序

表 10-4　卸料臂安装使用的主要施工设备与机具

设备与机具	规格型号	数量	备注
浮吊	300t	1台	海上吊装
自带50t吊车平板驳	600t	1艘	海上吊装、运输
汽车吊	50t	1台	海上吊装
特种伸缩板车	100t	2台	陆运
汽车吊	25t	2台	陆上装车
红绿旗	—	4面	吊装
吊带	1t、3t、5t、10t	各4条	吊装
卸扣	2t、5t、10t、15t	各4个	吊装
卡环	50t	2副	吊装
常用钳工工具	—	2套	安装
液压扳手	—	2套	安装
倒链	1t、2t、3t、5t、10t	各2副	安装
拖拉绳	$\phi 15$	300m	拉运
撬棍	$\phi 20 \times 1500$	2根	安装
风速仪	—	1部	安装
交通艇	—	1艘	海上交通
救生艇	—	1艘	海上救援
发电机	100kW	1台	安装

10.2.4　LNG 储罐

大型 LNG 储罐是 LNG 接收站内的主要存储单元，也是 LNG 接收站内投资额度最大的主设备，一般从几万立方米至十几万立方米大小，最小投资额度也在亿元以上，如 6×10^6 t 左右的接收站，按10个大型储罐设计，总投资也接近百亿元左右。大型 LNG 储罐主要有单包容罐、双包容罐、全包容罐和薄膜罐等形式。包容罐一般按双层设计，内罐选用 9Ni 钢，外罐选用全混凝土包顶，中间填充绝热材料等。其中，低温 LNG 储罐按结构形式等分类如表10-5所示。

表 10-5 低温 LNG 储罐按结构形式等分类

项目	球罐	单包容罐	双包容罐	全包容罐
安全性	中	中	中	高
占地	少	多	中	少
结构完整性	高	低	中	高
操作费用	中	中	中	低

(1) LNG 储罐分类及特征

LNG 储罐（图 10-15）按设置方式主要有地上储罐、地下储罐、半地下储罐、坑内储罐等。其中，地下储罐主要指埋地罐，即大型 LNG 储罐主体部分埋在土壤中，只露出顶盖部分。埋地罐比地上储罐具有更好的抗震性和安全性，不占用空间，不易被空间飞行物撞击。LNG 储罐按容量可分为小型（5～50m³）、中型（50～100m³）、大型（10000～40000m³）及特大型（40000～200000m³）储罐。小型储罐常用于 LNG 汽车加注点及燃气液化站等；中型储罐多用于工业燃气液化站；大型储罐适用于 LNG 液化厂；特大型储罐主要用于大型 LNG 接收站等。LNG 储罐按形状可分为球形罐（1000～5000m³）及圆柱罐（20～200m³）。球形罐主要用于燃气门站等，圆柱罐主要用于 LNG 卫星站等。LNG 储罐为双层结构，一般设计日蒸发率低于 0.2%，内壳储存 LNG，主要采用 9Ni 钢制造；外壳主要起绝热支撑作用，一般采用低碳钢制造，大型外罐壁为预应力钢筋混凝土结构。内壳与外壳之间填充珠光砂并抽高真空。因此，API、BS 等规

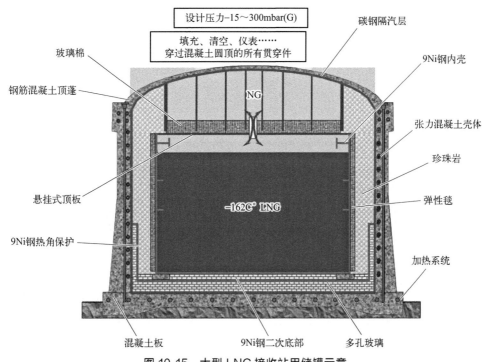

图 10-15 大型 LNG 接收站用储罐示意

1mbar=100Pa

范都要求在第一层罐体泄漏时,第二层罐体可对泄漏液体与蒸发气体实现完全封拦,确保储存安全。为确保 LNG 储罐的抗震性能,建造场地须避开地震断裂带,在施工前须做抗震试验,确保地震强度下罐体结构安全可靠。LNG 储罐焊缝必须进行 100% 磁粉探伤及气密检测。为防止混凝土出现裂纹,均采用后张拉预应力施工,对罐壁垂直度控制十分严格。混凝土外罐顶应具备较高的抗压、抗拉能力;由于罐底混凝土较厚,浇注时要控制水化温度,防止因温度应力产生的开裂。

(2) LNG 储罐发展及建设

世界上第一座大型 LNG 储罐(图 10-16)建于 1939 年的美国弗吉尼亚,主要用于存储液化量为 $1000m^3/d$ 的液化天然气工厂生产的 LNG。1940 年,美国建成 17.37m 的 LNG 球形储罐,主要存储克利夫兰 $1.13\times10^5 m^3/d$ LNG 工厂生产的 LNG。1958 年美国芝加哥建成 $5550m^3$ LNG 储罐。20 世纪 60 年代主要流行 $3\times10^4 m^3$ 以下柱形 LNG 储罐(图 10-17、图 10-18),70 年代后主要流行 $10\times10^4 m^3$ 以下柱形 LNG 储罐,80 年代后主要流行 $20\times10^4 m^3$ 以下柱形 LNG 储罐(图 10-19)。相应 LNG 船的容积也越来越大,目前最大容积已达到 $26.6\times10^4 m^3$。

图 10-16 大型 LNG 低温储罐

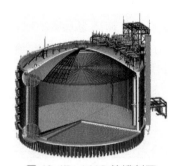

图 10-17 LNG 储罐剖面

图 10-18 美国维吉公司的 LNG 储罐完成升顶

图 10-19 中国首座最大的 $20\times10^4 m^3$ LNG 储罐

自 2006 年广州大鹏 LNG 接收站(图 10-20)投产以来,目前国内大型 LNG 接收站的数量已经达到 30 多个,2024 上半年 LNG 的累计进口量已超过 $3799.7\times10^4 t$,已建成接收站接收能力约 $16304\times10^4 t/a$,折合气态为 $2839\times10^8 m^3/a$,总罐容为 $1056\times$

$10^4 \mathrm{m}^3$。预计到 2025 年实现 LNG 接收能力 $2.01 \times 10^8 \mathrm{t/a}$,折合天然气约为 $2813 \times 10^8 \mathrm{m}^3/\mathrm{a}$。预计到 2030 年总接收能力将达到 $2.353 \times 10^8 \mathrm{t/a}$,折合天然气约为 $3294 \times 10^8 \mathrm{m}^3/\mathrm{a}$,预测到 2030 年接收站数量将达到 47 座。2022 年 9 月,中国海油江苏滨海 LNG 接收站一期扩建工程 $27 \times 10^4 \mathrm{m}^3$ 超大型低温储罐工程升顶,其混凝土罐壁内直径 94.2m,拱顶结构跨度 93.84m,高 15.839m,面积约 1 个标准足球场,该项目也是目前国内在建的最大 LNG 储罐项目。

图 10-20　中国首个 LNG 接收站进口项目——中国海油广东大鹏 LNG 接收站

国内早期储罐主要由国外公司总承包,如由法国/意大利 STTS 集团承建的广东深圳两台 $16 \times 10^4 \mathrm{m}^3$ 的 LNG 储罐,由美国 CBI 公司承建的福建湄州两台 $16 \times 10^4 \mathrm{m}^3$ 的 LNG 储罐,由法国索菲公司承建的上海浦东容量为 $10 \times 10^4 \mathrm{m}^3$ 的预应力钢筋混凝土 LNG 储罐等。近年来,国内公司逐渐掌握了大型 LNG 储罐的建造技术,并开始逐步推进国产化进程,大多基础建设内容,包括混凝土浇筑、内外壳体、绝热保温层等均可由国内公司承建,先进的控制系统、测量系统及机电泵阀等仍然依赖进口。

(3) LNG 储罐设计建造规范与标准

主要参考标准及规范来自美国、法国、日本等发达国家,包括美国标准《大型焊接低压储罐　设计与建造》(API STD 620)、《LNG 生产、储存和装运标准》(NFPA 59A)、《钢质焊接石油储罐》(API STD 650)、《LNG 储罐结构设计要点》(ACI 376M)、《低温液化气存储系统》(API 625—2010);英国标准《低温用平底、立式、圆柱形储罐　罐储的设计、制造、安装和操作一般规定指南》(BS 7777-1)、《低温设备用平底、立式、圆柱形储罐　储存最低温度达 −165℃ 液化气体的单层、双层和全密封金属罐的设计和制造规范》(BS 7777-2)、《低温用平底、立式、圆柱形储罐　预应力钢筋混凝土罐基础的设计和制造及罐内衬和罐涂层的设计和安装推荐方法》(BS 7777-3)、《低温用平底、立式、圆柱形储罐　储存液态氧、液态氮和液态氩的单层密封罐的设计和制造规范》(BS 7777-4),以及欧洲《现场组装立式圆筒平底钢质液化天然气储罐(工作温度为 −165～0℃)的设计与建造　第 1 部分:总则》(BS EN 14620-1)、《现场组装立式圆筒平底钢质液化天然气储罐(工作温度为 −165～0℃)的设计与建造　第 2 部分:金属构件》(BS EN 14620-2)、《现场组装立式圆筒平底钢质液化天然气储罐(工作温度为

—165~0℃）的设计与建造　第3部分：混凝土构件》（BS EN 14620-3）、《现场组装立式圆筒平底钢质液化天然气储罐（工作温度为—165~0℃）的设计与建造　第4部分：隔热构件》（BS EN 14620-4）、《现场组装立式圆筒平底钢质液化天然气储罐（工作温度为—165~0℃）的设计与建造　第5部分：实验、干燥、吹扫和冷却》（BS EN 14620-5），日本燃气协会（JGA）《地下储罐指南》（JGA指-107-02LNG）、《地上储罐指南》（JGA指-10802LNG）、《LNG接收站设备指南》（JGA指-102-03）、《LNG小型接收站设备指南》（JGA指-105-03）等。

国内在大型LNG接收站储罐建设方面主要参考国外相关技术标准，在项目对外总承包到项目的逐步推进国产化建设过程中，前期基本采用国外成熟的技术及标准。国内主要参考标准包括中国海油气电集团牵头编制的《现场组装立式圆筒平底钢质低温液化气储罐的设计与建造》（GB/T 26978—2021）、中国寰球工程公司牵头编制的《液化天然气接收站工程设计规范》（GB 51156—2015），以及《液化天然气（LNG）生产、储存和装运》（GB/T 20368）（借鉴美国NFPA 59A）、《大型焊接低压储罐的设计与建造》（SY/T 0608）（借鉴美国API STD 620）、《液化天然气接收站安全技术规程》（SY/T 6711）、《固定式真空绝热深冷压力容器　第1部分：总则》（GB/T 18442.1—2019）、《固定式真空粉末绝热低温液体贮槽》（JB/T 9072）、《立式圆筒形低温储罐施工技术规程》（SH/T 3537）等。

（4）LNG储罐材料及保温

LNG储罐内壳由耐低温、具有较好力学性能的钢板焊接而成，一般选用9Ni钢材料，A5372级、A516 Gr60、Gr18Ni9Ti、ASME的304等特种含镍的不锈钢材料。绝热保冷主要包括罐壁保冷、罐顶保冷、罐底保冷、输运管线保冷等主要部分。外罐衬板内侧可喷涂聚氨酯泡沫，一般要求聚氨酯泡沫热导率$K \leqslant 0.03\text{W}/(\text{m}\cdot\text{K})$，密度$40\sim60\text{kg}/\text{m}^3$，厚度150mm左右。罐顶可采用悬吊式玻璃棉保冷层，如某罐罐顶设置了玻璃纤维保冷层，每层厚100mm，玻璃纤维棉的密度为$16\text{kg}/\text{m}^3$、热导率为$0.04\text{W}/(\text{m}\cdot\text{K})$。罐底除了钢板下喷涂聚氨酯泡沫外，还要设计防水结构及加热结构，包括65mm厚的垫层，60mm厚的密实混凝土，2mm厚的防水油毡，2层各100mm厚的发泡玻璃，最后用70mm厚的混凝土覆盖，以保护外罐混凝土不受过低温度的影响。

由于LNG储罐需要在—162℃低温条件下运行，LNG具有易燃易爆特性等，所以LNG储罐在选择建造材料时，重点需要考虑材料的耐低温特性，包括强度、韧性等，避免储罐出现低温脆裂等。其次需要考虑材料的绝热保冷性能，选择热导率小、化学性能稳定的低温绝热材料。此外，低温保冷材料需要透湿系数低、热膨胀系数小、阻燃性好、价格低廉、经济实用等。大型LNG储罐主体结构主要包括内罐、外罐、顶棚等，内罐材料可06Ni9DR等9Ni低合金钢材料，可采用德国ENiCrMo-6焊条焊接，外壁可选用16MnDR材料，吊顶多采用铝合金5052-0材料，内部接管采用304不锈钢，法兰由对应的不锈钢材料制成，外部管道多采用石油天然气管线管X52制作。低温LNG储罐材料如表10-6所示。

表 10-6 低温 LNG 储罐材料对照

序号	材料名称	使用部位	材质	单价/元
1	钢板	内罐	06Ni9DR(9Ni 钢)	34000～35000
2	钢板	外罐	16MnDR	4200～4500
3	铝合金	吊顶	5052-0	40000
4	绝热层	保温层	玻璃棉、玄武岩	2000
5	管线管	管道	X52	5600～6200
6	钢管	管道	304 不锈钢	23000～38000
7	法兰	管接口	304 不锈钢	40000～45000
8	焊条	内外壳体	ENiCrMo-6	220～320

常用低温钢的温度等级和化学成分如表 10-7 所列,组织状态均为淬火+回火。常用低温钢的力学性能列于表 10-8。低温用铝合金材料的化学成分及力学性能分别列于表 10-9 和表 10-10。

表 10-7 常用低温钢的温度等级和化学成分　　单位:%（质量分数）

名称	温度等级/℃	C	Mn	Si	V	Nb	Ni
5%Ni	－170～－120	≤0.12	≤0.80	0.10～0.30	0.02～0.05	0.15～0.50	4.75～5.25
9%Ni	－196	≤0.10	≤0.80	0.10～0.30	0.02～0.05	0.15～0.50	8.0～10.0

表 10-8 常用低温钢的力学性能

名称	板厚/mm	温度等级/℃	屈服强度 σ_s/MPa	抗拉强度 σ_b/MPa	材料延伸率 δ/%	断面收缩率 Ψ/%	带 V 形缺口的冲击吸收功 A_{kv}/J
5%Ni	≤30	20	372	613	20	—	—
		－170	706	804	16	24	≥39(4.0)或≥27(2.8)
9%Ni	≤30	20	706	711	19	—	—
		－196	490	999	14	30	≥39(4.0)或≥27(2.8)

表 10-9 低温用铝合金材料的化学成分　　单位:%（质量分数）

型号	Al	Mn	Mg	Cr	切削性能	焊接性能
AA5052	97.2	—	2.5	0.25	一般/好	好
AA5083	94.7	0.7	4.4	0.15	一般	一般
AA5086	95.4	0.4	4.0	0.15	一般/好	一般

表 10-10 铝合金的力学性能

型号	合金状态	σ_s/MPa	σ_b/MPa	δ/%
AA5083	退火	290	145	22
	加工硬化	305～345	195～285	9～16

续表

型号	合金状态	σ_s/MPa	σ_b/MPa	δ/%
AA5086	退火	260	115	22
	加工硬化	290～325	205～244	12～10

LNG 储罐常用的保温材料主要有聚氨基甲酸酯、聚苯乙烯泡沫塑料、玻璃纤维、软布或珠光材料等。保温材料的选择须视 LNG 内槽为金属薄膜或自立式耐低温钢以及保温材料的铺设位置而定。如果以金属薄膜为内槽，装设在储罐底部及侧部的保温材料除应具有高断热性能外，亦须具有承受液压、气压及施工载重的强度与刚性。如果以自立式耐低温钢材为内槽，此时，储罐底部仍须使用具有承受液压、气压及施工载重的保温材料，对于储罐侧边则可使用较不具抗压强度的保温材料。不论以金属薄膜还是自立式耐低温钢材为内槽，对于罐顶的保温材料，因不需承受液压与气压，所以均可采用不具抗压强度的保温材料。

大型低温 LNG 储罐绝热保温结构分罐顶保温、侧壁保温和罐底保温 3 部分。用于低温储罐的保温绝热材料应满足热导率小、密度小、吸湿率与吸水率小、抗冻性强、耐火性好、有一定强度，且环保、耐用和便于施工等要求。大型低温 LNG 储罐绝热材料大致分为多孔材料、毛细材料和气泡材料 3 类（表 10-11）。

表 10-11 常用三类绝热材料分类

绝热材料分类	绝热材料名称	绝热材料形状
多孔材料	膨胀珍珠岩、珠光砂	粉粒类或颗粒类
毛细材料	玻璃棉、石棉毡、玄武岩、碳毡	毛细丝状材料
气泡材料	聚氨酯泡沫、聚乙烯类、酚醛类	发泡形成整体结构

罐顶多采用外罐拱顶加内罐铝吊顶结构（图 10-21）。储罐侧壁保冷结构如图 10-22 所示。早期大多为单一松散珍珠岩，其缺点是设备降温后，内壁收缩使得罐侧壁的上部及顶部边缘区域缺少珍珠岩，需要二次填充，填充珍珠岩易潮收缩，保湿性能降低。双层低温储罐常在内壳外壁粘贴弹性保温棉毡，以此补偿低温壳体收缩量，减少二次填充。罐底绝热保温材料在满足绝热条件的基础上须具有一定的抗压强度以支撑储罐和介质质量，参见图 10-22。储罐扶梯有直梯和盘梯两种，小型油罐采用直梯，大型储罐采用盘梯。

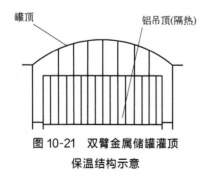

图 10-21 双臂金属储罐灌顶保温结构示意

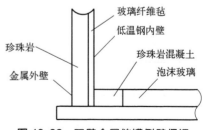

图 10-22 双壁金属储罐侧壁保温和罐底保温结构示意

以某能源公司 $16×10^4 m^3$ LNG 储罐为例，其罐底保冷材料如表 10-12 所示。

表 10-12 LNG 储罐柱桩式基础底部绝热保冷层材料及物性

基础	材料	厚度/mm	热导率 λ /[W/(m·K)]	冷热阻 /[W/(m·K)]	备注
罐底 9Ni 钢	9%Ni 钢层	16.7	15.2	0.0011	
基础承台层	混凝土	900	1.74	0.517	
绝热层	沙层	105	0.269	0.390	
	泡沫玻璃砖	400	0.049	9.184	
	混凝土	100	1.74	0.057	
外罐材料	Q345R 合金钢	20	36	0.00056	
合计	—	—	—	10.149	底部总冷阻与泡沫玻璃砖厚度的关系：$R_0=1.0+\delta_1/0.049$

大型 LNG 储罐的保温性能主要取决于储罐保冷层的设计施工、绝热材料性能等多方面，主要从罐壁及罐底保冷材料的选择及施工工艺等方面考虑如何提高储罐保冷性能。外罐主要由钢筋混凝土构成，罐壁以及罐顶多是采用刚性连接，并将空桩基础结构作为储罐基础，其内外罐环形空间以及悬挂吊顶需要采用绝热材料保冷。罐底绝热材料一般采用具备良好承压能力的泡沫玻璃，上下铺设防潮沥青缓冲层。内罐底部跟罐底保冷层之间填充 C20 混凝土，保冷层下方采用钢筋混凝土作为承压结构。柱桩式基础罐底由自顶向下由 9Ni 钢板、沙层、泡沫玻璃层、混凝土及底部承台组成。大型立式平底储罐基础分为两种。一是底部采用珍珠岩混凝土与绝热层结构组合，基础中间预埋加热管，在储罐基础上预设电加热器或在管中通入热风或热水。落地式 LNG 储罐运行期间，保持电加热装置或热风热水持续工作，以防止土壤受冻鼓起而损坏储罐。二是使用柱桩基础并将 LNG 储罐安装在多个钢筋混凝土支柱上，底部空气流通，不再需要在底部设置加热盘管。

10.2.5 LNG 低压泵

LNG 低压泵（图 10-23）主要用于小型 LNG 增压输送系统，有潜液泵，采用立式离心泵，安装在专用的泵罐内（图 10-24、图 10-25）。通过低压输送泵可将 LNG 从储罐内抽出并送至下游装置。低压输送泵是 LNG 低温输送系统中的重要动力设备，是自增压输送系统的辅助输送系统，具有低温低压输送及防爆等要求。低压输送泵以恒定的转速运行。泵的操作流量由安装在再冷凝器进料管线的流量调节阀、安装在再冷凝器旁路的压力控制阀、LNG 装车/装船的需求决定。在每台泵的出口管线上装有自动切断阀，其作用是调节各运行泵的出口在相同流量下工作和紧急情况时切断输出。为保护低压泵，在每台泵的出口管线上同时安装最小流量调节阀，该最小流量管线也可用于罐内 LNG 的混合以防止出现分层、翻滚等现象。低压输送泵是利用气力压差原理以及现代气力输送两相流的理论，针对短距离流体气力输送工艺系统中大量要求连续输送的方式而开发的专用设备。

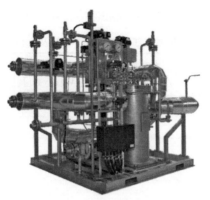

(a) LNG低压输送泵系统　　(b) LNG低压输送泵

图 10-23　LNG 低压输送泵

图 10-24　LNG 低压输送泵及连接卧式储罐　　图 10-25　LNG 低压输送泵及连接汽化器

10.2.6　LNG 高压柱泵

LNG 柱泵（图 10-26）主要应用于 LNG 接收站储罐，安装在储罐的泵井（或称为泵柱）底部。每座 LNG 接收储罐中均设有 3～4 个泵井及柱泵。LNG 柱泵用于将 LNG 升压达到外输管线的流量和压力后输送至外网。LNG 柱泵以恒定转速运行，流量由安装在外网或汽化器的进料管线上的流量调节阀控制。在每台柱泵的出口管线上装有自动切断阀，用于调节各柱泵的出口在相同流量下工作，并在需要时紧急切断。从再冷凝器出来的 LNG 直接进入高压输送泵，LNG 升压达到外输管线的流量和压力后，可进入汽化器中加热汽化，天然气经计量后通过管线送往外输气干线。在高压输出总管上设置泵回流管线接口，回流 LNG 进入再冷凝器。

10.2.7　LNG 再冷凝器

再冷凝器（图 10-27）主要用于处理 BOG 气体，即应用过冷的 LNG 液体与 BOG 充分接触，并液化回收 BOG 气体。冷凝 BOG 所需的过冷 LNG 需要流入再冷凝器并流经再冷凝器填料，在填料表面充分吸收 BOG 气体，即液化 BOG 气体，然后流出再冷凝器。吸收过程中，气流和液流（并流或逆流均可）通过填料表面发生传热及传质过程，从而使气相完全冷凝成液相，再经再冷凝器出口输出，并与旁路 LNG 混合后，至 LNG 输出泵。

(a) LNG储罐泵井　　　　　(b) LNG储罐柱泵　　　　　(c) LNG储罐柱泵安装

图 10-26　大型 LNG 接收站储罐用柱泵

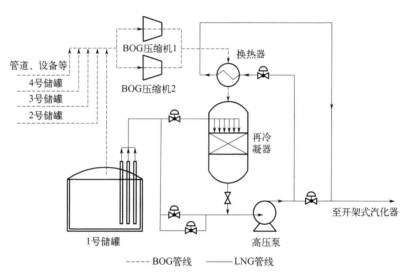

图 10-27　大型 LNG 接收站用再冷凝器

10.2.8　LNG 汽化器

接收站用 LNG 汽化器主要应用于沿海大型 LNG 接收站等。汽化器可将 LNG 经外界传热并汽化成气态天然气，经过调压、加臭、计量后送进输气管网。一般以空气自然对流、海水加热等方式提供热源。具体内容详见 9.2.5.1 LNG 汽化站主要设备（2）LNG 汽化器部分。

10.2.9　BOG 压缩机

BOG 是 LNG 在 −162℃ 储罐内吸收外界热量后汽化而成的低温天然气。随着储罐内挥发气体的增多，储罐内压力不断上升，为维持储罐压力在允许的范围内，一般需要把 BOG 压缩再冷凝成液体或压缩后输出。BOG 压缩机主要有立式迷宫密封活塞式无油润滑往复式压缩机和卧式对置平衡式无油润滑往复式压缩机两种。BOG 压缩机的入口吸入的是-162℃的低温气体,因此压缩机的一级缸体、活塞等必须耐低温,还要防止结冰。无油润滑一般采用迷宫式密封或特制的活塞环来实现。BOG压缩机功率一般按卸船操作时蒸发气的最大量考虑,设置2~3台,可通过逐级调节来实现流量控制。最大操作流量受再冷凝器的能力限制,压缩操作流量根据再冷凝器处理蒸发气的能力来确定。立式迷宫密封活塞式无油润滑往复式压缩机的活塞与活塞杆压盖使用迷宫密封系统,气缸侧无油润滑。卧式对置平衡式无油润滑往复式压缩机为活塞环式,利用特殊材料的活塞环实现密封和无油润滑,压缩机气缸与活塞支撑环和活塞环直接接触,为尽量减少磨损,一般在较低运转速度下运行。

10.2.10 LNG 火炬塔

LNG 火炬塔(图 10-28)主要应用于 LNG 液化厂及大型 LNG 接收站,主要是用来燃烧 LNG 工业生产过程中产生的无法回收或不可回收的可燃性废气。LNG 接收站废气主要成分为 BOG,而 LNG 液化厂废气可能包含少量 H_2S 等有毒、有害、易燃易爆的可燃性气体。通过燃烧可以使这类气体转变为无公害气体,主要以 CO_2 形式排入大气。LNG 火炬作为安全生产保障和环境安全保护装置,主要包括塔架式火炬、自支撑式火炬、拉绳式火炬等几个类型,高度一般在几十米至一百多米,如 2022 年建成的唐山 LNG 接收站火炬重 114t,总高度 92m;漳州 LNG 接收站火炬重约 171t,总高超 100m。

图 10-28 放空火炬塔与储罐

10.2.11 FSRU 浮式平台

浮式 LNG 接收储存及汽化装置 FSRU(floating storageand re-gasification unit)(图 10-29)主要由配套专用码头和管路以及下游用户等紧密相关的单元组合而成,其中 FSRU 是浮式 LNG 接收站的核心部分,具备浮式接收储存和再汽化功能,是集 LNG 接收、存储、转运、再汽化外输等多种功能于一体的特种装备,配备推进系统,兼具或部分兼具 LNG 运输船功能(图 10-30)。浮式 LNG 接收站适用于气价承受力强、需要气源紧迫的特定海域市场,可为岸上管网持续离岸供气。浮式 LNG 接收站主要有船舶式和重力结构式两类。船舶式是指以 LNG 船舶为基础,在原有储罐设施的基础上增加汽化装置,从而实现 LNG 的接收和汽化功能。船舶式通常保留船舶的运输功能,可实现 LNG 的装载、运输、储存和再汽化的集成和整体可移动。重力结构式是指在混凝土或钢质矩形结构上安装 LNG 储罐和汽化装置，固定在海上某个地点使用。目前已建成或在建的浮式 LNG 接收站以船舶式为主，具体可分为浮式接收存储汽化装置（FSRU）、LNG 穿梭汽化船（SRV）和浮式 LNG 汽化装置（FRU）三种。国际上已投产的浮式 LNG 接收站项目统计见表 10-13。

图 10-29　中国首个驳船型浮式天然气液化和存储设施

图 10-30　全球首个驳船型浮式 LNG 项目

表 10-13　国际上已投产的浮式 LNG 接收站项目统计表

序号	项目名称	所在地	建设者	设计能力/MMcfd	投产年份	项目类型
1	Gulf Gateway	路易斯安那州（美国）	Excelerate Energy	500/690	2005 年	SRV
2	TeessideGasPort	提兹港（英国）	Excelerate Energy	400/600	2007 年	SRV
3	Northeast Gateway	格洛斯特（美国）	Excelerate Energy	500/800	2008 年	SRV
4	BahiaBlaneaGasport	布兰卡港（阿根廷）	Excelerate Energy	400/500	2008 年	FSRU
5	Pecem	塞阿拉州（巴西）	Petrobras	255/255	2009 年	FSRU
6	Baia de Guanabara	里约热内卢（巴西）	Petrobras	521/521	2009 年	FSRU
7	Mina Al-Ahmadi GasPort	艾哈迈迪港（科威特）	Excelerate Energy	500/600	2009 年	FSRU
8	Neptune LNG	马萨诸塞州（美国）	GDF Suez	400/750	2010 年	SRV
9	Mejillones	安托法加斯塔（智利）	Godelco 50%，GDF Suez 50%	219/219	2010 年	FRU
10	Dubai LNG	杰贝阿里（阿拉伯联合酋长国）	DUSUP	480/480	2010 年	FSRU
11	Escobar LNG GasPort	巴拉那河（阿根廷）	YPF S. A. ENARSA. Excelerate Energy	500/600	2011 年	FSRU

注：设计能力中 500/690 表示正常/最大输气能力，余同；1MMcfd=$2.832\times10^4\text{m}^3/\text{d}$。

10.3　LNG 接收站工艺

根据 BOG 气体的外输处理工艺不同，LNG 接收工艺主要有直接接收输出和接收再冷凝两种工艺。直接输出工艺是将 BOG 压缩到外输管网压力后直接输气；再冷凝工艺是利用过冷 LNG 将压缩后的 BOG 在再冷凝器中液化吸收。直接输出工艺需要消耗压缩功，运行费用较高，一般用于外输气压较低场合；再冷凝工艺不需要将 BOG 压缩到外输压力，而是压缩到一个较低的压力，然后利用 LNG 的冷量将 BOG 冷凝，从而减少了 BOG 压缩功的消耗。图 10-31 为 LNG 接收站工艺流程示意。LNG 接收站工艺流程主要包括 LNG 接卸、LNG 储存、BOG 处理、LNG 输送、LNG 汽化、LNG 计量及外输、LNG 装车/船等。按工艺系统主要包括 LNG 卸船、LNG 储存、BOG 处理、LNG 增压、LNG 外输、LNG 装车系统。LNG 接收站辅助设施及公用工程主要包括火炬系统、燃料气系统、氮气系统、仪表空气系统、工厂空气系统、海水系统、生产生活用水系统、消防系统、废水处理系统、中央控制室、码头控制室、分析化验室、维修车间、变电所等。

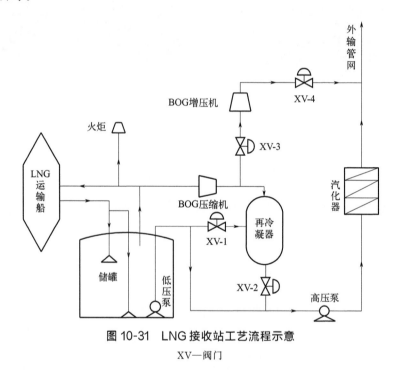

图 10-31　LNG 接收站工艺流程示意

XV—阀门

10.3.1　LNG 卸船系统

LNG 运输船和卸料臂连接就绪后，LNG 由运输船上的卸料泵，经过 LNG 卸船臂，并通过卸船总管输送到 LNG 储罐中。为平衡船舱压力，LNG 储罐内的部分蒸发气通过气相返回管线、气相返回臂返回 LNG 船舱中。卸船操作时，实际卸船速率和同时接卸 LNG 的储罐数量需根据 LNG 储罐液位和 LNG 船型来确定。每座 LNG 储罐均设有液位计，可用来监测罐内液位。卸船管线一般设有固定的取样分析系统，可对管道中的 LNG 进行在线分析，也可取样进行实验室分析。卸船完成后，LNG 运输船脱离前，用氮气从卸船臂顶部进行吹扫，将卸船臂内的 LNG 分别压送回 LNG 运输船、LNG 卸船管线或 LNG 码头排净罐，并解脱卸船臂与船的接头。如果码头设有排净罐，但排净罐检修时，可将卸船臂和卸船管线中的 LNG 通过排净罐旁路直接排到 LNG 卸船管线中。

10.3.2 LNG 储存系统

LNG 储罐的日蒸发量一般不超过 LNG 储罐容量的 0.05%。为防止 LNG 泄漏，罐内所有的 LNG 进出管道以及所有仪表的接管均从罐顶连接。每座储罐一般设有 2 根进料管，既可以从顶部进料，也可以通过罐内插入立式进料管实现底部进料。进料方式取决于 LNG 运输船待卸的 LNG 与储罐内已有 LNG 的密度差。若船载 LNG 比储罐内 LNG 密度大，则船载的 LNG 从储罐顶部进入，反之，船载的 LNG 从储罐底部进入。这样可有效防止储罐内 LNG 出现分层、翻滚现象。可以通过操控顶部和底部的进料阀来调节 LNG 从顶部和底部进料的比例。在 LNG 进料总管上设置切断阀，可在紧急情况时隔离 LNG 储罐与进料管线。LNG 储罐内设置 BOG 气相管线并与 BOG 总管相连，用于输送 BOG 至压缩机及火炬系统。LNG 储罐一般设有两级超压保护，一是将 BOG 气体排放至火炬系统；二是通过超压安全阀直接排入大气。LNG 储罐一般设有两级真空保护，一是通过破真空阀输送天然气至 LNG 储罐并维持储罐内压力稳定；二是通过安装在储罐上的真空安全阀导入天然气维持储罐压力正常。

10.3.3 BOG 处理系统

LNG 卸船时会产生大量 BOG，其中一部分经气相返回臂返回 LNG 船舱中，以保持船舱压力平衡，另一部分经 BOG 压缩机压缩后再送至再冷凝器液化（图 10-32）。大型 LNG 接收站内拥有多个 LNG 储罐，在正常储存过程中，LNG 处于饱和蒸发状态，蒸发后的 BOG 汇入 BOG 总管，需要二次处理，主要有以下两种处理工艺。一是直接加压工艺。主要由储罐、BOG 入口分液罐、低压排净罐、BOG 压缩机、高压压缩机及外输管网等组成，主要通过 BOG 压缩机将 LNG 储罐中的 BOG 抽出并增压，再进入高压压缩机进行二次加压，待压力达到外输管网压力后送至下游用户。二是再冷凝工艺。主要由 BOG 压缩机、低压输送泵、再冷凝器、高压输送泵、LNG 汽化器及相关外输管网等组成，主要通过 BOG 压缩机将 LNG 储存罐中的 BOG 压缩并且送达再冷凝器，同时将过冷 LNG 输送至再冷凝器冷却液化 BOG（图 10-33）。

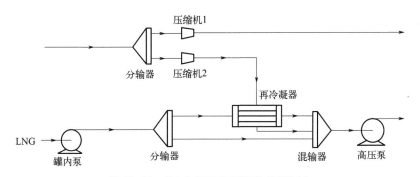

图 10-32　BOG 再冷凝器回收处理工艺

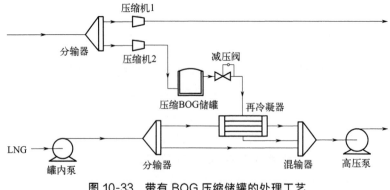

图 10-33　带有 BOG 压缩储罐的处理工艺

10.3.4　LNG 外输系统

大型 LNG 接收站接收 LNG 后，需要通过输运系统分销 LNG 或直接通过汽化器汽化 LNG 并打入天然气管网。ORV 使用海水作为汽化 LNG 的热媒，SCV 则以天然气作为热媒，IFV（中间介质汽化器）则除了海水还需要中间介质作为热媒。一般接收站首选 ORV 作为汽化器，但海水条件不能满足要求时，需要选择 SCV 或 IFV 来代替 ORV 或采用 ORV+SCV 的联合方案。在汽化器的入口设有流量调节阀，用以调节接收站的外输天然气输出量，并控制汽化器出口天然气的温度和天然气输出总管的压力。汽化器的运行台数和运行流量由下游用户用气量决定。当外输气体出口温度过低时，可通过汽化器外输系统温度控制，减少入口 LNG 流量。每台汽化器设有安全阀，超压时可将过量的气体就地排放至火炬燃烧。小型 LNG 接收站则多采用空浴式汽化器，如图 10-34 所示。

图 10-34　小型 LNG 汽化站空浴式汽化器外输装置

10.3.5　LNG 火炬系统

LNG 接收站火炬系统（图 10-35）主要用于收集 BOG 总管汇集的气体或燃烧超压天然气，LNG 接收站维修时的泄压气体也可以直接进入火炬系统燃烧。在火炬的上游低点位置设有火炬分液罐和火炬分液罐加热器。分液罐的目的是使排放到分液罐的

BOG将可能携带的液体充分分离，加热器的作用是使其中的LNG汽化。为防止空气进入火炬系统，在火炬总管中需要通入低压氮气维持系统微正压状态。

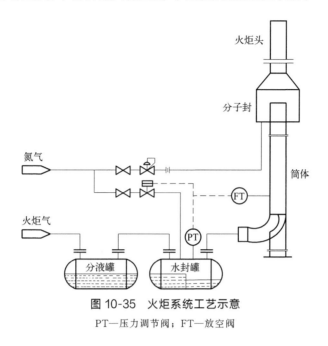

图 10-35　火炬系统工艺示意

PT—压力调节阀；FT—放空阀

10.4　中国 LNG 接收站

截至 2022 年 10 月，中国共建成 LNG 接收站 24 座，年设计接收能力达到 $1.0957 \times 10^8 t$，储罐能力达到 $1398 \times 10^8 m^3$。其中，中国海油接收能力占比达到 27.0%，排名首位；国家管网排在第二位，接收能力占比为 25.4%；中国石化和中国石油分别排在第三和第四位。2021 年，中国首次超过日本成为世界上最大的 LNG 进口国，为满足日益增长的天然气需求，中国加快推进 LNG 接收站建设。海关数据显示，2021 年，中国进口 LNG 达到 $7878.9 \times 10^4 t$，同比增长 18.1%。此外，国家发展改革委提出，到 2030 年，预计天然气消费量将达到 $4500 \times 10^8 \sim 5000 \times 10^8 m^3$，占国内能源消费比重达到 15%，天然气产供储销体系建设仍将继续推进。

10.4.1　广东大鹏 LNG 接收站

广东大鹏 LNG 接收站项目（图 10-36）位于广东深圳大鹏湾畔的下沙秤头角，占地约 $40 hm^2$，接收能力约为 $680 \times 10^4 t/a$，依山傍水，与香港隔海相望，并与深圳东部电厂隔山相邻。终端设施包括了 4 座 $16 \times 10^4 m^3$ 的 LNG 大型储罐、$8 \times 10^4 \sim 21.7 \times 10^4 m^3$ LNG 货船停泊卸料码头、槽车灌装站、9 套 LNG 汽化装置。通过国际招标，选定澳大利亚西北大陆架项目为长期合同供气商。25 年内，每年向大鹏 LNG 项目供应 $370 \times 10^4 t$ LNG。这是中国的第一份 LNG 进口合同。供气商是由壳牌、BP、雪佛龙、BHP（澳大利亚）、Woodside（壳牌与澳大利亚合作）、MiMY（日本三家企业合作）、中国海洋石油总公司等七家油气公司组成的合作伙伴。大鹏LNG带动了中国LNG运输船制造业发展。以沪东造船厂为主建造的三艘LNG运输船"大鹏昊""大鹏月""大鹏星"（图10-37）分别于2008年4月3日、2008年7月10日和2009年12月10日交付使用。

图10-36　广东大鹏LNG接收站

图10-37　广东"大鹏星"LNG船

大鹏LNG接收站股东及占股为：中海石油气电集团有限责任公司33%，英格兰和威尔士广东投资有限公司15%，英格兰和威尔士珠江三角洲投资有限公司15%，深圳市燃气集团股份有限公司10%，广州燃气集团有限公司6%，广东能源集团天然气有限公司6%，深圳能源集团股份有限公司4%，港华投资有限公司3%，香港电灯（天然气）有限公司3%，佛山市燃气集团股份有限公司2.5%，东莞市能源投资集团有限公司2.5%。大鹏LNG接收站于2003年开工，2006年5月26日第一艘LNG运输船——澳大利亚的"西北海鹰"号在广东大鹏LNG接收站成功卸载了约$5×10^4$t LNG，大鹏LNG接收站进入试运营阶段。2006年6月28日，时任国务院总理温家宝和时任澳大利亚总理霍华德先生共同出席广东LNG项目工程建成投产仪式。2006年9月，项目进入商业运营。2012年12月18日，四号罐工程开工。2015年8月25日，四号罐工程通过验收。2006年接收$74.8×10^4$t LNG，2007年$317.4×10^4$t，2011年$605.8×10^4$t，2012年$579×10^4$t，2013年$578×10^4$t，2014年$543.2×10^4$t，2015年$500×10^4$t，2016年$606×10^4$t，2017年$596.8×10^4$t。

10.4.2　辽宁大连LNG接收站

辽宁大连LNG接收站（图10-38）位于大连市大孤山新港，由码头、接收站和输气管道三部分组成，总投资超过90亿元，占地面积$24hm^2$，分两期建设，有3座$16×10^4m^3$储罐、1座$8×10^4$～$26×10^4m^3$的LNG运输船专用码头、1座工作船码头，由中国石油大连液化天然气有限公司管理。大连LNG接收站有14台槽车装车橇。大连LNG项目主要接收来自澳大利亚、卡塔尔等国家的LNG资源，主要为辽宁省等天然气用户供气。主干线与规划中的东北输气管网相连，形成多气源供气。大连LNG接收站内设有海水汽化器和燃气加热器。根据设计，海水温度高于5℃时采用海水汽化，低于5℃则采用燃气汽化。由于海水可就地取材，成本低且资源充足，运行时只有海水泵及配套设备消耗电能。与燃气相比，海水汽化不仅工艺简单、运行可靠，而且能耗低、零污染。为此，大连 LNG 不断优化两套设备匹配运行制度，将单纯采用燃气汽化的时间由每年 69 天缩短到 21 天，大幅减少能耗。

图 10-38　大连 LNG 接收站

主要股东及占股为：昆仑能源有限公司 75%，大连港股份有限公司 20%，大连市建设投资集团有限公司 5%。接收能力为 600×10^4 t/a。一期工程 2008 年 4 月开工，2011 年 11 月投产，建设规模为 300×10^4 t/a，供气能力为 42×10^8 m³/a。二期工程在一期原址扩建，建设规模为 600×10^4 t/a，供气能力为 84×10^8 m³/a，接收站的最大接收能力可以达到 780×10^4 t/a，最大供气能力可以达到 105×10^8 m³/a。输气管道由大连至沈阳主干线和大连支线、抚顺支线组成。主干线全长 389km，支线全长 86km；包括新增 1 台中压泵、2 台高压泵、2 台开架式海水汽化器、2 台浸没燃烧式汽化器、3 台海水泵、1 台 BOG 压缩机及相应配套设施，新增接收和汽化能力 300×10^4 t/a。二期工程已于 2016 年投产。2011 年接收 LNG 12×10^4 t，2012 年 150×10^4 t，2013 年 186×10^4 t，2014 年 144×10^4 t，2015 年 118×10^4 t，2016 年 139×10^4 t，2017 年 202×10^4 t。

10.4.3　河北唐山 LNG 接收站

河北唐山 LNG（图 10-39）接收站位于河北省唐山市曹妃甸新港工业区，有 4 座 16×10^4 m³ 储罐、1 座 $8\times10^4\sim27\times10^4$ m³ 的 LNG 运输船专用码头、1 座工作船码头及相关配套设施和公共工程，由中国石油京唐液化天然气有限公司管理。接收站场地属于滨海浅滩，表层为新近吹填的海砂层，已做强夯处理。场地为近似矩形的四边形，面积约 45.92hm²。接收站工程主要由储罐系统、工艺装置系统、辅助生产系统、公用工程系统以及站外配套系统组成，其功能是接卸由 LNG 远洋输送船运来的 LNG，在 LNG 储罐内储存，在 ORV 和 SCV 中进行汽化，汽化后的燃气送至燃气输气干线。2018 年 11 月 9 日唐山 LNG 接收站应急调峰保障工程 T-1206、T-1208 两台 16×10^4 m³ 储罐同时气顶升成功，实现了该容积储罐同日双升的国内首创。气顶升作为大型 LNG 储罐安装施工的关键工序，具有工艺复杂、技术含量高、操作和控制难度大等特点。寰球唐山 LNG 项目储罐单台设计容量达 16×10^4 m³，外罐内直径 82m，外罐壁高 38.6m，罐顶高 11.5m，穹顶重达 640t。三期增建了 4 座 16.5×10^4 m³ 储罐（图 10-40）。

图 10-39　唐山 LNG 接收站

图 10-40　唐山 LNG 接收站 $16.5×10^4m^3$ 储罐

股东及占股为：中石油昆仑燃气有限公司 51%，北京北燃京唐燃气科技有限责任公司 29%，河北省天然气有限责任公司 20%。唐山 LNG 接收站于 2010 年 10 月获得国家发展改革委核准，2011 年 3 月开工建设。2013 年 11 月第一艘 LNG 运输船成功靠岸卸载，标志着项目一期投产。2014 年，3 号罐、4 号罐建设完成，二期工程完工。一期接收能力为 $350×10^4t/a$，二期为 $650×10^4t/a$。三期建设内容包括增建 4 座 $16×10^4m^3$ LNG 储罐、1 台汽化器、2 台蒸发气压缩机、1 台蒸发气增压压缩机及公用工程和辅助设施等。三期工程将进一步提高调峰供气能力和极端天气应对能力。接收站高峰期 2 个月持续供气能力将提高到 $3160×10^4m^3/d$，高峰期 1 个月持续供应能力将提高到 $4120×10^4m^3/d$。三期工程于 2018 年 3 月 23 日开工，已建成投产。2013 年接收 $40.6×10^4t$ LNG，2014 年 $161.2×10^4t$，2015 年 $164.7×10^4t$，2016 年 $189.3×10^4t$，2017 年 $418.7×10^4t$。

10.4.4　中国海油天津 LNG 接收站

中国海油天津 LNG 接收站（图 10-41）位于天津港南疆码头，中国海油天津 LNG 项目采用"先浮式、后常规"的建设模式。一期工程建设浮式 LNG 接收终端，实现天然气的快速供应，扩建工程建设岸上储罐。接收站长期租用一艘浮式储存汽化船（FSRU），该船具备 $17×10^4m^3$ 的储存能力，同时，该接收站有 2 座 $3×10^4m^3$ 储罐、1 座 $16×10^4m^3$ 储罐。接收站接收能力为 $220×10^4t/a$。接收站有两个泊位，一个泊位停靠 FSRU，另一个泊位停靠 LNG 运输船。接收站有 30 个槽车装车撬，每个撬 24 小时可填装 20 车 LNG。接收站 24 小时内最多可装 600 车。天津 LNG 项目是国内首个浮式 LNG 项目，一期项目于 2013 年 12 月正式向天津市供气，于 2014 年 12 月进入试运行。

天津 LNG 接收站包括 1 座浮式储存汽化装置（FSRU）、2 座 $3×10^4m^3$ LNG 储罐、2 座 $15×10^4t$ 级 LNG 码头和 1 座 3000t 级工作船码头。长输管线全长 17.5km，管径 1016mm。接收站工程包括码头区、罐区、BOG 处理系统、燃料气系统、火炬系统、槽车装车系统等，与常规 LNG 接收站相比，天津 LNG 采用浮式 LNG 接收终端实现 LNG 的快速供应，缩短工期 3～4 年，这为国内 LNG 清洁能源产业的发展开辟了全新思路。浮式汽化技术在国际上已较为成熟，在美国、阿根廷、巴西、科威特等国家已有

图 10-41 中国海油天津 LNG 接收站

成功先例。天津 LNG 项目一期浮式工程由浮式储存汽化装置（FSRU）、港口码头工程、接收站和储罐工程、输气管线工程四部分组成。项目由中国海油天津液化天然气有限责任公司管理。股东及占股为：中海石油气电集团有限责任公司 46%，天津港（集团）有限公司 40%，天津市燃气集团有限公司 9%，天津恒融达投资有限公司 5%。2013 年 11 月，"GDF Suez Cape Ann"号进港，标志着中国海油天津 LNG 接收站正式启用投产。项目一期扩建工程已于 2016 年投产。接收能力 220×10^4 t/a，折合天然气 30×10^8 m³/a。项目二期拟建设 4 座 20×10^4 m³ 储罐，目前已建成投运。扩建完成后，天津 LNG 接收站的总供气能力达到 1200×10^4 t/a，总储气能力接近 10×10^8 m³，汽化外输能力达到 7000×10^4 m³/d，成为国内单日汽化能力最强的 LNG 接收站。2013 年接收 5.7×10^4 t LNG，2014 年 21.7×10^4 t，2015 年 57.4×10^4 t，2016 年 102.1×10^4 t，2017 年 213×10^4 t。

10.4.5 中国石化天津 LNG 接收站

中国石化天津 LNG 接收站（图 10-42）位于天津滨海新区南港工业区，是中国石化的第三座 LNG 接收站。码头工程包括一座 26.6×10^4 m³ 的 LNG 运输船码头，可兼顾 3×10^4 m³ LNG 船装船功能，码头长度 402m；一座工作船码头，长度 115m。接收站工程接收能力 300×10^4 t/a，包括 4 座 16×10^4 m³ LNG 储罐及配套工艺处理、海水取排、汽化、天然气输送设施、冷能利用装置、LNG 汽车外销系统和火炬系统，汽化外输能力 40×10^8 m³/a。中国石化天津 LNG 项目投资总额 136 亿元，是国家"十三五"重点项目，也是国家清洁能源战略重要组成部分。该项目由码头及陆域形成工程、接收站工程、输气干线工程三部分组成，其中码头项目由 1 个长度为 402m 的 LNG 运输船泊位和 1 个长度为 115m 的工作船码头组成，LNG 码头设计吞吐能力为 625×10^4 t。该项目一期建设规模为 300×10^4 t/a，供气能力约为 40×10^8 m³/a；二期规模扩至 1000×10^4 t/a，供气能力达到 136×10^8 m³/a（图 10-43）。项目输气干线共分 5 段，全线总长 702km，纵贯北京、天津、河北、山东四省市，沿途设分输站 11 座。这意味着，项目建成后，不仅能够满足天津市的用气需求，而且将完善天津乃至环渤海地区的供气格局，对于优化环渤海地区能源结构，提高京津地区天然气供应的安全平稳，解决能源安全和生态环境保护的双重问题具有重要的意义。

图 10-42 中国石化天津 LNG 接收站　　　图 10-43 中国石化天津 LNG 项目（二期扩建工程）

项目由中国石化天津液化天然气有限责任公司管理。股东及占股为：中国石化天然气有限责任公司98%，天津市南港工业区开发有限公司2%。项目于2014年9月30日开工，2018年2月6日，来自澳大利亚的"中能北海"号顺利停靠在中国石化天然气分公司天津LNG接收站码头，这标志着中国石化天津LNG接收站正式进入调试阶段。2018年12月17日，天然气分公司天津LNG接收站取得正式的中华人民共和国港口经营许可证及附证，标志着天津LNG接收站码头由试运行转入了正式运营。接收能力达$300×10^4$ t/a。2018年10月29日，中国石化天津LNG接收站二期工程获得天津市发展改革委核准。目前该项目已全面建成并投产。2018年，中国石化天津LNG接收站完成43艘LNG船接卸工作，卸载总量达$294×10^4$ t。

10.4.6　山东青岛董家口 LNG 接收站

青岛董家口LNG接收站（图10-44）位于青岛西海岸新区董家口港（山东省青岛市胶南市董家口岬角）。包括一座$26.6×10^4$ m^3的LNG运输船码头，一座工作船码头，4座$16×10^4$ m^3 LNG储罐，以及配套海水取排装置、汽化装置、天然气输送设施、冷能利用装置、LNG汽车外销系统和火炬系统。该站新建2座$16×10^4$ m^3储罐（图10-45）。该站资源来自埃克森美孚公司建于巴布亚新几内亚的LNG项目。山东董家口LNG接收站是国家发展改革委核准建设的中国石化的一个LNG接收站项目，是中国石化"天然气大发展"战略的重大举措。该项目为中国石化自主设计、自主采办、自主施工和自主管理，采用国内的"上表面扣模连续浇筑技术"，在LNG储罐上首次实现预应力系统国产化；在储罐建造方面，采用独特基础结构，抗震性能优于普遍采用的桩基基础，施工进度加快50%以上，工程造价降低约20%；为充分利用LNG原料气中的轻烃资源，项目设计建造了国内首套轻烃回收装置，为国内LNG接收站的发展提供了一种新型生产经营及盈利模式。项目于2014年12月13日投入运营。项目由中国石化青岛液化天然气有限责任公司管理。股东及占股为：中国石油化工股份有限公司99%，青岛港国际股份有限公司1%。2010年9月10日开工奠基，2011年6月正式破土动工，2014年9月中交，12月投入运行。2015年增建的4号罐投产。接收能力为$300×10^4$ t/a。2018年10月20日，中国石化山东LNG项目二期工程在董家口港区举行开工仪式，建设内容为新增2座$16×10^4$ m^3 LNG储罐及配套设施，全站LNG接卸能力将达到700×

10^4t。2018 年 7 月 25 日,2 座储罐增建项目获得山东省发展改革委核准。2020 年底建成投产。2014 年接收 $20.7×10^4$ t LNG,2015 年 $158.6×10^4$ t,2016 年 $264.4×10^4$ t,2017 年 $463.4×10^4$ t。

图 10-44 青岛董家口 LNG 接收站

图 10-45 青岛董家口 LNG 接收站(鸟瞰图)

10.4.7 山东龙口南山 LNG 接收站

山东龙口南山 LNG 接收站(图 10-46)项目位于烟台港龙口港区屺姆岛,一期工程建设 6 座 $22×10^4$ m³ LNG 储罐,1 座 $8×10^4$~$26.6×10^4$ m³ LNG 船舶装卸泊位(同时具备装船 $1×10^4$~$18×10^4$ m³ LNG 船舶功能),以及相关配套接卸、汽化、外输等主要工程设施,一期工程建设规模为 $500×10^4$ t/a,目前已取得重要建设进展。项目配套外输管道自龙口南山 LNG 接收站连接至山东省管网北干线,与山东省主管网以及中俄东线、中国海油蒙西管线互联互通,不仅能保证山东省的天然气需求,也可以向北方、华东地区供气,是中海石油气电集团全国 LNG 布局的重要组成部分。项目建成后,将通过山东省天然气环网北干线实现气源外输,每天最多可为山东省供应天然气 $4000×10^4$ m³。该项目远期规模 $2000×10^4$ t/a,将打造成为北方地区大型清洁能源储运基地,这对进一步提升环渤海及山东地区天然气供应和储备能力,保障北方地区采暖季用气需求,促进山东省经济社会发展和能源结构优化具有重要意义。

图 10-46 山东龙口南山 LNG 接收站

10.4.8 江苏如东 LNG 接收站

江苏如东 LNG 接收站(图 10-47)由中国石油江苏液化天然气有限公司管理,

2008年1月开工,一期2011年5月投产。二期2013年9月6日开工,包括1座$20\times10^4m^3$的LNG储罐、配套汽化外输设施及公用工程的改造。二期建成后,总有效罐容达$68\times10^4m^3$,接卸能力达$650\times10^4t/a$,汽化能力达$1000\times10^4t/a$,日汽化和调峰能力达$3960\times10^4m^3$。股东及占股为:昆仑能源有限公司55%,太平洋油气有限公司35%,江苏省国信资产管理集团有限公司10%。位于江苏省南通市如东县洋口港距海岸14km的西太阳沙岛,通过跨海外输管线桥与海岸相连。包括1座$8\times10^4\sim26.6\times10^4m^3$的LNG运输船码头,1座工作船码头,3座$16\times10^4m^3$储罐,1座$20\times10^4m^3$储罐以及配套设施。江苏LNG接收站因为地处长三角经济中心,成为全省乃至整个长三角地区LNG供应的中心。

2016年11月3日,四号储罐成功投产,标志着二期工程全面建成投产。接收能力一期规模$350\times10^4t/a$,二期规模$650\times10^4t/a$。2018年江苏LNG接收站全年累计接卸LNG超650×10^4t,天然气外输总量达$92\times10^8m^3$,位居全国已投产21座LNG接收站之首,全年用于冬季保供的天然气约$40\times10^8m^3$,占全部外输量的44%,成为长三角地区天然气供应的稳定气源。三期2座$20\times10^4m^3$ LNG储罐于2021年建成(图10-48)。拥有3座$16\times10^4m^3$和3座$20\times10^4m^3$ LNG储罐,总罐容增至$108\times10^4m^3$。接收能力规模为$1000\times10^4t/a$。2011年接收124.4×10^4t LNG,2012年234.9×10^4t,2013年291.8×10^4t,2014年212×10^4t,2015年146.2×10^4t,2016年230.6×10^4t,2017年437.8×10^4t,2018年650×10^4t。

图10-47 江苏如东LNG接收站

图10-48 江苏LNG接收站储罐(三期工程)

经过十几年的发展,如东洋口港LNG接收站在现货和长贸气源方面已经实现了量的积累、质的提升。投运以来,累计接卸26个国家和地区LNG超6000×10^4t,外输总量超$800\times10^8m^3$。2018年7月,中俄能源合作重大项目——亚马尔LNG项目向中国供应的首船LNG通过北极东北航道运抵江苏LNG接收站,在原有卡塔尔、澳大利亚高庚长贸项目的基础上,同时开启了亚马尔项目向中国供应LNG的新篇章。如东LNG接收站自2011年投运以来,始终担负着清洁能源供应与季节性调峰保供的任务,助力发挥中国东部沿海LNG集散中心、"海上丝绸之路"重要节点的战略支点作用,对加快建成海上油气通道、推动清洁能源产业发展、保障长三角地区天然气供应具有深远意义。

10.4.9　江苏启东 LNG 接收站

启东 LNG 接收站（图 10-49）位于江苏省南通港吕四港区，包括 1 座 $15\times10^4\,m^3$ 的 LNG 运输船码头、1 座工作船码头、2 座 $5\times10^4\,m^3$ 储罐、1 座 $16\times10^4\,m^3$ 储罐，以及配套设施。广汇启东 LNG 接收站已通过口岸对外开放验收，具备口岸对外开放条件。2018 年广汇能源实现净利润 17.68 亿～18.1 亿元，同比增长 169%～176%，其中，LNG 产品及 LNG 接收站贡献颇多。一方面，广汇能源 LNG 产品产量、销售均价双双上升；另一方面，启东 LNG 接收站二期项目 1 座 $16\times10^4\,m^3$ 储罐已提前投运，LNG 年周转能力大幅提升至 $115\times10^4\,t/a$。

图 10-49　启东 LNG 接收站

项目由广汇能源综合物流发展有限责任公司管理。股东及占股为：新疆广汇能源股份有限公司 99%，新疆广汇清洁能源科技有限责任公司 1%。一期于 2014 年 12 月开工建设，2017 年 6 月 4 日，首艘 LNG 船舶 $14.7\times10^4\,m^3$ 的"阿卡西娅（GRACE ACACIA）"号到达启东接收站，标志着广汇启东 LNG 分销转运站投入试运营。2017 年接收 $45\times10^4\,t$ LNG。二期 $16\times10^4\,m^3$ 储罐于 2018 年 11 月 20 日投运。一期接收能力 $60\times10^4\,t/a$，二期接收能力 $115\times10^4\,t/a$。三期工程包括一座 $16\times10^4\,m^3$ 储罐和配套天然气管线。2019 年底投产，接收能力达 $300\times10^4\,t/a$。启东 LNG 接收站的总罐容为 $82\times10^4\,m^3$。远期拟建 $1000\times10^4\,t/a$ 周转能力。

10.4.10　上海五号沟 LNG 接收站

上海五号沟 LNG 接收站（图 10-50）位于上海浦东新区曹路镇五号沟，项目由上海燃气（集团）有限公司管理，有 5 座 LNG 储罐，其中 1 座 $2\times10^4\,m^3$，2 座 $5\times10^4\,m^3$，2 座 $10\times10^4\,m^3$，还有 1 座 $5\times10^4\,t$ 级 LNG 拉收专用码头，6 车位槽车装车车间。股东为申能（集团）有限公司，100% 控股。五号沟 LNG 接收站是上海市天然气应急气源站，1996 年开工，2000 年 4 月投产。以东海平湖气田天然气作为气源，服务于上海天然气供应的应急和调峰。站内建有 1 座 $2\times10^4\,m^3$ 储罐和 1 套液化装置，是国内最早的天然气液化装置和应急储备站，也是国内第一座天然气液化工厂。2008 年进行一期扩建，增加 2 座 $5\times10^4\,m^3$ LNG 储罐、1 座 $5\times10^4\,t$ 级专用码头和相应生产装置。2008

年11月扩建完工，并于当月接收由马来西亚船（船舶容量$1.9\times10^4 m^3$）运来的LNG。2013年由上海市发展改革委核准实施，投资金额约12亿元，主要建设内容包括新建2座$10\times10^4 m^3$储罐、2台槽车装卸橇及相关设施。2017年11月27日，上海五号沟LNG接收站扩建二期工程正式竣工落成（图10-51），接收能力达$150\times10^4 t/a$。

图10-50　上海五号沟LNG接收站

图10-51　上海五号沟LNG接收站（二期工程）

10.4.11　上海洋山港LNG接收站

上海洋山港LNG接收站（图10-52）位于上海洋山深水港区的中西门堂岛上。该站有1座$8\times10^4\sim27\times10^4 m^3$ LNG运输船专用码头及1座重件码头、3座$16\times10^4 m^3$ LNG储罐、3台LNG卸料臂及其他相应设施，占地$39.6 hm^2$，并预留二期扩建场地。项目气源为2008年与马来西亚国家石油公司（Petronas）签署的为期25年的供气协议。

图10-52　上海洋山港LNG接收站

项目由上海液化天然气有限责任公司管理。股东及占股为：申能（集团）有限公司55%，中海石油气电集团有限责任公司45%。2006年12月获国家发展改革委核准，由码头工程、接收站工程及输气管线工程三部分组成，其中码头和接收站占地$39.6 hm^2$。2007年开工建设，2009年11月17日正式向上海市供气。接收能力$300\times10^4 t/a$。扩建新增2座$20\times10^4 m^3$ LNG储罐、1台BOG压缩机、4台高压输出泵、4台IFV和1台SCV等主要工艺设备以及配套的海水系统和燃料气系统。项目2016年5月获得核准，2016年11月正式开工，目前已建成投产。2011年接收$167\times10^4 t$ LNG，2012年

202.3×10^4 t，2013 年 259×10^4 t，2014 年 294×10^4 t，2015 年 284.2×10^4 t，2016 年 247.9×10^4 t，2017 年 303×10^4 t。

10.4.12 浙江舟山 LNG 接收站

浙江舟山 LNG 接收站（图 10-53）位于舟山本岛经济开发区新港工业园区（二期）区域内，项目由新奥（舟山）液化天然气有限公司管理。新奥舟山 LNG 接收站一期工程接收能力 300×10^4 t/a，包含 2 座 16×10^4 m³ 储罐、1 座可靠泊 $8\times10^4\sim26.6\times10^4$ m³ LNG 船舶的卸船码头、1 座多功能码头（含两个 LNG 装船泊位，并可兼顾卸船作业）、1 座滚装船码头（含两个 30 车位滚装船泊位），并建有 14 台槽车装车橇、IFV 汽化设施、高压外输、冷能发电等配套工艺及辅助设施（图 10-54）。股东及占股为：新奥清洁能源开发有限公司 52.86%，新奥资本管理有限公司 28.57%，新奥集团股份有限公司 18.57%。2018 年 6 月竣工，2018 年 10 月 19 日投产，接收能力 300×10^4 t/a。二期建设 2 座 16×10^4 m³ 储罐，接收能力扩展到 500×10^4 t/a，2021 年建成投产。

图 10-53 舟山 LNG 接收站

图 10-54 舟山 LNG 接收站近景

10.4.13 浙江宁波 LNG 接收站

浙江宁波 LNG 接收站（图 10-55）位于宁波市北仑区穿山半岛东北部的白峰镇中宅村，白峰镇白中线峙北段 388 号。项目由中海浙江宁波液化天然气有限公司管理，股东及占股为：中海石油气电集团有限责任公司 51%，浙江能源天然气集团有限公司 29%，宁波开发投资集团有限公司 20%。有 3 座 16×10^4 m³ 储罐、1 座可靠泊 $8\times10^4\sim26.6\times10^4$ m³ LNG 船舶的卸船码头、1 座工作船码头及相关配套设施。2009 年开工，2012 年 9 月建成投产，2017 年 11 月达到设计产能，接收能力 300×10^4 t/a。二期项目扩建 3 座 16×10^4 m³ 储罐（图 10-56），2021 年建成投产。总接转能力 600×10^4 t/a。2012 年接收 18.7×10^4 t LNG，2013 年 101.4×10^4 t，2014 年 164×10^4 t，2015 年 141.2×10^4 t，2016 年 215.8×10^4 t，2017 年 358.3×10^4 t，2018 年 547.5×10^4 t。

10.4.14 福建莆田 LNG 接收站

莆田 LNG 接收站位于福建莆田湄洲湾北岸开发区最南端的莆田秀屿港区。由

图 10-57 可见，6 座 $16\times10^4\,\mathrm{m}^3$ 储罐已全部投产。有 1 座可停泊 $8\times10^4\sim21.5\times10^4\,\mathrm{m}^3$ LNG 运输船的码头、1 座工作船码头及相关配套设施。

图 10-55　宁波 LNG 接收站

图 10-56　中海油首座 $16\times10^4\,\mathrm{m}^3$ LNG 储罐

图 10-57　莆田 LNG 接收站

项目由中海福建天然气有限责任公司管理。股东及占股为：中海石油气电集团有限责任公司 60%，福建省投资开发集团有限责任公司 40%。一期包括 1 座可停泊 $8\times10^4\sim16.5\times10^4\,\mathrm{m}^3$ 的 LNG 船舶的卸船码头，2 座 $16\times10^4\,\mathrm{m}^3$ 储罐，一期工程建设规模为 $260\times10^4\,\mathrm{t/a}$。一期于 2005 年 4 月开工，2008 年 4 月顺利接收第一船 LNG 用于调试，2009 年上半年投入商业运营。二期新增 2 座 $16\times10^4\,\mathrm{m}^3$ 储罐，LNG 码头在 2009 年扩建至可停泊 $21.5\times10^4\,\mathrm{m}^3$ 的 LNG 船。二期工程建设规模为 $500\times10^4\,\mathrm{t/a}$。2008 年 12 月开工建设，2011 年投用。三期工程再新增 2 座 $16\times10^4\,\mathrm{m}^3$ 储罐及相应配套设施，三期工程建设规模为 $630\times10^4\,\mathrm{t/a}$。2015 年 12 月份动工，2018 年 9 月份竣工，2019 年初投产。接收能力达 $630\times10^4\,\mathrm{t/a}$。2011 年接收 $254.1\times10^4\,\mathrm{t}$ LNG，2012 年 $283.3\times10^4\,\mathrm{t}$，2013 年 $323\times10^4\,\mathrm{t}$，2014 年 $349.3\times10^4\,\mathrm{t}$，2015 年 $279.7\times10^4\,\mathrm{t}$，2016 年 $284.8\times10^4\,\mathrm{t}$，2017 年 $312\times10^4\,\mathrm{t}$。

10.4.15　福建漳州 LNG 接收站

福建漳州 LNG 接收站项目（图 10-58）建设地位于漳州市龙海区隆教乡流会村兴古湾，由接收站工程、码头工程和外输管线三部分组成。一期工程建设规模达 $300\times10^4\,\mathrm{t/a}$ 的 LNG 接收站，包括 LNG 专用码头、3 座 $16\times10^4\,\mathrm{m}^3$ 储罐和 $300\times10^4\,\mathrm{t/a}$ LNG 配套的汽化和输送装置及其配套的公用工程系统。另外，在一期工程中兼顾考虑了二期工程的场地预留和天然气外输总管线以及海水总管线的预留空间。漳州液化天然气（LNG）项目接收站工程包括集散控制系统（DCS）、安全仪表系统（ESD）、火灾和气体检测报警系统（FGS）、智能设备管理系统（AMS）以及振动监测系统（VMS），其中 DCS 配置中控 ECS-700 系统，ESD 和 FGS 配置中控 SIL3 认证的 TCS-900 系统，DCS、ESD 和 FGS 连在一个网络上，共用工程师站、操作站和 AMS 站等。该项目首次采用国产中控系统，实现 LNG 接收站的 SIS、FGS 安全仪表系统的紧急停车及联锁报警系统控制。另外，首次在国产系统上集成第三方主要设备振动监测系统、火灾报警盘和后备电池等。

图 10-58　漳州 LNG 接收站

10.4.16　广东粤东 LNG 接收站

广东粤东 LNG 接收站（图 10-59）位于广东省揭阳市惠来县前詹镇沟疏村，一期建设规模为 $200×10^4$t/a，建设有 3 座 $16×10^4$m^3 容量储罐；港口工程则建设 1 座 $8×10^4$~$26.7×10^4$m^3 LNG 运输船专用码头（长 397m）、1 座 1000t 级重件泊位，以及防波堤、栈桥、取排水口等配套设施（图 10-60）。项目由中海油粤东液化天然气有限责任公司管理，股东及占股为中海石油气电集团有限责任公司 100%。2012 年开工，2017 年 5 月 26 日正式投产。接收能力为 $200×10^4$t/a。2017 年接收 $55.5×10^4$t LNG。

图 10-59　粤东 LNG 接收站

图 10-60　粤东 LNG 接收站（储罐近景）

10.4.17　广东深圳迭福 LNG 接收站

广东深圳迭福 LNG 接收站（图 10-61）位于广东深圳大鹏湾大鹏 LNG 接收站北

侧。有 4 座 $16\times10^4\text{m}^3$ 储罐、1 座 $26.6\times10^4\text{m}^3$ LNG 船专用泊位（图 10-62）。项目由中海石油深圳天然气有限公司管理。股东及占股为：中海石油气电集团有限责任公司 70%，深圳能源集团股份有限公司 30%。2012 年开工，2018 年 8 月 1 日首船 LNG 顺利抵达，标志着迭福 LNG 接收站投产运营，接收能力达 $400\times10^4\text{t/a}$。

图 10-61　深圳迭福 LNG 接收站（效果图）

图 10-62　深圳迭福 LNG 接收站

10.4.18　广东九丰 LNG 接收站

九丰 LNG 接收站（图 10-63）位于东莞市立沙岛作业区立沙大道 16 号，拥有 1 座 $5\times10^4\text{t}$ 级（$8\times10^4\text{t}$ 级水工结构）的综合油气石化码头，码头岸线 301m，包括 $14.4\times10^4\text{m}^3$ LPG/DME（二甲醚）储罐、年产 $20\times10^4\text{t}$ 二甲醚生产装置和 2 座 $8\times10^4\text{m}^3$ LNG 储罐（图 10-64）。

图 10-63　九丰 LNG 接收站

图 10-64　九丰 LNG 接收站储罐

项目由东莞市九丰天然气储运有限公司管理。2009 年开工，2012 年投产。接收能力 $150\times10^4\text{t/a}$。2013 年接收 $6.8\times10^4\text{t}$ LNG，2014 年 $219.7\times10^4\text{t}$，2015 年 $38\times10^4\text{t}$，2016 年 $65.4\times10^4\text{t}$，2017 年 $90\times10^4\text{t}$。

10.4.19　广东珠海 LNG 接收站

广东珠海 LNG 接收站（图 10-65）位于珠海市南水镇高栏港经济区高栏岛平排山，距离澳门市区 50km，占地 40.6hm^2。接收站有 3 座 $16\times10^4\text{m}^3$ 储罐，1 座 $8\times10^4\sim27\times10^4\text{m}^3$ LNG 运输船专用码头，1 座工作船码头，以及相关配套设施。

图 10-65　珠海 LNG 接收站

项目由广东珠海金湾液化天然气有限公司管理。股东及占股为：中海石油气电集团有限责任公司 30%，广州发展燃气投资有限公司 25%，广东能源集团天然气有限公司 25%，广东粤港能源发展有限公司 8%，江门市城建集团有限公司 3%，珠海经济特区电力开发集团有限公司 3%，佛山市天然气高压管网有限公司 3%，中山兴中能源发展股份有限公司 3%。2010 年 10 月开工，2013 年 10 月 25 日首船 LNG 完成接卸，标志着项目投产。接收能力达 350×10^4 t/a。二期设计规模为 700×10^4 t/a，将随市场需要启动。2013 年接收 9.3×10^4 t LNG，2014 年 34.7×10^4 t，2015 年 56.3×10^4 t，2016 年 153.5×10^4 t，2017 年 159×10^4 t。

10.4.20　广西北海 LNG 接收站

广西北海 LNG 接收站（图 10-66）位于广西北海港铁山港区。包括 1 座 $8\times10^4\sim26.6\times10^4$ m^3 的 LNG 船专用码头、1 座工作船码头及相应的配套设施、4 座 16×10^4 m^3 LNG 储罐，以及 LNG 接卸、增压、汽化、计量、输送、装车及公用工程等系统。

项目由中石化北海液化天然气有限责任公司管理。股东及占股为：中国石化天然气有限责任公司 80%，广西北部湾国际港务集团有限公司 20%。2012 年开工，2016 年 4 月 19 日来自澳大利亚的"Methane Spirit"号 LNG 运输船载着 16×10^4 m^3 LNG 在北海 LNG 接收站（图 10-67）到港接卸，标志着该接收站投入商业运营。接收能力 300×10^4 t/a。2016 年接收 86×10^4 t LNG，2017 年 110×10^4 t。

图 10-66　中石化广西北海 LNG 项目

图 10-67　广西北海 LNG 接收站

10.4.21 海南洋浦 LNG 接收站

海南洋浦 LNG 接收站（图 10-68）位于海南洋浦开发区。包括 1 座 $8\times10^4 \sim 26.7\times10^4 m^3$ 的 LNG 船专用码头、1 座 3000t 级工作船码头、2 座 $16\times10^4 m^3$ 的 LNG 储罐及其配套设施。

图 10-68　海南洋浦 LNG 接收站

项目由中海石油海南天然气有限公司管理。股东及占股为：中海石油气电集团有限责任公司 65%，国电海控新能源有限公司 35%。2011 年 8 月开工，2014 年 8 月投产。接收能力 $300\times10^4 t/a$。2014 年接收 $18.1\times10^4 t$ LNG，2015 年 $21.2\times10^4 t$，2016 年 $20.8\times10^4 t$，2017 年 $48.6\times10^4 t$。

10.4.22 广西防城港 LNG 接收站

广西防城港 LNG 接收站（图 10-69）位于防城港东湾液体化工码头北侧吹填区，项目总投资 18.6 亿元，项目一期投资约 9.6 亿元，设计年周转 LNG 量为 $60\times10^4 t$；二期投资约 9 亿元，LNG 储运量扩大到 $100\times10^4 t/a$。防城港 LNG 接收站已建成投运。中国海油广西 LNG 储运库项目总用地面积 $1.38\times10^4 m^2$，总建筑面积 $1.1\times10^4 m^2$，建设内容包括维修车间、空压制氮站、总变电所、综合控制楼、BOG 压缩机厂房、BOG 液化厂房、加气棚、开票间、LNG 储罐、装车站、停车位（20 个）。配备 1 个 3000t 级的泊位，2 个 $3\times10^4 m^3$ LNG 储罐。项目由中海油广西防城港天然气有限责任公司管理。股东及占股为：中海石油气电集团有限责任公司 51%，防城港务集团有限公司 49%。2019 年 1 月 10 日正式投产。

图 10-69　防城港 LNG 接收站

10.4.23 浙江温州 LNG 接收站

浙江温州 LNG 项目（图 10-70）于 2016 年 9 月 26 日获得国家发展改革委能源局项目核准，系浙江省内布局的一项重点战略项目，选址于大门镇，建成温州地区规模最大的 15×10^4 t 级 LNG 泊位一座，以及后方陆域接收站工程（含储罐区及管道）和输气管道工程等三个部分。一期工程可接卸 LNG 300×10^4 t/a，远期将达到 1000×10^4 t/a。作为大小门岛石化产业基地一体化开发建设的核心重点工程，项目成为大小门岛产业引进的重大突破口，而且有效保障浙南片区天然气供应需求，实现优化能源结构、带动温州市整体经济发展等目标。项目由华峰集团投资建设，位于浙江省温州市洞头区状元岙港区，是全国 62 座沿海已经建成投运和正在规划建设的 LNG 接收站之一，被列入交通运输部全国沿海 LNG 接收站布局规划和浙江省能源规划的重点建设项目，也是建设温州国家海洋经济发展示范区的样板工程。项目总投资 106 亿元，规划分三期建设 6 座 16×10^4 m³ LNG 储罐及其配套工艺设施和 1 座 10×10^4 t 级码头。中建电力承担了一期 2 号、3 号 2 座 16×10^4 m³ 的储罐及其配套附属设施的土建施工任务。项目建成投产后，周转规模 300×10^4 t/a，将进一步完善温州市天然气供储销体系，推动能源结构调整升级，有力推动"双碳"目标的实现。

图 10-70 浙江温州 LNG 项目

10.4.24 浙江嘉兴 LNG 接收站

浙江嘉兴 LNG 接收站（图 10-71）位于杭州湾北岸嘉兴港东部的独山港区石化作业区，东侧距离浙沪分界线约 25km，距离上海国际航运中心洋山深水港约 77km，西侧距嘉兴港乍浦港区约 16km，北侧距离江浙沪交界线约 50km。项目建设单位为浙江杭嘉鑫清洁能源有限公司，该公司由杭州市燃气集团有限公司和嘉兴市燃气集团股份有限公司于 2017 年共同出资设立，公司专营 LNG 的接卸仓储、汽化外输、装船、装车等服务。嘉兴 LNG 接收站包括库区工程、码头工程和外输管线工程三个部分。储运站设计 LNG 年周转量 100×10^4 t。库区工程包括 2 座 10×10^4 m³ 混凝土全容储罐、工艺设施及辅助设施；码头工程为嘉兴港独山港区 A 区的 A7 和 A8 泊位位置新建 2 个 LNG 泊位，A7 泊位设计船型为 3×10^4 Gt LNG 船，A8 泊位设计船型为 5000Gt LNG 船；外输管线与浙江省网和嘉兴市网连接。

图 10-71　嘉兴 LNG 接收站

10.4.25　广东汕头 LNG 接收站

广东汕头 LNG 接收站项目（图 10-72）位于汕头濠江区广澳港区，总投资额约为 88 亿元，分两期建设。一期投资约为 66 亿元，设计年接卸能力为 300×10^4 t，主要建设内容包括新建 3 座 20×10^4 m^3 LNG 储罐及配套工艺处理设施，1 座可靠泊 8×10^4 ～ 21.7×10^4 m^3 LNG 船的接卸码头（水工结构按可靠泊 26.7×10^4 m^3 LNG 船舶设计建设）和 1 个工作船泊位；二期扩建后，年处理能力达到 600×10^4 t 以上。2015 年，广东省粤电集团有限公司（现更名为广东省能源集团有限公司）在对濠江区进行多次考察后，由其全资子公司广东粤电天然气有限公司（现更名为广东省能源集团天然气有限公司）与濠江区政府就投资建设 LNG 接收站及配套项目有关问题展开多轮洽商，达成在濠江区投资建设 LNG 接收站及配套项目的一致意见，并明确由广东粤电天然气有限公司、汕头市赛洛能源有限公司与集团下属子公司汕头市粤鑫资产投资有限公司共同出资成立广东粤电汕头液化天然气有限公司，负责汕头 LNG 接收站项目的建设及运营。

图 10-72　汕头 LNG 接收站

10.4.26　广东深圳 LNG 接收站

深圳市 LNG 接收站见图 10-73。2019 年 8 月 18 日，深圳市燃气储备与调峰库首船液化天然气（LNG）接卸，开始投产试运行，该项目位于深圳市大鹏新区，总投资约16亿元，2014年正式开工建设，建有1座$8\times10^4 m^3$的LNG储罐、$24\times10^4 m^3/h$的汽化调峰设施、5套LNG槽车装卸系统，以及1座$5\times10^4 t$级LNG码头，能够接卸$1\times10^4 \sim 9\times10^4 m^3$ LNG船舶。同时，该项目配套建设了约6.4km的高压和中压燃气管道，连接深圳市天然气高压输配系统，实现了储备库与城市天然气管网的互联互通。该项目投产后，深圳市的液化天然气应急储备库容将从现有的$2\times10^4 m^3$提升至$10\times10^4 m^3$，储气调峰能力跃居国内大中城市前列。

图10-73 深圳市LNG接收站

10.4.27 海南中油深南LNG接收站

海南中油深南LNG接收站位于海南澄迈县老城经济开发区。该站于2014年正式投产运行，是中国石油在海南布局的唯一一座LNG储备库（图10-74）。隶属于海南中油深南能源有限公司。2012年6月，为增加海南省天然气供应，提高海南省天然气应急保障能力，海南省发展改革委批准同意建设海南中油深南LNG（液化天然气）储备库及配套码头工程项目。项目计划总投资约8.5亿元。2012年4月28日，项目储罐基础动土开挖，海南中油深南LNG项目正式开工。该项目由储备库和码头两部分组成，总投资约8.5亿元（实际投资约7亿元），占地约430.66亩。项目定位为中国石油LNG二级接收站，主要接收中国石油其他大型LNG接收站的转运资源。该项目配套2座$2\times10^4 m^3$ LNG单包容双壁金属储罐，1座最大可靠泊$2\times10^4 m^3$ LNG运输船的LNG接卸码头（水工结构按接卸$4\times10^4 m^3$ LNG船舶设计）。2014年11月6日，"NORGAS INNOVATION" LNG运输船停靠海南中油深南LNG储备库码头。该船LNG为大连LNG接收站

图10-74 海南中油深南LNG储备库

转运资源，这也标志着该站的正式投运。目前，该储备库项目一期设计年周转 $60\times10^4\,\mathrm{m}^3$（约 $28\times10^4\,\mathrm{t}$）LNG。海南中油深南 LNG 项目计划最终建设规模为 $20\times10^4\,\mathrm{m}^3$。一期为 2 座 $2\times10^4\,\mathrm{m}^3$ LNG 储罐，二期、三期分别再建设 1 座 $8\times10^4\,\mathrm{m}^3$ LNG 储罐。

10.5　本章小结

本章主要针对 LNG 接收站，着重介绍了 LNG 接收站的主要类型及重要设备情况，涉及 LNG 接收站基本概况、LNG 接收站主要装备、LNG 接收站工艺、国内目前主要运行的 LNG 接收站情况等。随着 LNG 资源供应的多元化，LNG 市场逐渐形成了一条较为完整的产供销产业链。而 LNG 接收站是产业链中的重要储运及中转环节。LNG 跨国贸易发展迅速，LNG 远洋运输已成为 LNG 运送的主要方式之一。接收站作为 LNG 远洋贸易的终端设施，在 LNG 工业发展中扮演越来越重要的角色，对区域能源供应及大规模的 LNG 稳定供应与存储均具有重要的战略意义。本章涉及 20 多座国内目前主要运行的 LNG 接收站情况。为了确保 LNG 供应，未来还需要建立更加完善的 LNG 供应体系，推进 LNG 核心装备的国产化，从而合理地推进国际贸易，加强与 LNG 生产国的产业融合发展及利益投资关联度，大规模构建 LNG 接收站并获得稳定的 LNG 供给，确保我国天然气管网长久供应及战略能源稳定输运。

参 考 文 献

[1] 前瞻产业研究院.2021—2026 年中国 LNG 接收站行业市场前瞻与投资战略规划分析报告［R］.

[2] 李龙焕.LNG 接收站核心设备及关键材料国产化的进展研究现代［J］.工业经济和信息化，2017，7（4）：10-12，15.

[3] 杨亮，宋坤.LNG 卸料臂国内设计制造水平现状分析［J］.石化技术，2018，25（7）：19-21.

[4] 张鑫.浅谈 LNG 接收站工艺系统［J］.中国石油和化工标准与质量，2012，33（14）：101.

[5] 单彤文.LNG 储罐研究进展及未来发展趋势［J］.中国海上油气，2018，30（2）：145-151.

[6] 郑依秋.中小型 LNG 气化站供气技术［J］.煤气与热力，2007（6）：12-17.

[7] 袁中立，闫伦江.LNG 低温储罐的设计及建造技术［J］.石油工程建设，2007（5）：19-22，84.

[8] 王冰，陈学东，王国平.大型低温 LNG 储罐设计与建造技术的新进展［J］.天然气工业，2010，30（5）：108-112，149.

[9] 张月，王为民，李明鑫，等.大型 LNG 储罐的发展状况［J］.当代化工，2013，42（9）：1323-1325，1350.

[10] 陈江凡，邹华生，龚敏.大型液化气低温储罐结构及其保冷设计［J］.油气储运，2006（7）：11-15，63，13.

[11] 刘清龙.大型 LNG 储罐优化设计与研究［D］.青岛：青岛科技大学，2014.

[12] 闫晓.超大型液化天然气储罐及库区安全设计性能化技术研究［D］.青岛：中国石油大学（华东），2013.

[13] 黄兴祥.LNG 储罐保冷工程施工技术分析［J］.中国标准化，2018（22）：112-113.

[14] 方江敏，钱瑶虹，柯甜甜.大型 LNG 储罐罐底保冷层结构优化研究［J］.低温工程，2017（6）：50-55.

[15] 李建军.LNG 储罐的建造技术［J］.焊接技术，2006（4）：54-56.

[16] 尹清党.BOG 压缩机在 LNG 接收站的应用［J］.压缩机技术，2009（6）：35-39.

[17] 黎喜坤，高晓蕾，董恒.BOG 压缩机在 LNG 接收站的运用探讨［J］.城市燃气，2014（5）：9-13.

[18] 都大永，王蒙.浮式 LNG 接收站与陆上 LNG 接收站的技术经济分析［J］.天然气工业，2013，33（10）：122-126.

[19] 杨红蕊.LNG接收站BOG处理工艺的选择与分析[J].化工管理,2017(32):43.
[20] 肖荣鸽,戴政,靳文博,等.LNG接收站BOG处理工艺改进及节能分析[J].现代化工,2019,39(9):172-175,180.
[21] 严锐锋,李天太,王青,等.天然气处理厂火炬放空系统研究与应用[J].石油化工应用,2012,31(9):19-21.
[22] 蔡荣,赵顺喜.LNG接收站火炬防回火设施的设置[J].科技创新与应用,2014(16):4-5.
[23] 陈国霞,靳由顺.LNG卸料臂安装过程中的关键技术[J].油气储运,2015,34(8):874-878.

致　　谢

在本书即将完成之际，深深感谢在项目研究开发及相关技术开发方面给予关心和帮助的老师、同学及同事们。

① 感谢陈醒等在第 2 章液化天然气国际发展现状方面所做的调研工作，协助完成了对液化天然气装备与技术国际发展现状的编写过程。

② 感谢张亚妮等在第 3 章液化天然气国内发展现状方面所做的调研工作，协助完成了对液化天然气装备与技术国内发展现状的编写过程。

③ 感谢田佳敏、吴迎辉等在第 4 章液化天然气产业链方面所做的调研工作，协助完成了对液化天然气装备与技术产业链的编写过程。

④ 感谢马忠英、马忠等在第 5 章液化天然气液化工艺方面所做的调研工作，协助完成了对液化天然气液化工艺技术的编写过程。

⑤ 感谢牛旭转、秦霄霄等在第 6 章液化天然气净化工艺方面所做的调研工作，协助完成了对液化天然气净化工艺技术的编写过程。

⑥ 感谢曹兰、李建旭等在第 7 章液化天然气加气站方面所做的调研工作，协助完成了对液化天然气加气站装备与技术的编写过程。

⑦ 感谢王婷、张哲琼等在第 8 章液化天然气运输方面所做的调研工作，协助完成了对第 8 章液化天然气运输装备与技术的编写过程。

⑧ 感谢景继贤、李恩泽等在第 9 章液化天然气汽化站方面所做的调研工作，协助完成了对液化天然气汽化站装备与技术的编写过程。

⑨ 感谢李建英、陈发等在第 10 章液化天然气接收站方面所做的调研工作，协助完成了对液化天然气接收站装备与技术的编写过程。

⑩ 感谢冯瑞康、牛旭转等在本书编写过程中所做的编排整理工作。

⑪ 感谢李文振、杨发炜等在本书前期编辑编排过程中所做的图形绘制及编排整理等工作。

另外，感谢兰州交通大学众多师生的热忱帮助，对你们在本书中所做的大量工作表示由衷的感谢，没有你们的辛勤付出本书也难以完成，这本书也是兰州交通大学广大师生共同努力的劳动成果。

最后，感谢在本书成书过程中做出大量工作的化学工业出版社编辑老师的耐心修改与宝贵意见，非常感谢。

兰州交通大学
甘肃中远能源动力工程有限公司
张周卫　汪雅红　代德山　张　超
2024 年 7 月